Konstruktionsbücher

Herausgegeben von Professor Dr.-Ing. G. Pahl

Band 38

Erwin Haibach

Betriebsfeste Bauteile

Ermittlung und Nachweis
der Betriebsfestigkeit, konstruktive
und unternehmerische Gesichtspunkte

Mit 98 Abbildungen

Springer-Verlag
Berlin Heidelberg GmbH

Dr.-Ing. Erwin Haibach

Leiter des DMT-Instituts für Förderung und Transport
der DeutscheMontanTechnologie, Bochum,
Professor an der Technischen Hochschule Darmstadt

Dr.-Ing. Gerhard Pahl

em. Universitätsprofessor, Fachgebiet Maschinenelemente und
Konstruktionslehre der Technischen Hochschule Darmstadt

Die Deutsche Bibliothek – CIP-Einheitsaufnahme
Haibach, Erwin:
Betriebsfeste Bauteile : Ermittlung und Nachweis der Betriebsfestigkeit ;
konstruktive und unternehmerische Gesichtspunkte / Erwin Haibach.
Berlin ; Heidelberg ; New York ; London ; Paris ; Tokyo ;
Hong Kong ; Barcelona ; Budapest : Springer, 1992
 (Konstruktionsbücher ; Bd. 38)
 ISBN 978-3-540-54815-7   ISBN 978-3-642-84662-5 (eBook)
 DOI 10.1007/978-3-642-84662-5
NE: GT

Satz: Reproduktionsfertige Vorlage vom Autor
Graphiker: K. Lubina, Schöneiche

62/3020 543210 – Gedruckt auf säurefreiem Papier

Vorwort

Mit diesem Konstruktionsbuch möchte ich darlegen, wie die bewährten Methoden
der Betriebsfestigkeit in der Konstruktionspraxis für einen rechnerischen Betriebsfestigkeits-Nachweis genutzt werden können und unter welchen Voraussetzungen und
mit welchem Grad der Verläßlichkeit sie anwendbar sind. Der Begriff Betriebsfestigkeit
sei dabei als Oberbegriff verstanden, der die Begriffe Dauerfestigkeit und Zeitfestigkeit
als Sonderfälle einschließt.

Beim Abfassen dieses Konstruktionsbuchs ließ ich mich von dem Gedanken leiten,
unmittelbar anwendungsrelevante Informationen in der gebotenen Ausführlichkeit
darzustellen, auf theoretische Herleitungen und weitergehende Einzelheiten zu den
experimentellen und rechnerischen Verfahren jedoch zu verzichten. Inhaltlich stellt
dieses Konstruktionsbuch einen in weiten Teilen textgleichen Auszug aus meiner
kürzlich erschienenen, umfassenderen Abhandlung zum Thema "Betriebsfestigkeit -
Verfahren und Daten zur Bauteilberechnung" [1] dar. Dort sind entsprechende Herleitungen und Einzelheiten enthalten.

Zugunsten einer kompakten und eindeutigen Gliederung des Stoffs sind hier allein
das in der täglichen Ingenieurpraxis vorherrschende Nennspannungs-Konzept behandelt
und nicht auch noch die neueren Betrachtungsweisen nach dem Kerbgrund-Konzept
oder nach dem Bruchmechanik-Konzept. Diesbezügliche Schrifttumshinweise sind
aber im Text zu finden.

Ausführlicher darstellen konnte ich indessen, wie das Konzept eines Betriebsfestigkeits-Nachweises in die Konstruktionspraxis umzusetzen ist. Diese Darstellung orientiert sich an einer Leitlinie der abzuhandelnden Teilaufgaben sowie an Erfordernissen
der neuzeitlichen Konstruktionsmethodik.

Die betreffenden Sachfragen habe ich nach verantwortungsbewußter Einschätzung und
nach persönlicher Erfahrung abgehandelt um zu vermeiden, daß widersprüchliche
Ansichten und Befunde unbewertet nebeneinanderstehen und so den Leser verwirren.

Zahlreichen Fachkollegen und Mitarbeitern möchte ich für ihre Anregungen, für ihren
Rat und für ihre Unterstützung danken, mit denen sie zur vorliegenden Darstellung
des Sachgebietes Betriebsfestigkeit beigetragen haben.

Bochum, im Dezember 1991   Erwin Haibach

Inhaltsverzeichnis

1 Betriebsfestigkeit als Bauteileigenschaft

1.1 Problemstellung und Zielsetzung

Schwingbeanspruchte Bauteile können durch Schwingbruch oder auch schon durch Schwinganriß versagen. Das Erscheinungsbild solcher Schwingbruch-Schäden aus Praxis und Labor ist ebenso vielfältig wie die Ursachen und Einflüsse, die das Bauteilversagen bestimmen [2,3]. Entsprechend zahlreich sind auch heute noch Schadensfälle an schwingbeanspruchten Bauteilen [2-10], die im normalen Betrieb unerwartet auftreten und nicht selten ein folgenschweres Ausmaß annehmen, Bild 1.1.

Nach einer Auswertung der Allianz-Versicherung für die Jahre 1968 bis 1970, veröffentlicht im Allianz-Handbuch der Schadensverhütung [5], waren die häufigsten Schadensbilder an Achsen und Wellen entstanden als umlaufend oder einseitig erzeugte Biegeschwingbrüche sowie Torsionsschwingbrüche, vereinzelt auch als überlagerte Biege- und Torsionsschwingbrüche. Gewaltbrüche waren hingegen selten. Die Schadensursachen verteilten sich wie folgt:

    60 % Produktfehler,
    30 % Betriebsfehler,
    10 % Fremdeinflüsse,
oder:
    80 % Konstruktive Kerben,
    15 % Korrosionsstellen,
     5 % Sonstige Stellen.

Schwingbruch-Schäden in Hüttenwerksanlagen wurden im Auftrag des Verein Deutscher Eisenhüttenleute erfaßt. Einer ersten Auswertung, veröffentlicht 1975 [6], lagen nahezu 200 Schadensfälle zugrunde, die in den Jahren 1970 bis 1974 in acht Hüttenwerken auftraten. Die betroffenen Bauteile hatten Einsatzzeiten von 0,7 bis 11 Jahren und mehr als 100 000 Arbeitsspiele erreicht. 54 dieser Schadensfälle wurden ausführlich erfaßt und sie betrafen zu

    50 % Bauteile von Walzwerks- und Kranantrieben, bzw.

    85 % rotierende Bauteile mit einer wechselnden oder schwellenden
           Verdrehbeanspruchung oder mit einer überlagerten Biege- und
           Verdreh-Schwingbeanspruchung, und hierbei

45 % Wellen von 70 bis 700 mm Durchmesser,
45 % Gelenkwellen mit 600 bis 1070 mm Außendurchmesser,
10 % Zahnräder stirnverzahnt mit Modul 6 bis 16 mm bzw.
pfeilverzahnt mit Modul 16 bis 24 mm und
Breiten von 2 x 400 bis 2 x 600 mm.

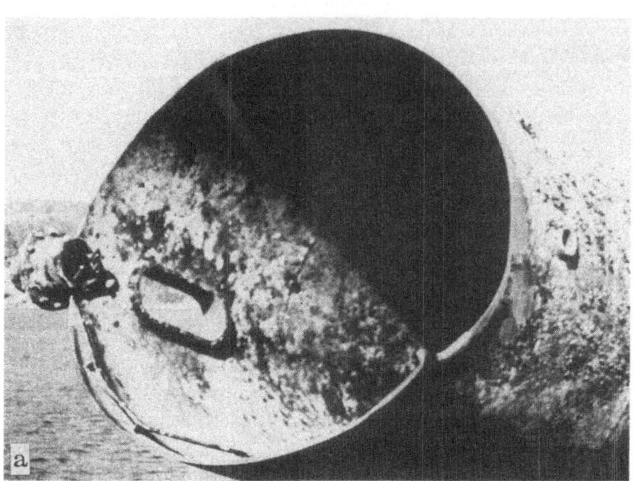

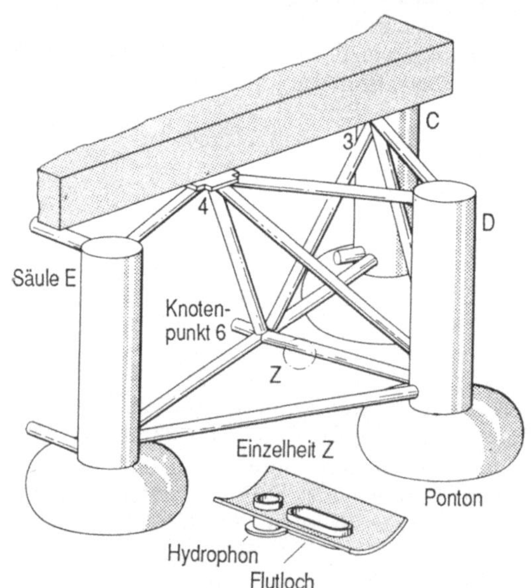

Bild 1.1:   123 Menschen verloren im Jahr 1980 ihr Leben, als die halbtauchende Bohrplattform "Alexander L. Kielland" durch den Schwingbruch einer Strebe kenterte. (a) Schwingbruchfläche der horizontalen Strebe, ausgehend von einem als Hydrophonhalter eingeschweißten Stutzen, (b) Stabwerk mit Lage der Strebe und der Säule D, die als Folge des Schwingbruchs seitlich ausbog [4].

Eine zweite Auswertung für die Jahre 1979 bis 1981 erfaßte insgesamt 355 Schwingbruch-Schäden in Hüttenwerksanlagen [7]. 69 dieser Schadensfälle wurden ausführlich dokumentiert. Als vornehmliche Schadensursachen wurden mangelhafte konstruktive Bauteilgestaltung, nicht berücksichtigte dynamische Belastungen oder eine rein statisch angelegte Bemessung erkannt. Die Instandsetzungskosten lagen im Schadensfall im Mittel bei 50 000.- DM. Die Schadenshäufigkeiten lieferten ein der ersten Auswertung vergleichbares Gesamtbild:

     45 % Walzwerksanlagen,
     42 % Krananlagen,
     13 % Stahlwerksanlagen,
oder:
     30 % Wellen,
     14 % Verzahnungen,
     38 % Schweißverbindungen,
     18 % Sonstige Elemente.

In einer Sammlung und Analyse von Schwingbruch-Schäden, die innerhalb von 15 Jahren an 27 Flugzeugmustern im Betrieb auftraten, wurden insgesamt 529 Schadensfälle analysiert mit dem Ziel, Schwachstellen der Konstruktionen und Gründe für den vorzeitigen Schwinganriß aufzuzeigen und mit typischen Beispielen zu erläutern [8]. Die betroffenen Bauteile waren zu

     64 % Verbindungen,
     17 % Beschläge,
      9 % Ausschnitte,
      2 % Offene Bohrungen,
      8 % Sonstige Elemente

und vornehmlich aus nachstehenden Ursachen mit Schwingbruch-Schäden behaftet:

     1.   Spannung zu hoch,
     2.   Zwangsverformung,
     3.   Zusatzbiegung,
     4.   Scharfe Kerben,
     5.   Offene Bohrungen,
     6.   Fertigungsfehler.

Kennzeichen eines Schwingbruchs ist, daß er nicht wie der Gewaltbruch als Folge einer einmaligen extremen Beanspruchung auftritt, sondern im Verlauf der Zeit unter der schwingend einwirkenden Betriebsbeanspruchung entsteht. Die bis zum Bauteilversagen durch Bruch oder Anriß ertragene Einwirkungszeit der Schwingbeanspruchung wird als die Lebensdauer des Bauteils bezeichnet.

Die typische Ausbildung einer Schwingbruchfläche weist auf drei Phasen eines Schwingbruchs hin: Die Phase einer zunächst submikroskopischen und dann mikroskopischen Rißbildung geht über in die Phase eines makroskopischen Rißfortschritts, bis in der Phase des Restbruchs ein Gewaltbruch des Restquerschnitts auftritt, Bild 1.2. In welcher dieser Phasen technisches Bauteilversagen eintritt, ist vom Einzelfall abhängig.

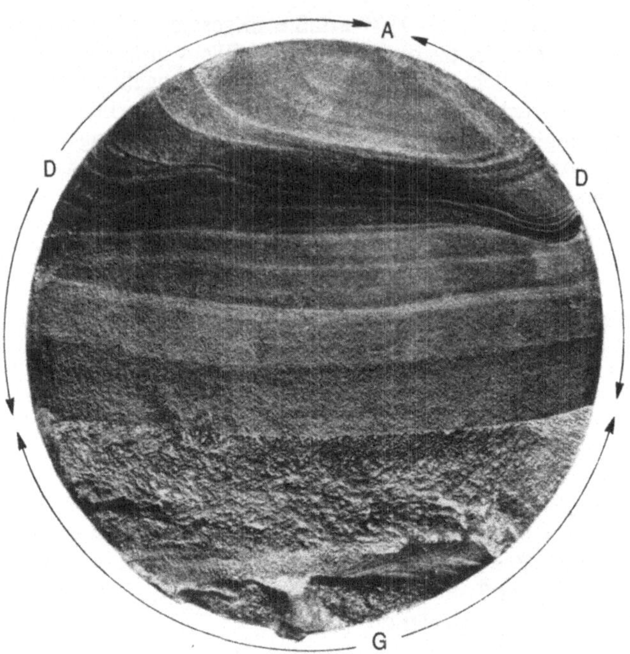

Bild 1.2:   Typische Ausbildung einer Schwingbruchfläche mit submikroskopischer Anrißbildung an der Bruchausgangsstelle A, einer durch Rißfortschritt erzeugten Schwingbruchfläche D und einer als Gewaltbruch G entstandenen Restbruchfläche [2].

Die Problemstellung der Betriebsfestigkeit ergibt sich aus der technischen, wirtschaftlichen und haftungsrechtlichen Notwendigkeit, Schwingbruch-Schäden durch eine geeignete Gestaltung, Bemessung, Fertigung und Qualitätssicherung der Bauteile zu vermeiden.

Eine schwingbruchsichere Auslegung der Bauteile ist insbesondere dann geboten, wenn als mögliche Folgen eines Schwinganrisses oder Schwingbruchs Gefahren für Menschen, Gefahren für die Umwelt oder Schäden auf wirtschaftlichem Gebiet zu bedenken sind. Darüber hinaus ist sie als Qualitätsmerkmal technischer Erzeugnisse allgemein bedeutsam.

Der Begriff Betriebsfestigkeit [11] steht dabei für eine neuzeitliche, lebensdauerorientierte Auslegung schwingbeanspruchter Bauteile und Konstruktionen. Diese lebensdauerorientierte Auslegung berücksichtigt den gesetzmäßig faßbaren Zusammenhang zwischen Lebensdauer und Höhe der Schwingbeanspruchung und ist dadurch gekennzeichnet, daß

- die zumeist zufallsartig in unterschiedlicher Höhe und Häufigkeit auftretenden Betriebsbeanspruchungen wirklichkeitsnah angesetzt werden,
- die Konstruktion auf eine endliche Lebensdauer ausgelegt wird, die sich aus ihrer vorgesehenen Nutzungsdauer ableitet,

- die geforderte Lebensdauer über eine statistisch begründete Sicherheitszahl mit einem Grenzwert der Ausfallwahrscheinlichkeit verknüpft wird und
- alle maßgeblichen Einflüsse werkstofflicher, konstruktiver, fertigungsbedingter, betrieblicher und umgebungsbezogener Art beachtet werden, die das Schwingfestigkeitsverhalten der Bauteile bestimmen.

Vor allem in der Art und Weise, wie die betrieblich auftretende Beanspruchung wirklichkeitsnah berücksichtigt wird, geht die Betrachtungsweise der Betriebsfestigkeit über die bis dahin bekannten Betrachtungen zur Dauerfestigkeit oder Zeitfestigkeit hinaus; Dauerfestigkeit und Zeitfestigkeit sind jedoch als Sonderfälle unter dem Begriff Betriebsfestigkeit eingeschlossen. Das Ziel einer solchen Bauteilauslegung ist in zweifacher Hinsicht vorgegeben:

- Zum einen gilt es, ein vorzeitiges Bauteilversagen durch Schwingbruch oder gefährlichen Schwinganriß mit der gebotenen Sicherheit auszuschließen,
- zum anderen soll diese vorrangige Forderung ohne Überbemessen der Querschnitte und ohne unnötigen Fertigungsaufwand auf wirtschaftliche Weise erfüllt werden.

Von E. Gaßner, dem Begründer und Bahnbrecher der Lehre von der Betriebsfestigkeit, gegen Ende der dreißiger Jahre für den Flugzeugbau entwickelt [12-15], hat die Betrachtungsweise der Betriebsfestigkeit über die zurückliegenden 50 Jahre außer im Flugzeugbau auch im Straßen- und Schienenfahrzeugbau, im Kranbau und Brückenbau, im Schiffbau und in der Meerestechnik, sowie im Maschinen- und Anlagenbau als Grundlage einer sicheren und zugleich wirtschaftlichen Auslegung schwingbeanspruchter Bauteile breite Anerkennung erlangt und in einschlägigen Normen, Vorschriften, Richtlinien und Empfehlungen ihren Niederschlag gefunden [16-36]. Die Entwicklung zu ihrem heutigen Erkenntnis- und Anwendungsstand dokumentiert sich in einem umfangreichen Schrifttum, wie aus den hier gegebenen Schrifttumshinweisen [1-165] und aus den Schrifttumsverzeichnissen der Übersichten [21-29] zu ersehen. In seiner Gesamtheit ist dieses Schrifttum nur noch datenbankweise erfaßbar und erschließbar [37].

1.2 Abriß der Zusammenhänge

Die grundlegenden Begriffe und Zusammenhänge und der Gültigkeitsbereich einer Bauteilauslegung nach Gesichtspunkten der Betriebsfestigkeit lassen sich ausgehend von Bild 1.3 erläutern:

Obere Grenzwerte der ertragbaren Beanspruchung sind für ein Bauteil mit der Formfestigkeit S_M, als der maximal ertragbaren Beanspruchung, und mit der Formdehngrenze S_F, als der ertragbaren Beanspruchung an der Verformungsgrenze, gegeben. Je nach dem betrachteten Bauteilquerschnitt hat dabei die spezielle Wertzuweisung für S_M mit der Zugfestigkeit, mit der Kerbzugfestigkeit oder mit der Spannung an der Traglastsgrenze, die spezielle Wertzuweisung für S_F mit der Dehn-

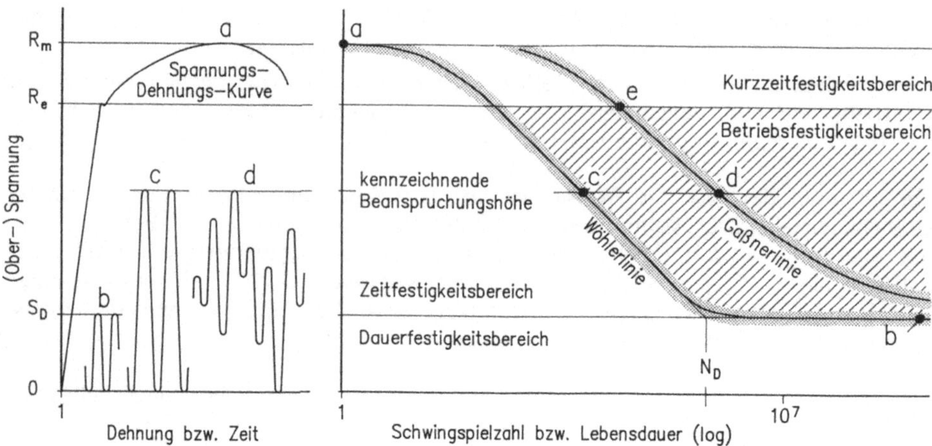

Bild 1.3: Begriffe und Zusammenhänge der Betriebsfestigkeit (dargestellt für den Fall der Schwellbeanspruchung).

oder Streckgrenzenspannung oder mit der Formdehngrenzenspannung zu geschehen [20,38,39].

Bei dem einfachsten, im Bild 1.3 dargestellten Fall sind die entsprechenden Grenzwerte der Beanspruchung mit der Spannungs-Dehnungs-Kurve (a) des Werkstoffs gegeben: die Formfestigkeit S_M mit der Zugfestigkeit R_m und die Formdehngrenze S_F mit der Streckgrenze R_e. Im Sinne des allgemeinen Maximalspannungs-Nachweises würde ein **einmaliges** Überschreiten dieser Grenzwerte ein Versagen des Bauteils bedeuten.

Die Dauerfestigkeit S_D stellt hingegen einen Beanspruchungsgrenzwert dar, bis zu dessen Höhe eine schwingende Beanspruchung (b) **beliebig oft** ohne Bruch ertragbar ist.

Eine Schwingbeanspruchung oberhalb der Dauerfestigkeit (c) führt nach einer **endlichen Anzahl** von Schwingspielen zum Bruch, wobei der Bruch umso eher eintritt, je höher die Beanspruchung ist. Für eine Schwingbeanspruchung mit gleichbleibenden Amplituden wird diese Abhängigkeit dargestellt durch die Zeitfestigkeitslinie, dem geneigten Teil der Wöhlerlinie im Bereich der Zeitfestigkeit. Die vollständige Wöhlerlinie erstreckt sich von der Zugfestigkeit über die Zeitfestigkeitslinie bis zur Dauerfestigkeitsgrenze.

Tritt die Schwingbeanspruchung nicht mit gleichbleibenden Amplituden auf, sondern bei gleichem Höchstwert wie im Fall (c) mit einer mehr oder weniger zufallsartigen Folge unterschiedlich großer Amplituden (d), so wird die ertragbare Schwingspielzahl die Zeitfestigkeitslinie überschreiten. Ein Beanspruchungsablauf dieser Art ist für die Betriebsbeanspruchung der meisten Bauteile kennzeichnend und mit Verfahren und Werten der Betriebsfestigkeit zu beurteilen. Mit der Gaßnerlinie, früher als Lebensdauerlinie bezeichnet, besteht dabei eine der Wöhlerlinie entsprechende

Abhängigkeit zwischen der Beanspruchungshöhe und der endlichen Lebensdauer, ausgedrückt in Zahl der Schwingspiele.

Die Gaßnerlinie kann experimentell in Betriebsfestigkeits-Versuchen durch Simulation des zufallsartigen Beanspruchungsablaufs ermittelt werden, sie läßt sich aber auch, ausgehend von der Wöhlerlinie, mit Hilfe einer Schadensakkumulations-Hypothese rechnerisch gewinnen, Kapitel 2.

Wegen einer aus Werkstoff- und Fertigungseinflüssen bedingten Streuung der Versuchsergebnisse stellen sich experimentell ermittelte Wöhler- und Gaßnerlinien allerdings nicht als Linien, sondern - wie im Bild 1.3 angedeutet - mit einem statistisch definierbaren Streuband dar. In gleicher Weise muß auch die durch Messung, Rechnung oder Simulation ermittelte Höhe der kennzeichnenden Betriebsbeanspruchung mit ihrer Streuung bzw. ihrer statistischen Unsicherheit in Ansatz kommen. Aus einer diesbezüglichen Betrachtung lassen sich die im Betriebsfestigkeits-Nachweis anzusetzenden Sicherheitszahlen statistisch begründet als Funktion der zu erwartenden Ausfallwahrscheinlichkeit ableiten, Abschnitt 3.6.

Eine wesentliche Einflußgröße der Betriebsfestigkeit, die bestimmt, in welchem Maße sich die Gaßnerlinie von der Wöhlerlinie zu höheren Schwingspielzahlen hin absetzt, ist in den Eigenschaften der betrachteten Beanspruchungs-Zeit-Funktion zu sehen. Diese Eigenschaften werden bevorzugt in Form eines Beanspruchungskollektivs beschrieben. Dabei handelt es sich um eine Darstellung der Häufigkeiten, mit denen Schwingbeanspruchungswerte einer bestimmten Höhe in der betrachteten Beanspruchungs-Zeit-Funktion enthalten sind. Von mehr oder weniger beachtenswertem Einfluß ist zudem, in welcher Reihenfolge die unterschiedlich hohen Schwingbeanspruchungswerte aufeinanderfolgen.

Beanspruchungsabhängig wird die Lage der Wöhlerlinie, und mit ihr die Lage der Gaßnerlinie, beeinflußt durch eine statische Grund- oder Mittelbeanspruchung, die z.B. aus dem Eigengewicht entsteht und der sich die Schwingbeanspruchungswerte überlagern. Als Folge einer solchen Grund- oder Mittelbeanspruchung liegt die Dauerfestigkeit (als Oberspannung) näher an der Streckgrenze und kann im Grenzfall sogar mit ihr zusammenfallen, was bedeutet, daß sich der in Bild 1.3 schattierte Bereich der Zeit- und Betriebsfestigkeit verengt. Das heißt aber auch, daß mit einer solchen Grund- oder Mittelbeanspruchung die Erfordernisse des statischen Festigkeits-Nachweises gegenüber denen des Betriebsfestigkeits-Nachweises an Bedeutung gewinnen.

Daneben bestehen die unter dem Begriff der Gestaltfestigkeit bekannten Einflüsse des Werkstoffs, der konstruktiven Gestaltung und der Fertigungsart auf die Höhe der Dauer-, Zeit- und Betriebsfestigkeitswerte. Durch günstige Einflüsse auf die Gestaltfestigkeit wird die Dauerfestigkeit angehoben und der Bereich der Zeit- und Betriebsfestigkeit eingeengt. Durch ungünstige Einflüsse hingegen, unter denen auch ungünstige Umgebungseinflüsse zu nennen sind, wird die Dauer-, Zeit- und Betriebsfestigkeit relativ zur Streckgrenze erniedrigt, womit sodann der Betriebsfestigkeits-Nachweis an Bedeutung gewinnt.

Als Grenzfälle der Betriebsfestigkeit werden aus Bild 1.3 erkennbar:

- Der Dauerfestigkeitswert als beliebig oft ertragbare Beanspruchung: Tritt der Höchstwert der Beanspruchung innerhalb der geforderten Lebensdauer mit großer Häufigkeit auf, z.B. mehrere Millionen mal, so muß dieser Höchstwert der Beanspruchung eindeutig unter dem Dauerfestigkeitswert bleiben, Bild 1.3b. In dieser Art als Dauerfestigkeits-Nachweis erbracht, ist der Betriebsfestigkeits-Nachweis auf eine unbegrenzte Lebensdauer des Bauteils angelegt.

- Die Zeitfestigkeitslinie als Untergrenze der ertragbaren Häufigkeit: Ist die Beanspruchungs-Häufigkeit geringer als die ertragbare Schwingspielzahl, die sich bei dem Höchstwert der Beanspruchung von der Zeitfestigkeitslinie ablesen läßt, Bild 1.3c, so erübrigt sich ein weitergehender Betriebsfestigkeits-Nachweis bzw. Zeitfestigkeits-Nachweis, und zwar unabhängig von den Eigenschaften der Beanspruchungs-Zeit-Funktion bzw. der Form des Beanspruchungskollektivs.

- Die statische Festigkeitsgrenze als maximal zulässige Beanspruchung: Für schwingbeanspruchte Bauteile ist grundsätzlich eine ausreichende Bemessung gegenüber dem Maximalwert der auftretenden Beanspruchung als Maximalspannungs-Nachweis im Sinne des statischen Festigkeits-Nachweises oder des Stabilitäts-Nachweises vorauszusetzen. Wird dazu die maximal zulässige Beanspruchung aus der Streckgrenze des Werkstoffs abgeleitet, so ergibt sich daraus zugleich eine notwendige Abgrenzung gegen den Bereich der Kurzzeitfestigkeit. Denn für die Kurzzeitfestigkeit ist weniger die einwirkende Spannung als vielmehr die elastisch-plastische Wechselverformung des Werkstoffs bestimmend und dementsprechend eine elastisch-plastische Beanspruchungsanalyse erforderlich, eventuell sogar unter Einbeziehung von Kriechvorgängen.

Eine an der Streckgrenze orientierte statische Bemessung beinhaltet zugleich den Betriebsfestigkeits-Nachweis für einen gewissen Mindestwert der Lebensdauer, der sich bei der maximal zulässigen Beanspruchungshöhe von der Gaßnerlinie für das zutreffende Beanspruchungskollektiv ablesen läßt, Punkt e im Bild 1.3. Genügt dieser Wert der geforderten Lebensdauer, so kann die statische Bemessung den Betriebsfestigkeits-Nachweis erübrigen. Erweist sich dieser Lebensdauerwert als unzureichend, so muß die Beanspruchung gemäß der Gaßnerlinie abgemindert werden, z.B. auf den Wert nach Punkt d im Bild 1.3, oder die Schwingfestigkeit des Bauteils muß verbessert werden.

Es darf aber nicht übersehen werden, daß die mit dem statischen Festigkeits-Nachweis entsprechend Punkt e nachgewiesene Lebensdauer in beachtlichem Maße abhängig ist von der Form des Beanspruchungskollektivs, von der Höhe einer etwaigen Grund- oder Mittelbeanspruchung, von der Streckgrenze des Werkstoffs sowie von den Einflußgrößen der Gestaltfestigkeit.

1.3 Nachweis der Betriebsfestigkeit

Um die Betrachtungsweise der Betriebsfestigkeit praktisch umzusetzen, bieten sich, alternativ oder in zweckmäßiger Kombination, zwei Wege an:

- der Weg des experimentellen Betriebsfestigkeits-Nachweises, der vornehmlich bei Bauteilen einer Serienfertigung, wie z.B. im Kraftfahrzeugbau, bei extremem Leichtbau, wie z.B. im Flugzeugbau, wie auch ganz allgemein bei besonderen Anforderungen an die Schwingbruchsicherheit oder zu einer letztgültigen Abklärung in wichtigen Einzelfällen beschritten wird, oder

- der Weg des rechnerischen Betriebsfestigkeits-Nachweises, der für Bauteile der Einzel-Fertigung, insbesondere für die großen und teuren Bauteile des Schwermaschinenbaus, der Anlagentechnik, des Brückenbaus usw., der einzig gangbare Weg ist, aber auch in der Konstruktionsphase derjenigen Bauteile zumindest orientierend durchlaufen wird, für die anschließend ein experimenteller Nachweis ansteht.

Wesentliche Grundlagen dazu sind mit den experimentellen Verfahren und mit den Verfahren der Schadensakkumulations-Rechnung aufgezeigt, Kapitel 2.

Aus methodischer Sicht erfordert ein Betriebsfestigkeits-Nachweis, einerlei ob er experimentell oder rechnerisch geführt werden soll, bestimmte Teilaufgaben abzuhandeln, die wie folgt aufgelistetet werden können:

Teilaufgabe 1: Festlegen der Anforderungen und der Vorgehensweise.

Teilaufgabe 2: Erkennen der Schwingbruchkritischen Stellen.

Teilaufgabe 3: Bestimmen der einwirkenden Betriebslasten.

Teilaufgabe 4: Berechnen der kennzeichnenden Beanspruchung.

Teilaufgabe 5: Ermitteln der ertragbaren Beanspruchungshöhe.

Teilaufgabe 6: Ableiten der angemessenen Sicherheitszahl.

Teilaufgabe 7: Erstellen und Beurteilen des Nachweises.

Teilaufgabe 8: Dokumentieren des Nachweises.

Diese Teilaufgaben bieten sowohl eine Leitlinie des sachgemäßen Vorgehens beim Erstellen eines Betriebsfestigkeits-Nachweises, Kapitel 3, wie auch eine Leitlinie bei der Suche nach Maßnahmen, um das Betriebsfestigkeitsverhalten eines Bauteils zu verbessern, Kapitel 4. Sie werden dort jeweils mit der erforderlichen Ausführlichkeit abgehandelt und durch Hinweise konkretisiert und ergänzt.

Aus den abzuhandelnden Teilaufgaben wird ersichtlich, daß sich der Betriebsfestigkeits-Nachweis als eine fachlich anspruchsvolle Aufgabe erweist, zu deren Lösung die Arbeitsmethoden aus verschiedenen Fachgebieten eingesetzt werden. Beispielsweise sind gefragt: Methoden der Statik, der Dynamik und der Schwingungstechnik, Methoden der Festigkeitslehre und Beanspruchungsanalyse, Methoden der Werkstofftechnik und der Werkstoffmechanik, speziell der Schwingfestigkeit, der Gestaltfestigkeit und der Schwingbruchmechanik, Methoden der Statistik, der Qualitätssicherung und der Technischen Zuverlässigkeit, Methoden des beanspruchungsgerechten Konstruierens, sowie unternehmerische und organisatorische Entscheidungen. Insofern empfiehlt sich eine enge Zusammenarbeit der jeweiligen Fachleute, um die betreffenden Teillösungen ohne Schnittstellen-Problematik nach den speziellen Methoden der Betriebsfestigkeit zu der gewünschten Gesamtlösung zu verknüpfen.

Betrieblich gilt es, die Behandlung von Betriebsfestigkeits-Fragen in den Konstruktionsprozeß einzubinden, Kapitel 5, und das nutzbringende Umsetzen von Erkenntnissen der Betriebsfestigkeit durch geeignete Management-Entscheidungen zu unterstützen, Kapitel 6. In diesem Sinn will das vorliegende Konstruktionsbuch als Anregung und Anleitung verstanden sein.

2 Grundlagen und Verfahren der Betriebsfestigkeit

2.1 Wöhler-Versuche

Der Wöhler-Versuch bezieht sich auf den einfachsten Fall einer Schwingbeanspruchung, eine zwischen festen Grenzwerten schwingende, z.B. sinusförmig mit der Zeit veränderliche Spannungs-Zeit-Funktion. Neben dem Mehrstufen-Versuch auch häufig als Einstufen-Versuch bezeichnet und in DIN 50 100 als Dauerschwing-Versuch genormt, kann der Wöhler-Versuch als die elementarste Form eines Betriebsfestigkeits-Versuchs angesehen werden.

2.1.1 Kennzeichnung der Schwingbeanspruchung

Die zwischen festen Grenzwerten schwingende Beanspruchung wird als eine Folge gleichartiger Schwingspiele aufgefaßt. Zu ihrer Kennzeichnung gelten die Begriffe und Bezeichnungen nach DIN 50 100 [30]:

Bild 2.1 zeigt ein einzelnes Schwingspiel. Die Grenzwerte, zwischen denen sich die Spannung S ändert, werden als Oberspannung S_o und Unterspannung S_u bezeichnet. Gleichwertig ist die Angabe der Mittelspannung S_m und Spannungsamplitude S_a. Weitere Kennwerte der Beanspruchung sind mit dem Spannungsverhältnis R und mit der Schwingbreite ΔS definiert. Es gelten die Beziehungen:

$$S_o = S_m + S_a, \tag{2.1}$$

$$S_u = S_m - S_a, \tag{2.2}$$

$$S_a = (S_o - S_u)/2, \tag{2.3}$$

$$S_m = (S_o + S_u)/2, \tag{2.4}$$

$$R = S_u/S_o, \tag{2.5}$$

$$S_a = S_o \cdot (1 - R)/2, \tag{2.6}$$

$$S_m = S_o \cdot (1 + R)/2, \tag{2.7}$$

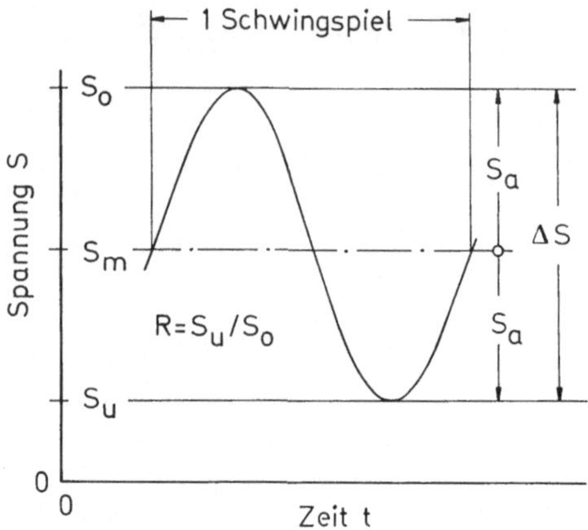

Bild 2.1: Kennwerte eines Schwingspiels.

$$S_m = S_o \cdot (1+R)/(1-R), \tag{2.8}$$

$$\Delta S = (S_o - S_u) = 2 \cdot S_a. \tag{2.9}$$

Abhängig von der Mittelspannung oder dem Spannungsverhältnis ergeben sich die ausgezeichnete Beanspruchungsfälle nach Bild 2.2:

die Druck-Schwellbeanspruchung   mit $R = -\infty$,
die Wechselbeanspruchung   mit $R = -1$,
die Zug-Schwellbeanspruchung   mit $R = 0$,
die ruhende Beanspruchung   mit $R = +1$.

Beanspruchungsfälle zwischen $R = -\infty$ und $R = 0$ sind dem Bereich der Wechselbeanspruchung, Beanspruchungsfälle zwischen $R = 0$ und $R = +1$ dem Bereich der Schwellbeanspruchung zuzuordnen. Zwischen dem Spannungsverhältnis R nach (2.5) und dem ebenfalls noch gebräuchlichen κ-Wert besteht die Beziehung

$$\kappa_{Zug} = R \qquad \text{für} \quad |S_o| < |S_u|,$$
$$\kappa_{Druck} = 1/R \qquad \text{für} \quad |S_o| < |S_u|. \tag{2.10}$$

Zur Kennzeichnung einer Schwingbeanspruchung, die zwischen gleichbleibenden Schwinggrenzen abläuft, genügt es nicht, allein den Höchstwert der Beanspruchung anzugeben, sondern es sind drei Angaben erforderlich: Zwei Angaben bestimmen die Beanspruchungshöhe, z.B. S_o und S_u oder S_a und S_m oder S_o und R oder S_a und R. Weiterhin ist die Häufigkeit h der Schwingspiele zu bezeichnen, die in der betrachteten Zeitspanne der Beanspruchung auftreten.

Das Berechnen der Beanspruchung im Prüfquerschnitt, Abschnitt 3.4, geschieht meist in starker Vereinfachung der tatsächlichen Spannungsverteilung in Form einer

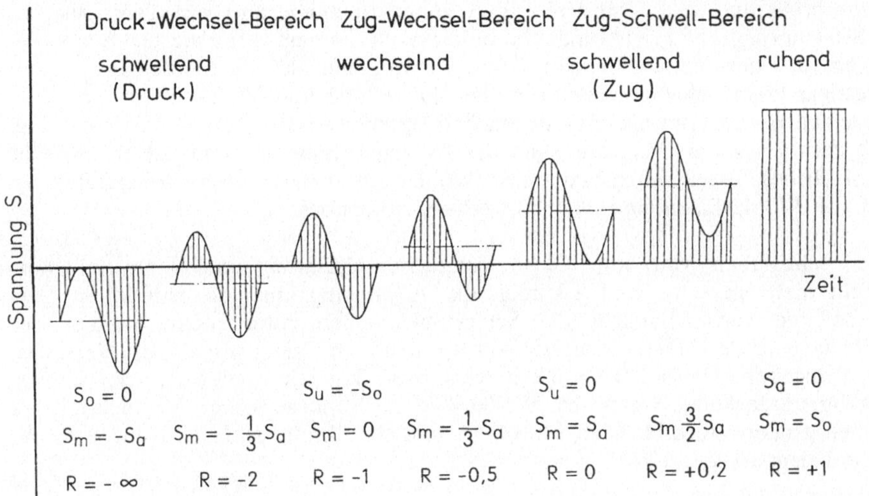

Bild 2.2: Beanspruchungsfälle und Spannungsverhältnis.

Nennspannung S in Verbindung mit der Angabe einer Formzahl α_k. Anstelle der Normalspannung kann auch eine Schubspannung, eine Kraft, ein Moment, oder die Dehnung als Maßzahl der Beanspruchungshöhe dienen. Eine mehrachsige Beanspruchung kann nach einer geeigneten Festigkeits-Hypothese als Vergleichsspannung beschrieben sein.

2.1.2 Versuchsdurchführung und Versuchsauswertung

Unter der im Wöhler-Versuch z.B. nach Amplitude und Mittelwert mit S_a und S_m vorgegebenen Beanspruchungshöhe fällt als Versuchsergebnis die bis zum Schwingbruch bzw. die bis zum Schwinganriß ertragene Schwingspielzahl N an. Um eine Wöhlerlinie zu ermitteln, sind mehrere Versuche bei unterschiedlicher Beanspruchungshöhe erforderlich.

Ob die Schwingbeanspruchung bei gleichen Schwinggrenzen sinus-, dreieck- oder rechteckförmig abläuft, erweist sich, ebenso wie die Schwingfrequenz, für das Schwingfestigkeitsverhalten der Bauteile meist als untergeordneter Einfluß. Bei dieser Aussage wird vorausgesetzt, daß frequenzabhängige Verfälschungen der Prüfkraftanzeige durch eine dynamische Kalibrierung ausgeschlossen sind.

Für Wöhler-Versuche zur vorrangigen Bestimmung des Dauerfestigkeitswertes wird nach DIN 50 100 [30] (in der seit 1953 nahezu unveränderten Fassung) folgendes Vorgehen empfohlen: Nacheinander werden etwa 6 bis 10 hinsichtlich Werkstoff, Gestaltung und Bearbeitung völlig gleichwertige Prüfstücke von Versuch zu Versuch zweckmäßig abgestuften Schwingbeanspruchungen unterworfen und die zugehörigen Bruch- bzw. Anriß-Schwingspielzahlen festgestellt. Mit einer geeigneten Abstufung der Beanspruchung wird angestrebt, daß zunächst mindestens ein Prüfstück bei hoher Schwingspielzahl bricht und ein weiteres, bei wenig verminderter Beanspruchung, bis zu einer vorzugebenden Grenz-Schwingspielzahl durchläuft, um so den Dauerfestigkeitswert einzugrenzen. Für die Darstellung von Wöhlerlinien gibt DIN 50.100 lediglich den Hinweis, daß sie im halblogarithmischen Netz geschehen sollte. Je nach dem gewählten Maßstab kann das halblogarithmische Netz jedoch ein sehr unterschiedliches Erscheinungsbild einer Wöhlerlinie liefern. Gemeinsamkeiten im Verlauf von Wöhlerlinien sind dann nur schwer erkennbar.

Heutigen Maßstäben wird eine solche Versuchsdurchführung und Versuchsauswertung nicht mehr gerecht: Bild 2.3 zeigt die Auftragung einer so ermittelten Versuchsreihe und veranschaulicht die Schwierigkeit, den zutreffenden Verlauf der Wöhlerlinie und den Dauerfestigkeitswert anhand weniger, streuender Versuchspunkte anzugeben. Diese Schwierigkeit wird zwar deutlich verringert, aber keineswegs völlig ausgeräumt, wenn die Wöhlerlinie nach neuzeitlicher Versuchstechnik durch eine größere Anzahl, nach Mittelwert und Streubreite statistisch auswertbarer Versuche belegt ist.

Zu Fragen der statistischen Versuchsplanung und Versuchsauswertung gibt es ein umfangreiches Schrifttum, z.B. [40-48]. Den Belangen einer statistischen Auswertung muß in jedem Fall schon im vorhinein durch eine geeignete Versuchsplanung entsprochen werden.

Für eine statistische Belegung der Wöhlerlinie im Zeitfestigkeitsbereich hat sich folgendes Verfahren bewährt: Auf mehreren Horizonten mit ausgewählter Beanspruchungshöhe werden jeweils mehrere Versuche durchgeführt. Ihre Auswertung geschieht graphisch im Wahrscheinlichkeitsnetz [42-44]. In einem einfachen Schema, Bild 2.4, in dem die ertragenen Schwingspielzahlen N der vorliegenden n Versuche geordnet und, vom Größtwert beginnend, mit einer Ordnungszahl j versehen werden, erhält jeder Versuchswert zur Auftragung im Gaußschen Wahrscheinlichkeitsnetz einen Wert der Überlebenswahrscheinlichkeit $P_ü$ zugeordnet, der sich nach Rossow [43] berechnen läßt als

$$P_ü = (3j-1)/(3n+1). \qquad (2.11)$$

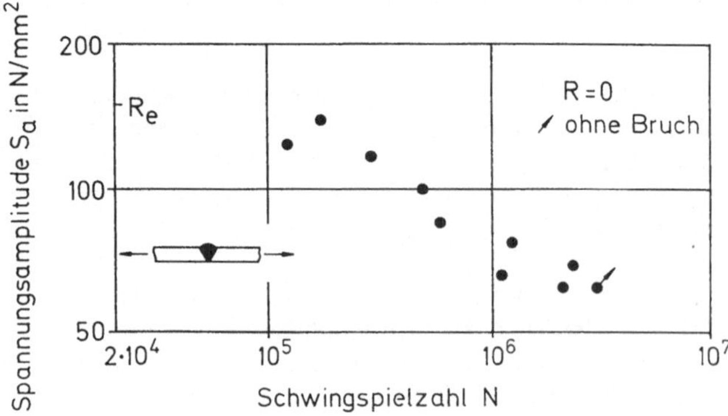

Bild 2.3: Wenige, streuende Versuchsergebnisse im Netz der Wöhlerlinie.

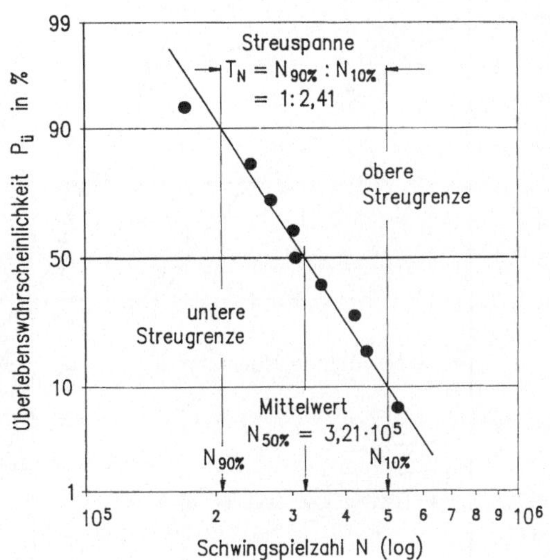

Versuch	N	j	$P_ü$ in %
5	$1{,}71 \cdot 10^5$	n=9	93,2
2	$2{,}43 \cdot 10^5$	8	82,4
4	$2{,}70 \cdot 10^5$	7	71,6
3	$3{,}03 \cdot 10^5$	6	60,6
1	$3{,}06 \cdot 10^5$	5	50,0
8	$3{,}51 \cdot 10^5$	4	39,4
6	$4{,}20 \cdot 10^5$	3	28,4
9	$4{,}47 \cdot 10^5$	2	17,6
7	$5{,}25 \cdot 10^5$	1	6,8

Versuche nach Werten N geordnet

$$P_ü = \frac{3 \cdot j - 1}{3 \cdot n + 1}$$

Bild 2.4: Statistische Auswertung von Zeitfestigkeits-Versuchen im Gaußschen Wahrscheinlichkeitsnetz

Im allgemeinen werden sich die Versuchspunkte über einer logarithmischen Merkmalsteilung des Wahrscheinlichkeitsnetzes einer Geraden zuordnen lassen, Bild 2.5a. Abweichungen von der Geraden ergeben sich bei Prüfhorizonten am Übergang zur Dauerfestigkeit sowie am Übergang zur Kurzzeitfestigkeit. Beispielsweise muß im Bild 2.5a die Streukurve für den Spannungshorizont beim Mittelwert der Dauerfestigkeit ($P_ü$=50 %) auch im Wahrscheinlichkeitsnetz für hohe Schwingspielzahlen horizontal in den Wert $P_ü$=50 % einmünden. Abweichungen von einem stetigen Kurvenverlauf ergeben sich auch, wenn für einzelne Versuchsstücke (sog. Ausreißer) die Voraussetzung der Gleichwertigkeit nicht erfüllt ist. Mit der Möglichkeit, derartige Besonderheiten der Streuverteilung zu erkennen und zu bewerten, zeichnet sich die graphische Auswertung im Wahrscheinlichkeitsnetz gegenüber einer alleinigen rechnerischen Bestimmung des Mittelwertes und der Standardabweichung aus.

Von einer ausmittelnd durch die Versuchspunkte gelegten Streugeraden oder Streukurve lassen sich die ertragbaren Schwingspielzahlen für bestimmte Werte der Überlebenswahrscheinlichkeit abgreifen und in das Netz der Wöhlerlinie übertragen. Ihre Verbindung führt dann auf Wöhlerlinien mit entsprechend bezeichneter Überlebenswahrscheinlichkeit von z.B. $P_ü$=90%, 50% oder 10%, Bild 2.5b.

Abgestellt auf etwa 10 Versuche je Prüfhorizont hat es sich eingeführt, eine Überlebenswahrscheinlichkeit $P_ü$=90% als untere Streugrenze anzusehen. Eine durch die unteren Streugrenzen mehrerer Prüfhorizonte gelegte Zeitfestigkeitslinie besagt dann, daß die von ihr als ertragbar ablesbare Spannung oder Schwingspielzahl mit einer Wahrscheinlichkeit von 90% erreicht oder überschritten wird. Entsprechend gilt eine Überlebenswahrscheinlichkeit $P_ü$=10% als obere Streugrenze.

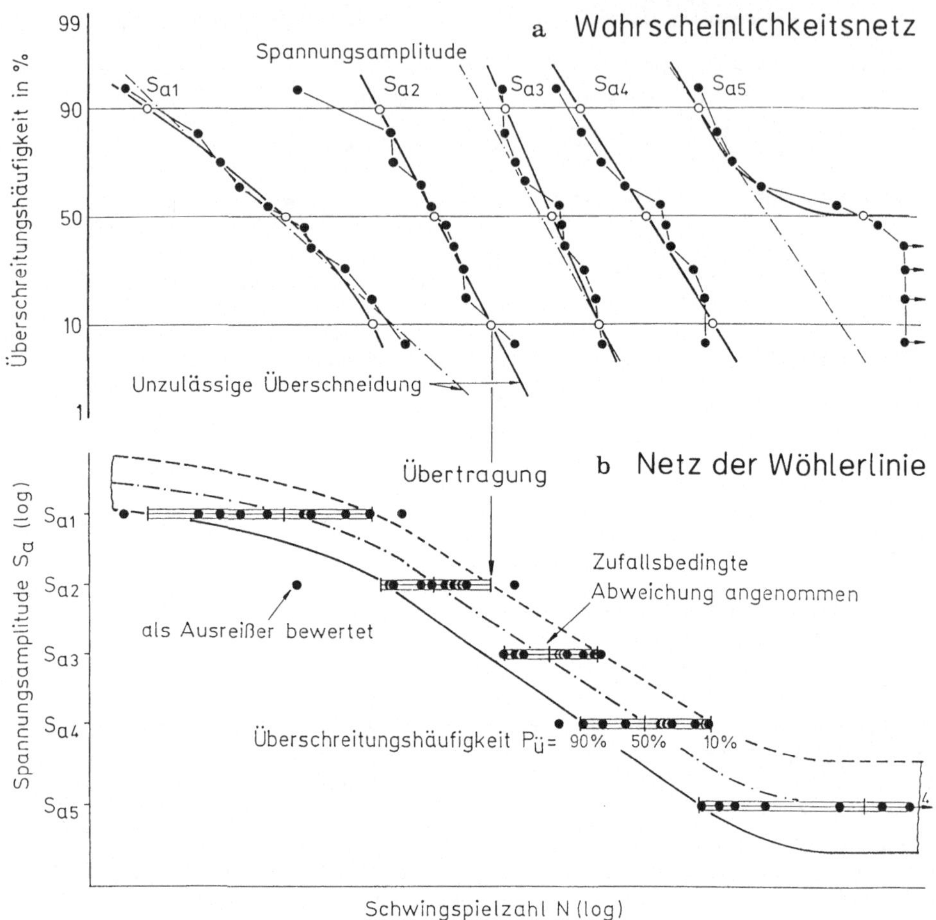

Bild 2.5: Auftragung (a) und Auswertung (b) für eine auf mehreren Spannungshorizonten statistisch belegten Wöhlerlinie (Schemabild).

Auf den Mittelwert m der (logarithmierten) Bruch-Schwingspielzahlen entfällt eine Überlebenswahrscheinlichkeit $P_{\ddot{u}}$=50%. Er läßt sich vergleichsweise zur Auswertung im Wahrscheinlichkeitsnetz berechnen als

$$m = \lg N_{50\%,n} = (1/n) \cdot \sum_{i=1}^{n} (\lg N_i). \tag{2.12}$$

Als Maß für die Streuung kann die Standardabweichung

$$s = \left[[1/(n-1)] \cdot \sum_{i=1}^{n} (\lg N_i - \lg N_{50\%,n})^2 \right]^{0,5} \tag{2.13}$$

dienen, die gleichfalls auf die Logarithmen der Schwingspielzahlen bezogen ist. Oder das als Streuspanne T_N bezeichnete Verhältnis der Schwingspielzahlen für $P_{\ddot{u}}$=10%

und 90% Überlebenswahrscheinlichkeit

$$T_N = 1 : (N_{10\%} / N_{90\%}) \quad \text{bzw.} \quad (1/T_N) = N_{10\%} / N_{90\%}. \tag{2.14}$$

Unter der Voraussetzung, daß die Streukurve im Wahrscheinlichkeitsnetz als Gerade erscheint und somit eine Logarithmische Normalverteilung unterstellt werden darf, liegen die untere und obere Streugrenze jeweils in einem Abstand von $1{,}28 \cdot s$ unter- bzw. oberhalb des Mittelwertes, so daß zwischen der Streuspanne und der Standardabweichung mit $2 \cdot 1{,}28 = 2{,}56$ die Beziehung besteht:

$$s = (1/2{,}56) \cdot \lg(1/T_N). \tag{2.15}$$

Ein Zeichnen der Streugeraden im Wahrscheinlichkeitsnetz in bestmöglicher Annäherung der vorliegenden Versuchspunkte kann beim Ausdeuten der Ergebnisse auf Widersprüche führen, die in den Zufälligkeiten kleiner Stichproben begründet sind. Zu einer Auftragung im Wahrscheinlichkeitsnetz läßt sich der Zufallsstreubereich einer Stichprobe nach einem von Henning und Wartmann angegebenen Verfahren darstellen [44], Bild 2.6. Sofern die Versuchspunkte innerhalb des Zufallsstreubereichs liegen, darf mit einer Vertrauenswahrscheinlichkeit C=95% angenommen werden, daß die Abweichungen von der angegebenen Streugeraden noch zufälliger Art sind.

Die Dauerfestigkeit läßt sich statistisch nach dem Treppenstufenverfahren bestimmen [46-48]. Bei dieser Versuchsmethode läuft jeder Versuch höchstens bis zu einer

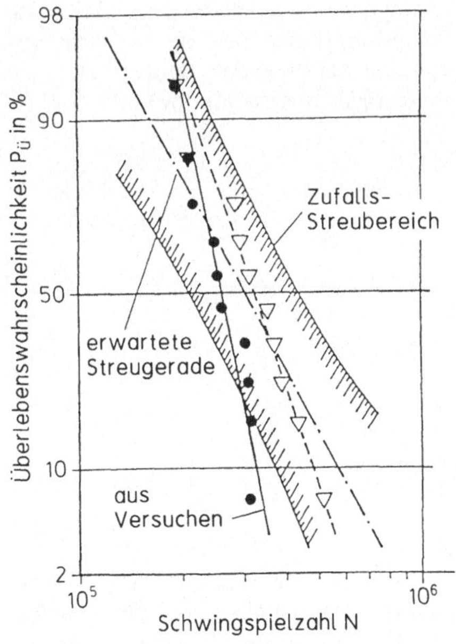

Bild 2.6: Zufalls-Streubereich kleiner Stichproben nach Henning und Wartmann [44].

vorgegebenen Grenz-Schwingspielzahl. Je nachdem, ob diese Grenz-Schwingspielzahl ohne Bruch erreicht wird oder ob vorher Bruch eintritt, läuft der nächste Versuch unter einer Beanspruchung, die sich aus der nächst höheren oder nächst niederen Stufe einer vorher festgelegten, äquidistanten Treppenstufen-Teilung des (logarithmischen) Beanspruchungsmaßstabs ergibt. Dieses Versuchsschema entspricht im Grunde dem einfachen Verfahren nach DIN 50 100 mit dem einzigen Unterschied, daß mit der vorgegebenen Stufenteilung vorab verbindlich entschieden ist, um welchen Betrag die Beanspruchung im folgenden Versuch erhöht oder erniedrigt werden soll. Die Auswertung der anfallenden Versuchsergebnisse geschieht rechnerisch nach einem kleinen Schema und sie liefert den Mittelwert und (mit Vorbehalt) die Standardabweichung der ertragbaren Spannung bei der vorgegebenen Grenzspielzahl [37].

2.1.3 Normierte Wöhlerlinien

In den letzten Jahren hat sich mehr und mehr eine Auftragung der Wöhlerlinien im doppellogarithmischen Netz durchgesetzt, wohl nicht zuletzt im Hinblick auf praktische Vorteile, die sich dabei aus der Möglichkeit einer geradlinigen Annäherung der Zeitfestigkeitslinie und ganz allgemein aus den Eigenschaften eines logarithmischen Beanspruchungsmaßstabs auf der Ordinate ergeben. Um an der Zeitfestigkeitslinie eine befriedigende Ablesegenauigkeit zu erreichen, empfiehlt es sich, zu dem logarithmischen Abszissen-Maßstab der Schwingspielzahlen einen logarithmischen Beanspruchungsmaßstab für die Ordinate mit zwei- bis vierfach größerer Dekadenlänge zu wählen.

Eine weitere Vereinheitlichung beginnt sich dahingehend durchzusetzen, daß eine Auftragung von Wöhlerlinien mit der Spannungsamplitude als Beanspruchungsmaßstab bevorzugt wird, weil die Spannungsamplitude als diejenige Beanspruchungskenngröße gelten muß, die primär das Schwingfestigkeitsverhalten der Werkstoffe bestimmt.

Mit den Bezeichnungen nach Bild 2.7 lautet eine entsprechende Beschreibung für den Zeit- und Dauerfestigkeitsbereich einer Wöhlerlinie:

$$N = N_D \cdot (S_a / S_D)^{-k} \qquad \text{für} \quad S_a \geq S_D \quad \text{und} \quad P_{\ddot{u}} = \text{konstant}, \qquad (2.16)$$

mit einer Abgrenzung zum Dauerfestigkeitsbereich in der Form

$$N = \infty \qquad \text{für} \quad S_a < S_D \quad \text{und} \quad P_{\ddot{u}} = \text{konstant}, \qquad (2.17)$$

und einer Abgrenzung zum Kurzzeitfestigkeitsbereich bei der Formdehngrenze S_F

$$S_a < S_F \cdot (1-R)/2. \qquad (2.18)$$

Mit (2.16) werden der Dauerfestigkeitswert S_D und die Schwingspielzahl N_D am Abknickpunkt von der Zeitfestigkeits- in die Dauerfestigkeitslinie sowie die Neigung der Zeitfestigkeitslinie mit dem Exponenten k als Kennwerte der Wöhlerlinie eingeführt.

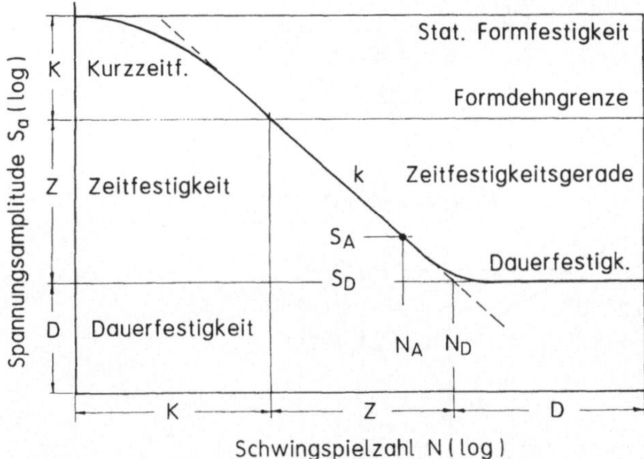

Bild 2.7: Kennwerte einer Wöhlerlinie und Abgrenzung der Bereiche der Dauerfestigkeit (D), der Zeitfestigkeit (Z) und der Kurzzeitfestigkeit (K).

Gleichwertig zu (2.16) ist auch die Schreibweise mit einer kennzeichnenden Spannungsamplitude S_A bei der zugehörigen Schwingspielzahl N_A:

$$N = N_A \cdot (S_a/S_A)^{-k} \qquad \text{für} \quad S_a \geq S_D \quad \text{und} \quad P_{\ddot{u}} = \text{konstant.} \qquad (2.19)$$

Ist die Wöhlerlinie mit einem für alle Versuchspunkte gleichem Spannungsverhältnis ermittelt, so ist ihre doppellogarithmische Auftragung mit der Spannungsamplitude gemäß (2.16) oder (2.19) durch einfaches Verschieben des Ordinatenmaßstabs in eine Auftragung mit der Oberspannung überführbar.

Das Konzept der normierten Wöhlerlinien beruht auf einem Grundgedanken, der erstmals mit Erfolg bei der Auswertung von Wöhlerlinien für geschweißte Verbindungen aus Baustahl verfolgt [49] und sodann für eine zusammenfassende Auswertung der im Schrifttum verfügbaren Schwingfestigkeitswerte für Schweißverbindungen aus Baustahl [50] und Schweißverbindungen aus Aluminiumlegierungen genutzt wurde [51]. Dieses Konzept besagt, daß beliebig gestaltete Schweißverbindungen aus gleichartigem Werkstoff bei einer Auftragung im doppellogarithmischen Netz eine einheitliche Neigung und Streubreite des Wöhlerstreubandes aufweisen. Zusätzlich reicht dann ein einziger Kennwert aus, um die Schwingfestigkeit der jeweils betrachteten Versuchsreihe zu kennzeichnen; entsprechende Auswertebeispiele liefert der Wöhlerlinien-Katalog für Schweißverbindungen aus Baustahl [50]. Eine konsequente Weiterführung dieser Arbeiten führte zu der Feststellung, daß sich die Schwingfestigkeitswerte für ungekerbte und gekerbte Formelemente aus Baustählen, Edelstählen und Aluminiumlegierungen ebenfalls einer normierten Auswertung unterziehen lassen, [52-55]; diese Feststellung läßt sich darüber hinaus durch werkstoffmechanische wie auch bruchmechanische Betrachtungen erhärten [1,54].

Bild 2.8a zeigt das normierte Wöhlerstreuband für Schweißverbindungen aus Baustahl in seiner ursprünglich angegebenen Form [49,50], und Bild 2.8b in einer an

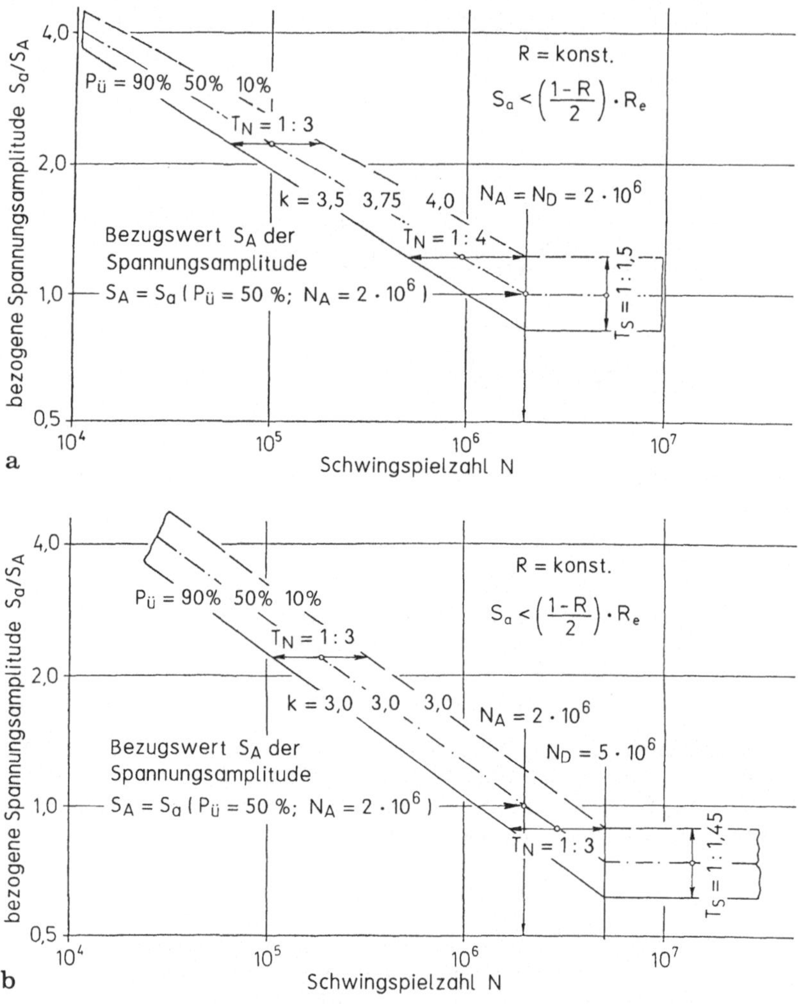

Bild 2.8: Normierte Wöhlerlinie für Schweißverbindungen aus Baustahl; (a) bisherige Form [49,50] und (b) neue an Eurocode 3 angepaßte Form [1,35,36].

Eurocode 3 [35,36] angeglichenen Form. Mittlerweile machen alle neueren Normen und Richtlinien für Schweißverbindungen explizit oder implizit von dem Konzept normierter Wöhlerlinien Gebrauch [17,32-36], Abschnitt 3.5.2.

Bild 2.9 zeigt das normierte Streuband wie es für ungekerbte Stäbe aus geglühten oder vergüteten Stählen abgeleitet wurde, die Bilder 2.10 und 2.11 die normierten Streubänder, die für Kerbstäbe aus geglühten bzw. aus vergüteten Stählen abgeleitet wurden [52]. Es ist aber zu vermuten, daß der Abknickpunkt bei $N_D=3{\cdot}10^5$ Schwingspielen nach Bild 2.11 kerbbedingt ist und nur bei kleinen Kerbradien und hoher Oberflächengüte zutrifft; allgemeiner erscheint ein Abknickpunkt bei $N_D=1{\cdot}10^6$ zuzutreffen, Bilder 2.9, 2.10, 2.12 und 2.14.

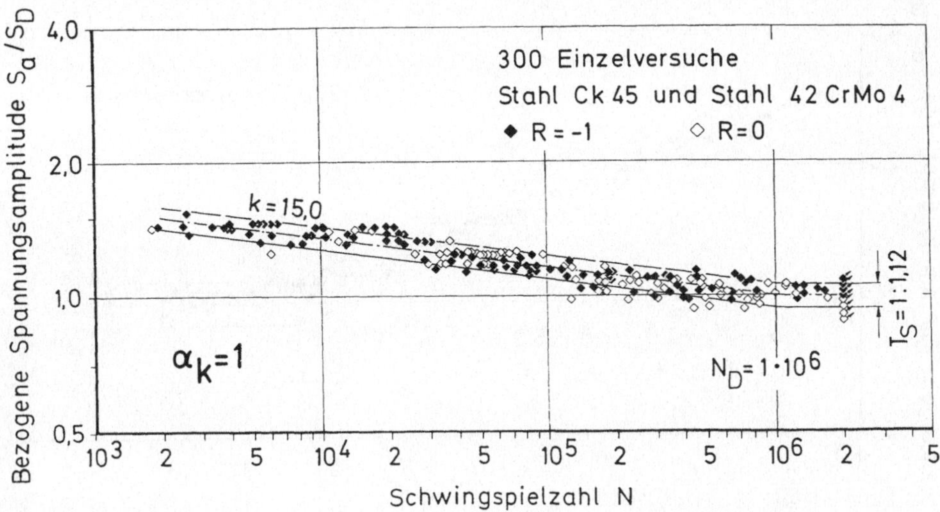

Bild 2.9: Normierte Wöhlerlinie für ungekerbte Flachstäbe aus geglühtem oder vergütetem Stahl [52].

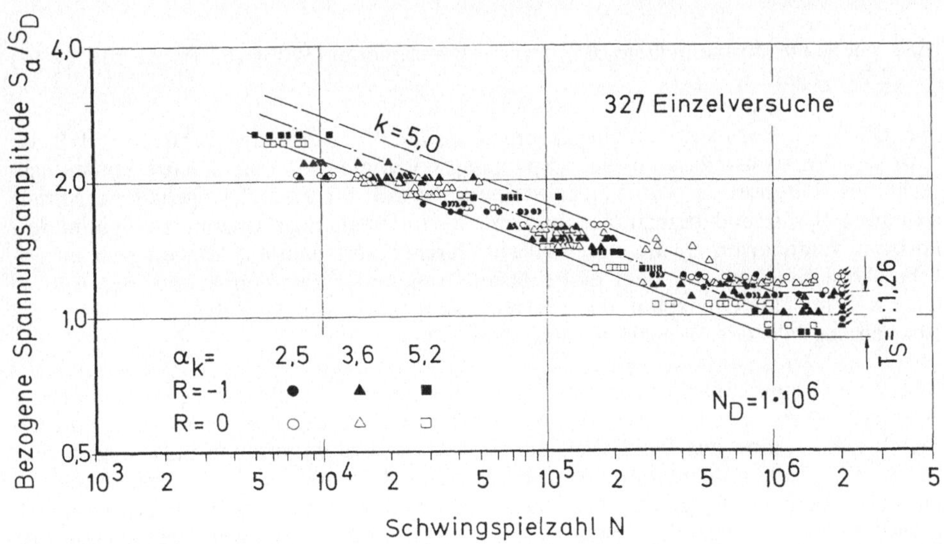

Bild 2.10: Normierte Wöhlerlinie für Kerbstäbe aus geglühtem Stahl [52].

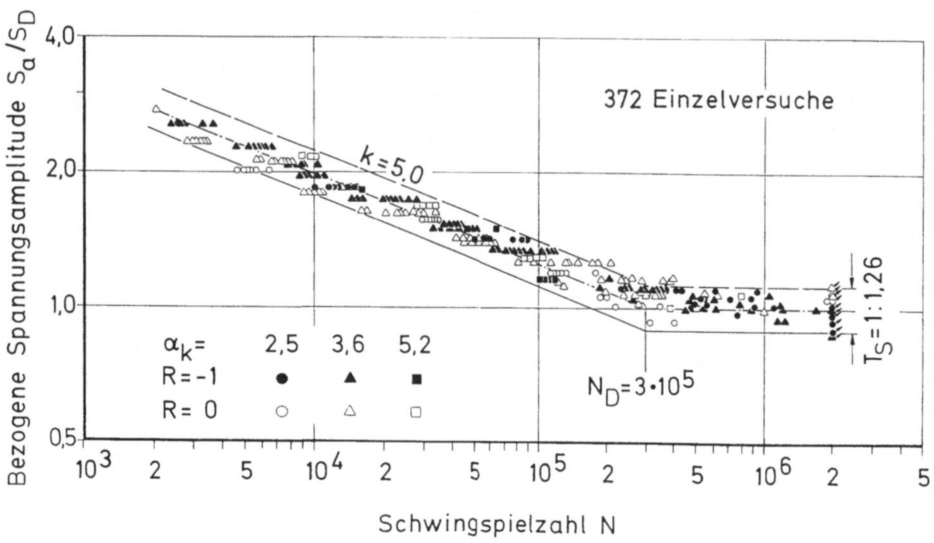

Bild 2.11: Normierte Wöhlerlinie für Kerbstäbe aus vergütetem Stahl [52].

Eine geeignete formelmäßige Beschreibung normierter Wöhlerlinien ist mit (2.16) bis (2.19) gegeben.

Die Gültigkeit normierter Wöhlerlinien ist an die Voraussetzung gebunden, daß die einzelnen Versuchsreihen auf allen Spannungshorizonten ein einheitliches Spannungs-verhältnis R aufweisen. Für Versuchsreihen, die z.B. für eine gleichgehaltene Mittel-spannung $S_m \neq 0$ und demzufolge mit einem von Spannungshorizont zu Spannungs-horizont veränderten Spannungsverhältnis durchgeführt wurden, können sich erheb-liche Abweichungen von dem einheitlichen Neigungsexponenten k und, bei Auftra-gung z.B. mit der Oberspannung, ein stark vom normierten Streuband abweichendes Erscheinungsbild der Wöhlerlinie einstellen.

Bild 2.12 veranschaulicht die Anwendung normierter Streubänder zur Auswertung einzelner Versuchsreihen. In dieser Einzelauftragung der Ergebnisse für normal-geglühte Kerbstäbe aus Stahl Ck45 mit $\alpha_k = 2,5$ ist das zutreffende normierte Streu-band, Bild 2.10, anhand einer statistischen Abschätzung im vertikalen Nennspan-nungs-Maßstab so festgelegt, daß die Einzelergebnisse innerhalb des vornehmlich gewichteten Zeitfestigkeitsbereichs optimal ausgemittelt und eingegrenzt werden. Die Streck- oder Formdehngrenze wird entsprechend (2.18) als eine obere Anwendungs-grenze für normierte Streubänder erkennbar. Im Bereich des Abknickpunktes kön-nen die Versuchsergebnisse mehr oder weniger oberhalb der Mittellinie liegen. Der Auftragung läßt sich sodann ein Schwingfestigkeitskennwert $S_D = 115$ N/mm² entnehmen.

Zwei weitere Beispiele für Wöhlerlinien gekerbter Bauteile aus Stahl sind im Bild 2.13 mit den Ergebnissen für abgesetzte Wellen bei Biege- oder Verdrehbelastung gegeben; anderweitige Auswertungen lassen eine allgemeine Anwendbarkeit der normierten Wöhlerlinien-Streubänder bei ungekerbten und gekerbten Bauteilen aus

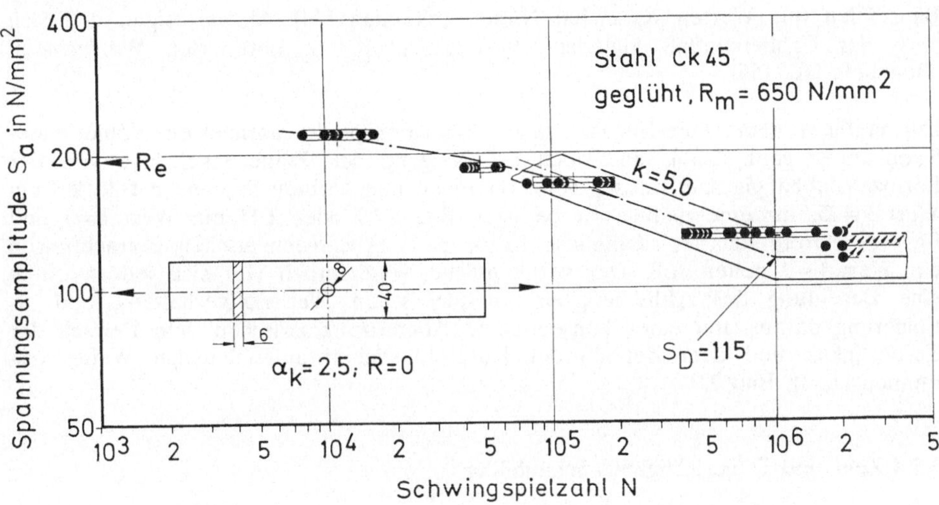

Bild 2.12: Anwendung der normierten Wöhlerlinie auf eine einzelne Versuchsreihe [52].

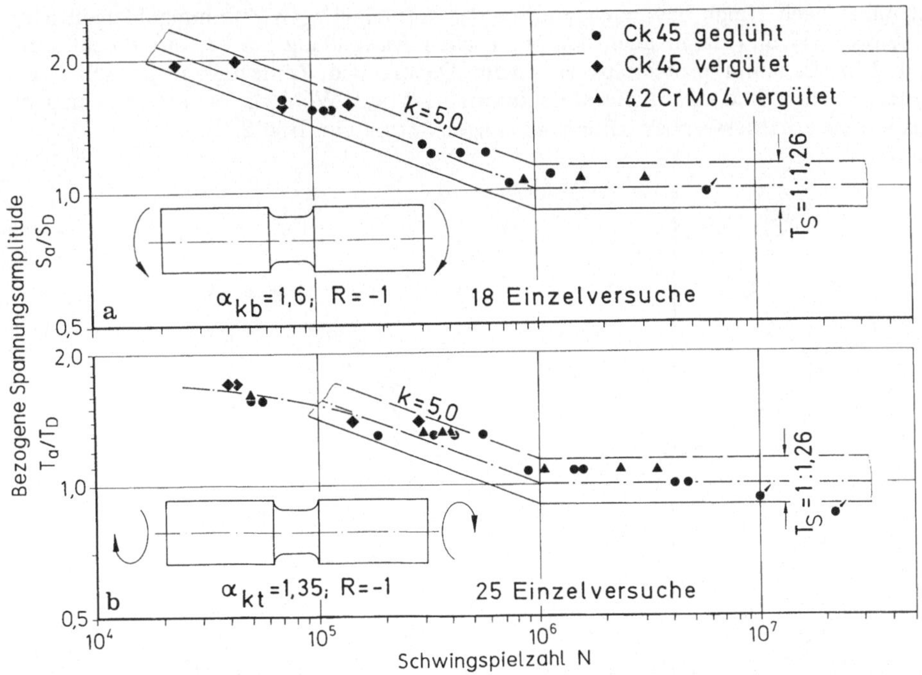

Bild 2.13: Normierte Auftragung der Versuchsergebnisse für abgesetzte Wellen, (a) unter Biege-belastung, (b) unter Verdrehbelastung [52].

Baustählen mit Werten $R_m \geq 1400$ N/mm^2 erkennen [54]. Magin zeigte, daß sich auch der Größeneinfluß auf die Schwingfestigkeit mit normierten Wöhlerlinien abhandeln läßt [55].

Ein häufig vorgebrachter Einwand gegen das Konzept der normierten Wöhlerlinien-Streubänder geht dahin, daß doch die Neigung der Zeitfestigkeitslinie von der Formzahl abhängig sein müsse, wenn für einen ungekerbten Stab nach Bild 2.9 ein Wert $k=15$, für eine mäßige Kerbe nach Bild 2.10 oder 2.11 ein Wert $k=5$ und für eine extrem scharfe, rißähnliche Kerbe nach bruchmechanischen Betrachtungen ein Wert $k=3$ gelten soll. Der vermeintliche Widerspruch läßt sich jedoch durch eine Beachtung des zyklischen, elastisch-plastischen Werkstoffverhaltens, und als Folgerung daraus, mit einer konsequenten Abgrenzung zwischen dem Bereich der Zeitfestigkeit und dem Bereich der Kurzzeitfestigkeit auf schlüssige Weise aus-räumen [1,53], Bild 2.7.

2.1.4 Zeit- und Dauerfestigkeits-Schaubilder

Der Einfluß des Spannungsverhältnisses bzw. der Mittelspannung läßt sich aus-gehend von entsprechend ermittelten Wöhlerlinien in einem Dauerfestigkeits-Schau-bild darstellen. DIN 50 100 [30] nennt verschiedene Darstellungsarten für solche Dauerfestigkeits-Schaubilder, von denen die Darstellung nach Smith die bisher wohl verbreitetste war. In der neuzeitlichen Schwingfestigkeits-Forschung wird jedoch das Schaubild nach Haigh bevorzugt, weil es den formelmäßigen Zusammenhängen nach (2.1) bis (2.5) und damit auch der praktischen Anwendung am besten gerecht wird, Bild 2.14. Es kann problemlos zu einem Dauer- und Zeitfestigkeits-Schaubild er-weitert werden und damit die volle Information aus Wöhlerlinien für verschiedene Spannungsverhältnisse oder Mittelspannungen vermitteln, Bild 2.15.

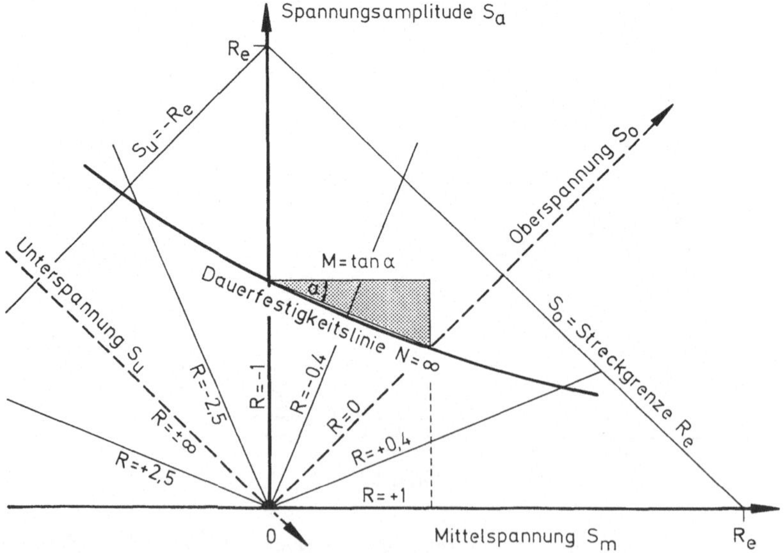

Bild 2.14: Dauerfestigkeits-Schaubild nach Haigh.

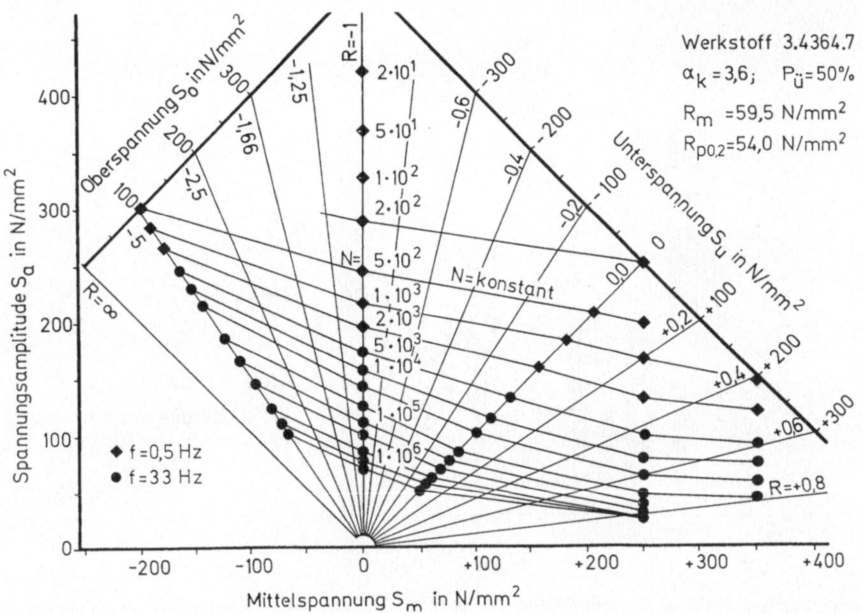

Bild 2.15: Dauer- und Zeitfestigkeits-Schaubild für Kerbstäbe aus der Aluminium-Legierung 3.4364.7, nach Schütz [26].

Um den Einfluß des Spannungsverhältnisses oder der Mittelspannung auf die Höhe der ertragbaren Spannungsamplitude mit einem Zahlenwert zu kennzeichnen, läßt sich nach einem Vorschlag von Schütz [56] die Mittelspannungsempfindlichkeit betrachten. Sie ist anhand des Haigh-Schaubildes definiert als

$$M = \big[\, S_a(R=-1) - S_a(R=0)\,\big] \Big/ \big[\, S_m(R=0)\,\big] \qquad (2.20)$$

und sie bezeichnet anschaulich die Neigung einer Sekante des Kurvenzugs für N=konstant zwischen R=−1 und R=0 , Bild 2.14.

In Bild 2.16 sind die Mittelspannungsempfindlichkeiten verschiedener Stahl- und Aluminiumwerkstoffe dargestellt. Sie erweisen sich als eine Funktion der Zugfestigkeit und sie steigen bei den angeführten hochfesten Werkstoffen etwa bis auf Werte M = 0,6. Die unterschiedlichen Mittelspannungsempfindlichkeiten schlagen sich auch in den Ergebnissen von Betriebsfestigkeits-Versuchen nieder, Abschnitte 2.2 bis 2.4, und sie können z.B. ein wichtiges Kriterium für die Werkstoffauswahl sein [57].

Formelmäßig wird der Einfluß der Mittelspannung S_m auf die ertragbare Spannungsamplitude S_a im Schrifttum meist mit einer Goodman-Geraden oder Gerber-Parabel erfaßt. In besserer Übereinstimmung mit Versuchsergebnissen, und angelehnt an die vorstehenden Ausführungen zu den Bildern 2.14 bis 2.16, wird erstmals in [1] für eigenspannungsfreie, gekerbte Proben und Bauteilen aus verformungsfähigen Werkstoffen ein abgeknickter Geradenzug zur Beschreibung des Mittel-

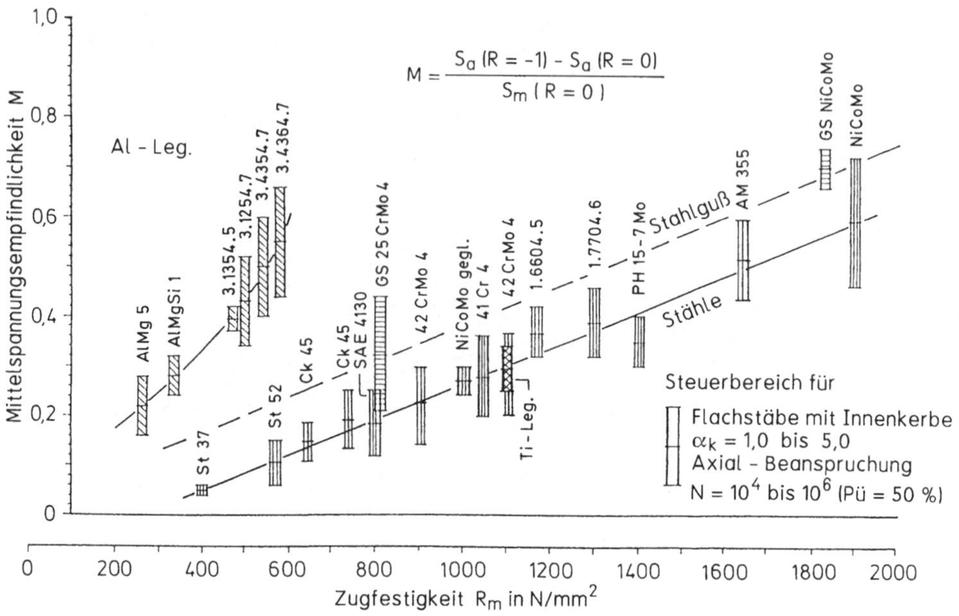

Bild 2.16: Mittelspannungsempfindlichkeit M verschiedener Stahl- und Aluminium-Werkstoffe, nach Schütz [56], ergänzt.

spannungseinflusses vorgeschlagen, Bild 2.17. Im Bereich $-\infty \leq R \leq 0$ ist seine Neigung mit dem Wert M der Mittelspannungsempfindlichkeit und im Bereich $R > 0$ mit einen Wert M/3 gegeben:

$$S_a(R) = S_a(R=-1) \cdot \left[(1+M/p)/(1+M)\right] \Big/ \left[1+(M/p)\cdot(1+R)/(1-R)\right], \quad (2.21)$$

mit $p=1$ für $R \leq 0$ und $p=3$ für $R > 0$.

Für eine vorgegebene Mittelspannung S_m läßt sich mit $S_a(S_m=0)=S_a(R=-1)$ ableiten:

$$S_a(S_m) = S_a(S_m=0) \cdot \left[(1+M/p)/(1+M)\right] - \left[(M/p)\cdot S_m\right], \quad (2.22)$$

mit $p=1$ für $S_a(S_m=0) \geq S_m \cdot (1+M)$
und $p=3$ für $S_a(S_m=0) < S_m \cdot (1+M)$

Der abgeknickte Geradenzug nach (2.21) soll in Verbindung mit normierten Wöhlerlinien R-abhängig für alle dauer- und zeitfest ertragbaren Spannungsamplituden gelten. Im Haigh-Schaubild stellt sich dementsprechend der Einfluß des Spannungsverhältnisses auf die Zeit- und Dauerfestigkeit durch einen parallelen Verlauf der Linien N=konstant dar. In Anbetracht der ohnehin geforderten ausreichenden Bemessung der Bauteile im Sinne des Maximalspannungs-Nachweises nach (2.18) bzw. (2.25) darf darauf verzichtet werden, auch über das Haigh-Schaubild eine Begren-

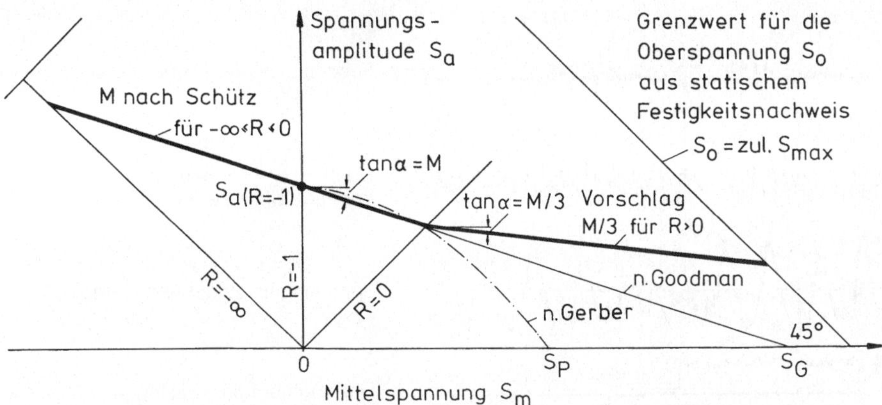

Bild 2.17: Mittelspannungsabhängigkeit M der ertragbaren Spannungsamplitude; Mittelspannungs-empfindlichkeit nach Schütz, fortgeführt für Werte R>0 nach der Goodman-Geraden, nach der Gerber-Parabel sowie nach dem neuen Vorschlag mit M/3 [1].

zung der Nenn-Oberspannung in Höhe der Streckgrenze oder der Zugfestigkeit vorzugeben, zumal diese Begrenzung einem anderen als dem im Haigh-Schaubild dargestellten Bruchmechanismus gälte.

2.2 Blockprogramm-Versuche

Der Betriebsfestigkeits-Versuch in der klassischen Form des Blockprogramm-Versuchs entstand gegen Ende der dreißiger Jahre aus der im Flugzeugbau erkannten Notwendigkeit einer Versuchsmethode zur wirklichkeitsnahen Simulation betrieblicher Beanspruchungs-Zeit-Funktionen mit stochastischem Charakter. Mit verschärften Anforderungen an den Leichtbau der Flugzeuge und mit verbesserten meßtechnischen Möglichkeiten, wirkliche Beanspruchungen genauer zu erfassen, erwies sich der Wöhler-Versuch als eine zu grob vereinfachende Versuchsmethode. Andererseits standen aber, konstruiert und gebaut für Wöhler-Versuche, nur Prüfmaschinen zur Verfügung, die eine zwischen gleichbleibenden Grenzen schwingende Beanspruchung erzeugen konnten. Der Kompromiß zwischen diesen versuchstechnischen Gegebenheiten und einer wirklichkeitsnahen Simulation wurde von Gaßner mit dem Blockprogramm-Versuch und seiner periodisch stufenweise veränderten Beanspruchungshöhe (Mehrstufenversuch) realisiert [1,12-15].

2.2.1 Beanspruchungs-Zeit-Funktion und Beanspruchungskollektiv

Mit Ausschnitten aus Meßschrieben veranschaulicht Bild 2.18 Beispiele betrieblicher Beanspruchungs-Zeit-Funktionen, wie sie bei Betriebsfestigkeits-Untersuchungen zu

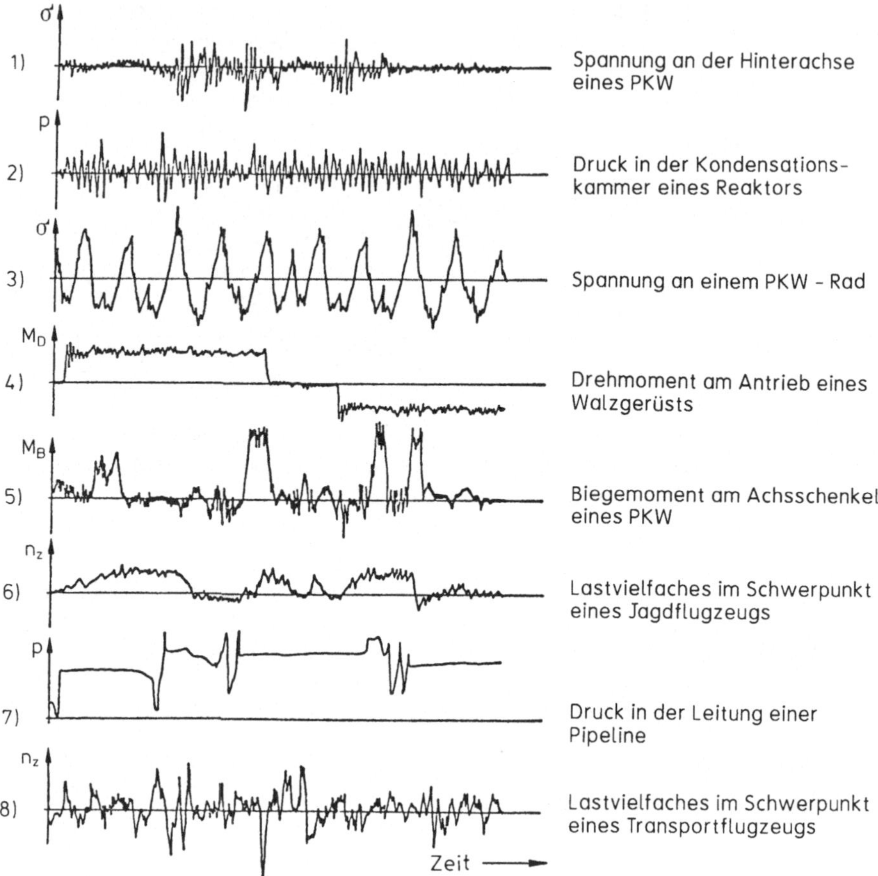

Bild 2.18: Gemessene Beanspruchungs-Zeit-Funktionen [25].

berücksichtigen sind. Nach der Systematik des Bildes 2.19 setzen sie sich zusammen aus einer Grundbeanspruchung, der sich Zusatzbeanspruchungen überlagern.

Im einfachsten Fall ist die Grundbeanspruchung konstant und z.B. durch das Eigengewicht der Konstruktion oder einen anderen konstanten Lastzustand bestimmt. Im allgemeinen Fall ist die Grundbeanspruchung quasistatisch veränderlich, beispielsweise aus der veränderlichen Beladung eines Fahrzeugs, oder aus einer Veränderung des statischen Systems, wie bei Flugzeugen aus dem Boden-Luft-Lastspiel für den Flügelwurzelbereich, wo auf dem Rollfeld ein nach unten, im Flug hingegen ein nach oben gerichtetes Biegemoment einwirkt.

Zusatzbeanspruchungen entstehen entweder aus diskreten oder sich wiederholenden Einzelereignissen, wie z.B. Fahrmanövern oder unfallähnlichen Situationen, oder sie sind durch Schwingungen hervorgerufen. Schwingungen können innerhalb des Systems erregt sein, z.B. als Triebwerksschwingungen, oder sie sind aus Umgebungs-

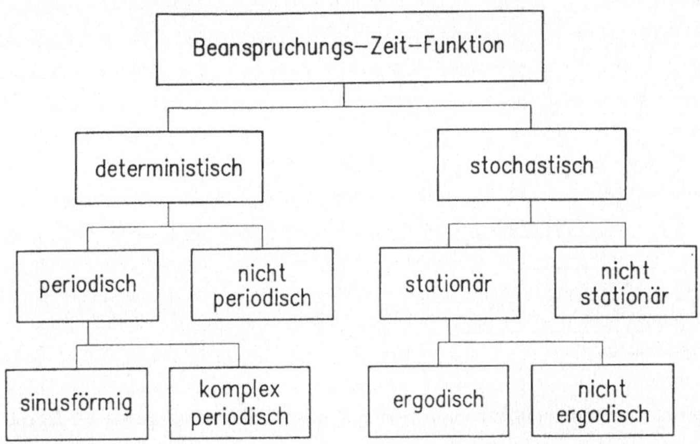

Bild 2.19: Ursachen der Beanspruchungs-Zeit-Funktionen [25].

einflüssen, wie z.B. Straßenunebenheiten, Böen oder Seegang, verursacht. Bei Schwingungen, die aus Umgebungseinflüssen entstehen, handelt es sich um mehr oder minder zufällige, d.h. stochastische Vorgänge, während die Beanspruchungen aus den übrigen Ursachen zwar zufallsbestimmt, in ihrem Ablauf jedoch deterministischer Art sein können.

In der Gaßnerschen Konzeption gilt es, aus der Beanspruchungs-Zeit-Funktion mit Hilfe statistischer Zählverfahren zunächst ein Beanspruchungskollektiv zu ermitteln [1,14,16,58-60].

Im einfachsten Fall werden dazu für die vorliegende Beanspruchungs-Zeit-Funktion nach dem Klassendurchgangs-Verfahren [58] in einfacher Weise die Überschreitungshäufigkeiten für äquidistant vorgegebene Klassengrenzen der Beanspruchung gezählt, Bild 2.20: bei der Bezugslinie und bei den Grenzen der positiven Klassen alle von der Bezugslinie ins Positive gerichteten Durchgänge (positive Überschreitungen), bei den Grenzen der negativen Klassen alle von der Bezugslinie ins Negative gerichteten Durchgänge (negative Überschreitungen).

Das so zu erhaltende Beanspruchungskollektiv besitzt die Eigenschaften einer Summenhäufigkeitskurve und gibt an, wie oft die absolute Spannungshöhe innerhalb der betrachteten Betriebszeit eine bestimmte Größe erreicht oder übersteigt. Sein Zustandekommen und seine Ausdeutung lassen sich an Bild 2.21 erläutern:

Bei einem etwa sinusförmigen Beanspruchungsablauf, wie er für den Wöhler-Versuch typisch ist, werden dabei auf jedem Spannungsniveau zwischen der Oberspannung S_o und der Unterspannung S_u bei insgesamt $\bar{H}$ Schwingspielen $H_i=\bar{H}$ Überschreitungen gezählt; außerhalb dieses Bereichs ist die Überschreitungshäufigkeit $H_i=0$. Das Kollektiv erscheint in der üblichen halblogarithmischen Auftragung als Rechteck und besagt, daß $\bar{H}$ Schwingspiele mit gleichbleibender Oberspannung S_o und Unterspannung S_u auftreten.

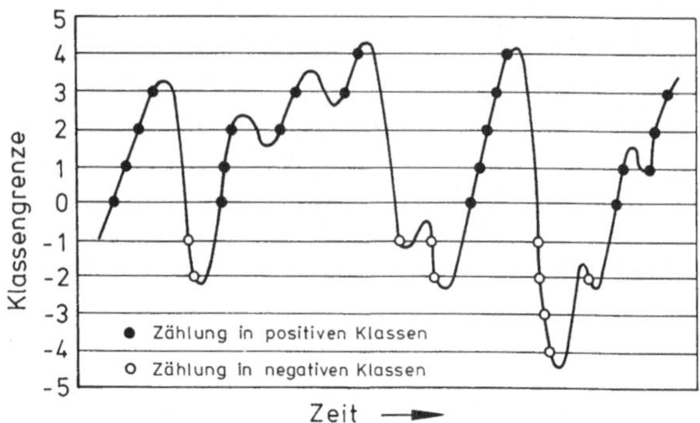

Bild 2.20: Zählung von Überschreitungshäufigkeiten entsprechend dem Klassendurchgangs-Verfahren nach DIN 45 667 [58].

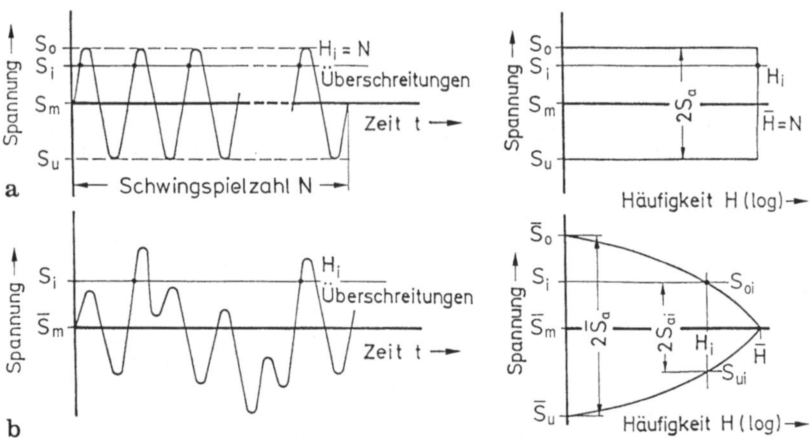

Bild 2.21: Zustandekommen und Ausdeuten eines Beanspruchungskollektivs bei Zählung nach dem Klassendurchgangs-Verfahren; a) für einen sinusförmigen, b) für einen zufallsartigen Beanspruchungsablauf [60].

Entsprechend werden bei der zufallsartigen Beanspruchungs-Zeit-Funktion Überschreitungshäufigkeiten H_i erhalten, die mit dem Abstand von der Bezugslinie bzw. von der Mittelspannung S_m abnehmen. Die Ausdeutung des so erhaltenen Kollektivs geht dahin, daß mit einer Häufigkeit H_i Schwingspiele auftreten, die die zugehörige Oberspannung S_{oi} und die Unterspannung S_{ui} erreichen oder übersteigen.

Werden aus den Oberspannungen S_{oi} und den Unterspannungen S_{ui} die Spannungsamplituden $S_{ai}=(S_{oi}-S_{ui})/2$ gebildet und über der jeweiligen Häufigkeit H_i aufgetragen, so entsteht das Amplitudenkollektiv. Es besitzt gleichfalls die Eigenschaften einer Summenhäufigkeitskurve und es gibt an, wie oft die Spannungsamplitude innerhalb der betrachteten Betriebszeit eine bestimmte Größe erreicht oder übersteigt. Es muß allerdings angemerkt werden, daß die hier erläuterte einfache Ableitung eines Amplitudenkollektivs nicht die einzig mögliche und damit nicht eindeutig ist; mit einer bestimmten Form des Kollektivs der Überschreitungshäufigkeiten können sich vielmehr recht verschiedene Formen des Amplitudenkollektivs verbinden.

Ein Amplitudenkollektiv verlangt stets eine zusätzliche Angabe über die Mittelspannung, die konstant oder auch veränderlich sein kann. Für die folgenden Ausführungen sei zunächst der Fall betrachtet, daß sich die dynamische Zusatzbeanspruchung etwa symmetrisch einer z.B. aus dem Eigengewicht entstehenden, annähernd konstanten Mittelspannung überlagert. Die Darstellung darf sich dann auf den oberen, von der Mittelspannung aus positiv zu rechnenden Ast der Verteilungskurve beschränken, der zugleich die Form des Amplitudenkollektivs bezeichnet. Für nahezu alle anderen Fälle bedeutet die Annahme einer konstanten Mittelspannung eine brauchbare Näherung auf der sicheren Seite [1].

Als wesentliche Kennwerte der Betriebsbeanspruchung werden mit dem Kollektiv beschrieben:

- die Gesamthäufigkeit oder der Kollektivumfang $\bar{H}$, definiert als Gesamtzahl der großen, mittleren und kleinen Schwingspiele, die innerhalb der betrachteten Betriebszeit auftreten;
- die Kollektivform, die den relativen Anteil der großen, mittleren und kleinen Amplituden an der Gesamthäufigkeit angibt und einem bestimmten statistischen Verteilungsgesetz entspricht und
- die Höchstwerte $\bar{S}_o$ und $\bar{S}_u$ oder dementsprechend die größte Spannungsamplitude $\bar{S}_a$ und die zugehörige Mittelspannung $\bar{S}_m$.

Über die zeitliche Aufeinanderfolge der unterschiedlich großen, auf- und abwärts gerichteten Spannungsausschläge und der daraus bestimmten Spannungsamplituden kann das Beanspruchungskollektiv keinen Aufschluß mehr geben.

Kollektive, die bei Betriebsfestigkeits-Untersuchungen anfallen, bieten eine fast unbegrenzte Vielfalt. Doch zeichnen sich in dieser Vielfalt - mehr oder weniger idealisiert - einige typische und häufig vorkommende Kollektivformen ab [61]. Sie sind in Bild 2.22 als Amplitudenkollektive einander gegenübergestellt, wobei die höchste Spannungsamplitude $\bar{S}_a$ im bezogenen Maßstab gleich 1 gesetzt und der Kollektivumfang einheitlich zu $\bar{H}=10^6$ gewählt ist. Diese einheitliche Darstellung ist für den Vergleich verschiedener Kollektivformen nicht nur zweckmäßig, sondern darüber hinaus notwendig, um den Höchstwert eines Amplitudenkollektivs wie folgt zu definieren:

Als Höchstwert des Amplitudenkollektivs gilt diejenige Spannungsamplitude $\bar{S}_a$, die mit einer relativen Häufigkeit $1{:}10^6$ im Beanspruchungsablauf erreicht oder überschritten wird. Noch seltener auftretende Spannungsamplituden, die den so definierten Höchstwert des Kollektivs übersteigen, können vom Standpunkt der Betriebsfestigkeit in der Regel unberücksichtigt bleiben, doch sind sie unter Umständen im Maximalspannungs-Nachweis für die Bemessung ausschlaggebend und in dieser Hinsicht zu beurteilen [62], Abschnitt 3.3.

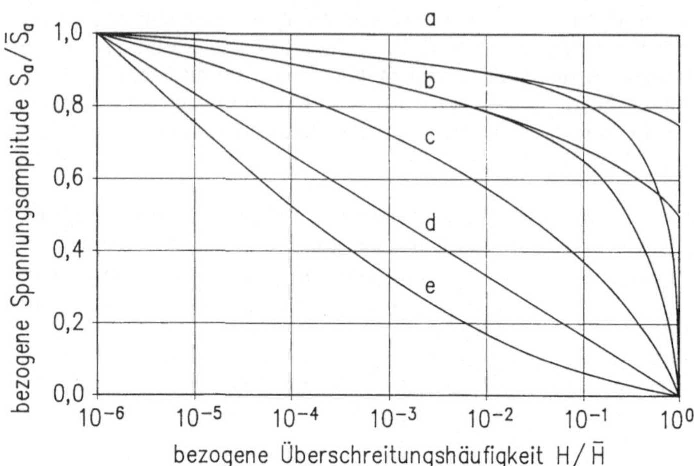

Bild 2.22: Typische Formen des Amplitudenkollektivs in bezogener Darstellung [61].

Die rechteckige Kollektivform a einer Schwingbeanspruchung mit gleichbleibenden Amplituden, wie sie dem Wöhler-Versuch zugrunde liegt, erweist sich als die obere Grenzkurve aller möglichen Kollektivformen. Sie unterscheidet sich von allen anderen Kollektivformen auch dadurch, daß sie nicht von der Art des angewandten Zählverfahrens abhängt. Der Wöhler-Versuch erweist sich also auch bezüglich der Kollektivform als elementarer Grenzfall eines Betriebsfestigkeits-Versuchs, der sich mithin zwanglos in die weitere Betrachtung einbeziehen läßt.

Die Kollektivform c, die sog. Normverteilung, trifft mit geringfügigen Korrekturen für den theoretisch behandelbaren Sonderfall einer rein zufallsbestimmten, stationären Schwingbeanspruchung zu [63]. Sie wird beispielsweise für die aus Straßenunebenheiten beanspruchten Fahrzeugteile erhalten, wenn die Messung unter stationären Betriebsbedingungen, also auf einer Strecke mit einheitlicher Straßenbeschaffenheit bei gleichbleibender Fahrgeschwindigkeit und Beladung geschieht. Bei Betriebsfestigkeits-Untersuchungen, die durch die Aufgabenstellung nicht an eine spezielle Kollektivform gebunden sind, kommt die Normverteilung auch bevorzugt als Einheitskollektiv zur Anwendung [1,64].

Die Kollektivformen d und e sind als eine Überlagerung mehrerer Verteilungen der Form c zu deuten, die zustande kommt, wenn die Messung instationäre Betriebsbedingungen erfaßt; im Falle eines Fahrzeugteiles beispielsweise bei einer Meßfahrt auf unterschiedlich beschaffenen Straßen mit veränderlicher, der jeweiligen Verkehrslage angepaßter Geschwindigkeit und mit wechselnder Beladung [65,66], Bild 2.23.

Kollektivformen vom Typ b haben vor allem mit DIN 15 018 für die Bemessung von Schweißkonstruktionen im Kranbau Bedeutung erlangt. Sie sind dadurch gekennzeichnet, daß die Spannungsamplitude mit sehr großer relativer Häufigkeit einen bestimmten Wert überschreitet, der z.B. aus dem Gewicht der leeren Katze

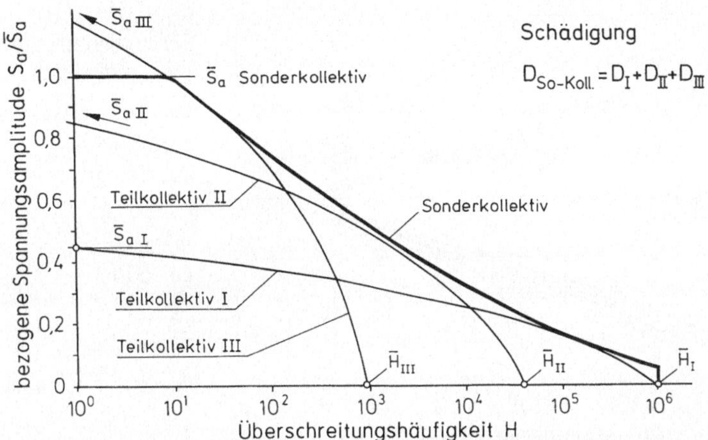

Bild 2.23: Spezielle Kollektivform beschrieben als Überlagerung mehrerer Normverteilungen [66].

in Kranmitte gegeben ist, und daß die darüber hinausgehenden Schwingungs-ausschläge dem Verteilungsgesetz der Form c entsprechen [32,59,61]. In idealisierter Form lassen sich die Kollektivformen vom Typ b durch einen Parameter p von der Verteilungsform a bis auf die Verteilungsform c variieren, Bild 2.24.

Aufgrund solcher systematisch gesammelter Erfahrungswerte und durch eine vertiefte Einsicht in Gesetzmäßigkeiten der Beanspruchungs-Zeit-Funktionen sind heute Beanspruchungskollektive für viele Bauteile auch ohne spezielle Langzeitmessungen recht verläßlich abschätzbar, Abschnitt 3.3.3.

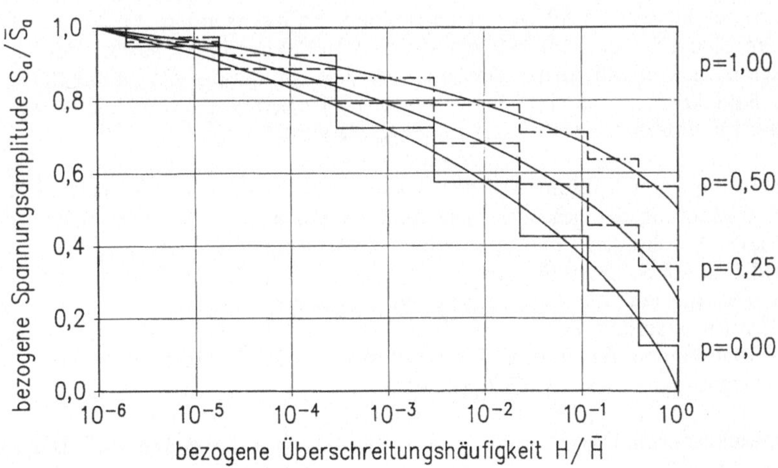

Bild 2.24: Form der p-Wert-Kollektive [61].

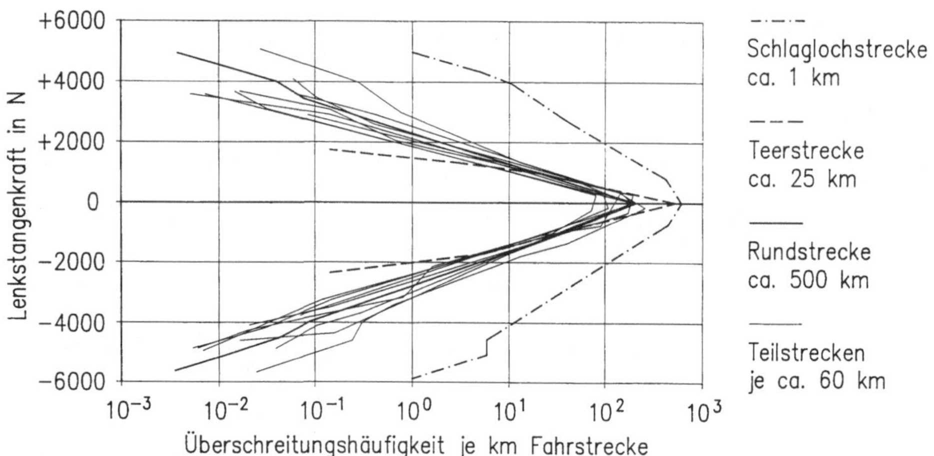

Bild 2.25: Gemessene Kollektive der Lenkstangenkraft eines Lastkraftwagens auf Straßen unterschiedlicher Beschaffenheit, nach Svenson.

Bild 2.25 veranschaulicht Kollektive für die Lenkstangenkraft eines Lastkraftwagens, wie sie auf Straßen mit nahezu einheitlicher Beschaffenheit und auf Straßen mit unterschiedlicher Beschaffenheit gemessen wurden. Für die nahezu stationären Bedingungen bei der Messung auf einer kurzen Schlaglochstrecke oder auf einem kurzen Teilstück einer Teerstraße mittlerer Beschaffenheit ist in guter Annäherung die Kollektivform c der Normverteilung zu verzeichnen. Für die Messung auf einer Rundstrecke über Straßen unterschiedlicher Beschaffenheit stellt sich die Geradelinienverteilung d ein.

Um den Kollektivhöchstwert gemäß seiner vorstehenden Definition für eine Überschreitungswahrscheinlichkeit von $1:10^6$ zu bestimmen, ist insbesondere bei nur kurzen Meßstrecken eine Extrapolation des gemessenen Kollektivs unter Ansatz der als zutreffend erachteten Kollektivform vorzunehmen. Die in diesem Zusammenhang für gemessene Kollektive zu beachtende Streuung wird erkennbar, wenn die Rundstreckenmessung für einzelne Teilstrecken ausgewertet wird.

Überlagerte Schwingungen führen bei der vorstehenden, anhand von Bild 2.21 beschriebenen Ausdeutung der gezählten Klassendurchgänge zu einer Überschätzung der auftretenden Amplituden und zu einer Unterschätzung der zugehörigen Schwingspielzahl. Dieser Sachverhalt wirft die Frage nach einem Zählverfahren auf, das auch in solchen Fällen eine zutreffende Ableitung und Ausdeutung des Amplitudenkollektivs gestattet. Als ein in dieser Hinsicht geeignetes Zählverfahren bietet sich das Spannenpaar-Verfahren [58] an, das aus heutiger Sicht als Sonderfall des Rainflow-Verfahrens, Abschnitt 3.3.2, zu betrachten ist.

Als ein Anwendungsbeispiel zeigt Bild 2.26 Amplitudenkollektive für die Biegemomente eines PKW-Achsschenkels. Bei Geradeausfahrt mit nur geringen Querbeschleunigungen liefert die Auszählung nach beiden Verfahren praktisch über-

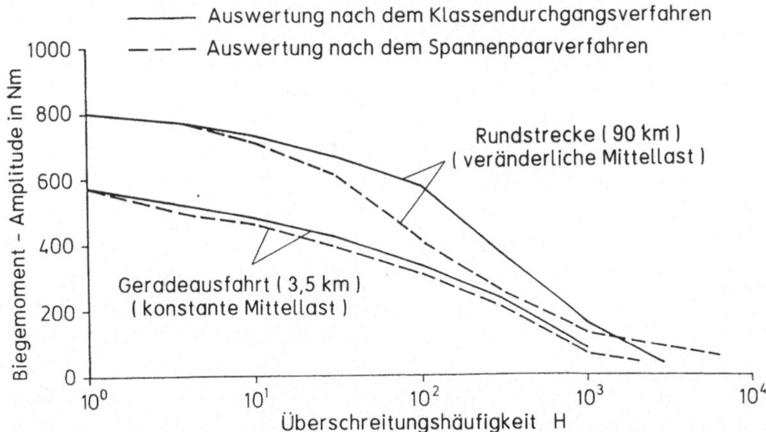

Bild 2.26: Amplitudenkollektive nach dem Klassendurchgangs-Verfahren und nach dem Spannenpaar-Verfahren für Beanspruchungs-Zeit-Funktionen mit konstanter bzw. mit veränderlicher Mittellast [67].

einstimmende Amplitudenkollektive. Auf längeren Strecken mit großem Kurven-anteil weichen die beiden Amplitudenkollektive voneinander ab und weisen damit auf das Vorhandensein nicht mehr vernachlässigbarer Schwankungen des Mittel-wertes hin. Die kombinierte Anwendung des Klassendurchgangs-Verfahrens und des Spannenpaar-Verfahrens liefert mithin ein empfindliches Kriterium für das Vor-handensein einer schwankenden Grund- oder Mittelspannung.

Um in solchen Fällen in brauchbarer Näherung die wahre Lebensdauer zu erhalten, schlugen Lipp und Svenson [67] vor, eine gemittelte Häufigkeitsverteilung zugrunde zu legen. Sie entsteht aus einer geometrischen Mittelung der Überschreitungshäufig-keiten, wie sie nach dem Klassendurchgangs-Verfahren und nach dem Spannenpaar-Verfahren erhalten werden. Einschränkungen für diese pragmatische Lösung sind in ihrer nur fließenden Abgrenzung gegenüber Beanspruchungsvorgängen mit systema-tisch ausgeprägten Veränderungen der Grundbeanspruchung zu sehen. Ausgeprägte und häufige Schwankungen der Grundbeanspruchung verändern nicht nur die Häufigkeitsverteilung, und zwar je nach Zählverfahren mehr oder weniger stark, sondern sie wirken sich auch in erheblichem Maße auf das Betriebsfestigkeits-verhalten aus.

2.2.2 Versuchsdurchführung und Versuchsauswertung

Beanspruchungskollektive bilden nach dem Vorschlag Gaßners die Grundlage für den Ansatz von Blockprogramm-Versuchen, mit denen das Schwingfestigkeits-verhalten von Bauteilen unter zufallsartiger Beanspruchung ermittelt werden kann [12-15,68]. Dazu wird das Amplitudenkollektiv durch eine Treppenkurve ersetzt [1,69]. Bild 2.27 zeigt die Normverteilung mit der zugehörigen Treppenkurve. Die Amplituden S_{ai} und die Häufigkeiten h_i in den acht Laststufen i sind so abgestimmt, daß sie eine möglichst gute Annäherung an die stetige Verteilungsform liefern.

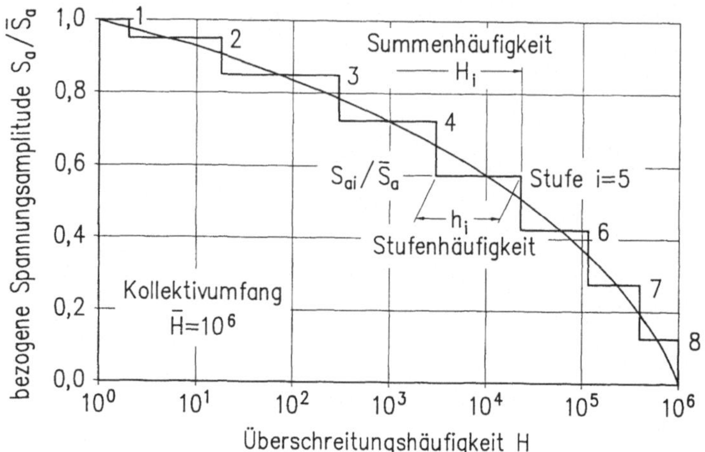

Bild 2.27: Normverteilung und zugehörige Treppenkurve [64].

Eine betriebsähnliche Durchmischung der kleinen, mittleren und großen Spannungsamplituden nach der Treppenkurve wird in Blockprogramm-Versuchen durch eine
periodische Aufeinanderfolge der Laststufen in sogenannten Teilfolgen erreicht, Bild
2.28. Der Versuch beginnt in der ersten Teilfolge mit einer mittleren Laststufe
(Stufe 4), von der aus die Beanspruchung stufenweise bis zur höchsten Laststufe
(Stufe 1) ansteigt, von dieser in die kleinste Laststufe (Stufe 8) abfällt und erneut
ansteigt, abfällt, ansteigt, usw., bis der Bruch des Bauteils eintritt. Die seinerzeit für
Blockprogramm-Versuche entwickelten Prüfmaschinen besitzen zwei Antriebs-
systeme, von denen das eine die geringen Schwingspielzahlen in den hohen Laststufen mit niedriger Frequenz (Langsamantrieb), das andere die großen Schwingspielzahlen der niedrigen Laststufen mit höherer Prüffrequenz (Schnellantrieb)
aufzubringen gestattet.

Der Teilfolgenumfang, d.h. die Gesamtzahl der Schwingspiele in einer Teilfolge hat
sich nach der bis Bruch erwarteten Schwingspielzahl zu richten. Er muß so gewählt
sein, daß stets mehrere Teilfolgen bis zum Bruch des Bauteils durchlaufen werden,
um eine hinreichende Durchmischung von hohen und niedrigen Lasten und damit
eine wirklichkeitsnahe Simulation der im Betrieb auftretenden Beanspruchungen zu
erzielen.

Zur Auswertung und Darstellung der Versuchsergebnisse dient der Höchstwert
des Amplitudenkollektivs, z.B. die Spannungsamplitude $\bar{S}_a$ als Maß für die Beanspruchungshöhe. Die bis Bruch ertragene Anzahl $\bar{N}$ der Schwingspiele mit ihren
unterschiedlichen Amplituden bestimmt sich aus der bis zum Bruch ertragenen
Teilfolgenzahl Z mal dem gewählten Teilfolgenumfang Σh_i. Diese ertragene
Schwingspielzahl $\bar{N}$ und die Lebensdauer L eines Bauteils, die z.B. in Betriebsstunden, in Fahrkilometern oder in Anzahl der Flüge gerechnet werden kann, sind
einander proportional, wobei sich der Umrechnungsfaktor für den Einzelfall aus
dem Kollektivumfang und der mit dem Kollektiv erfaßten Lebensdauerspanne
ergibt.

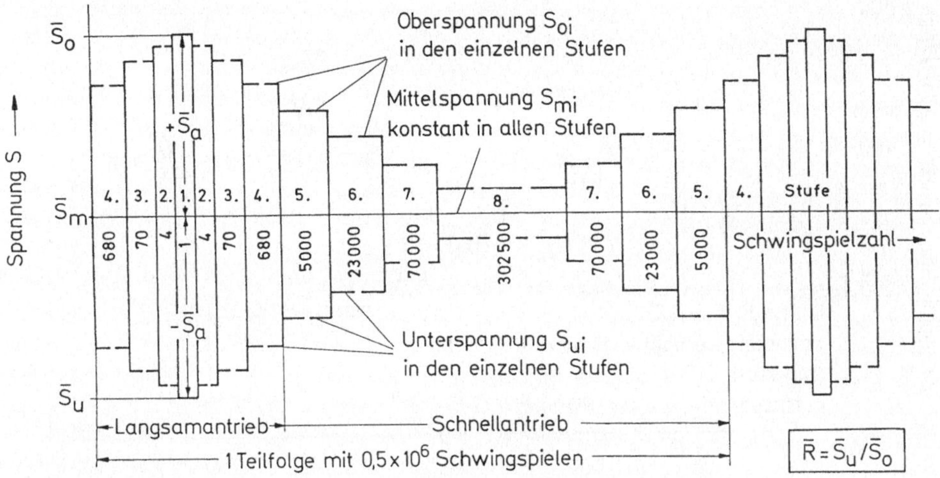

Bild 2.28: Stufenfolge im Ablauf des Gaßnerschen Blockprogramm-Versuchs [12].

Um gemäß Bild 1.3 die Lebensdauer- oder Gaßnerlinie in ihrer Lage und Neigung zu bestimmen, sind jeweils mehrere, statistisch auszuwertende Versuche auf wenigstens zwei Prüfhorizonten erforderlich. Dabei werden die Spannungsamplituden in allen Stufen der Teilfolge im Verhältnis der $\bar{S}_a$-Werte erniedrigt bzw. erhöht. Das Spannungsverhältnis der höchsten Laststufe (Stufe 1)

$$\bar{R} = \bar{S}_u / \bar{S}_o \qquad\qquad (2.23)$$

wird konstant gehalten; die Spannungsamplituden S_{ai} in den übrigen Laststufen überlagern sich dann der durch $\bar{S}_a$ und $\bar{R}$ bestimmten Mittelspannung $\bar{S}_m$ der höchsten Laststufe.

Das Auftragen der Versuchsergebnisse geschieht zweckmäßig, wie bei Wöhler-Versuchen, in einem doppellogarithmischen Netz mit unterschiedlicher Dekadenlänge für den Spannungs- und den Schwingspielzahl-Maßstab, Bild 2.29. Die statistische Versuchsplanung und Auswertung entspricht der von Zeitfestigkeits-Versuchen, Abschnitt 2.1. Die dabei festgestellte Streuspanne geht in die Betrachtungen zur Sicherheitszahl nach Abschnitt 3.6 ein.

Der durch die Gaßnerlinie dargestellte Zusammenhang zwischen der Beanspruchungshöhe $\bar{S}_a$ und der ertragenen Schwingspielzahl $\bar{N}$ läßt sich in dem experimentell belegten Schwingspielzahl-Bereich im allgemeinen durch eine Gerade annähern und formelmäßig durch die Potenzgleichung

$$\bar{N} = \bar{N}_A \cdot (\bar{S}_a / \bar{S}_A)^{-\bar{k}} \qquad \text{für } \bar{S}_a > S_D \quad \text{und} \quad P_{\ddot{u}} = \text{konstant.} \qquad (2.24)$$

beschreiben. Bei einer Extrapolation auf höhere Schwingspielzahlen sind jedoch Abweichungen von der Geraden zu beachten [70], Bild 2.29. In (2.24) bedeuten $\bar{S}_A$ und $\bar{N}_A$ die Koordinaten eines zweckmäßig gewählten Bezugspunktes auf der

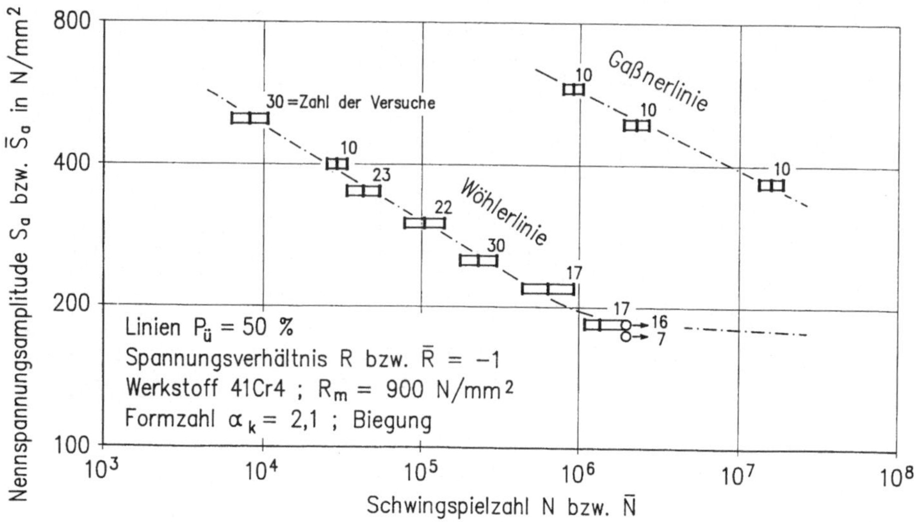

Bild 2.29: Statistisch ausgewertete Versuchsergebnisse aufgetragen zur Wöhlerlinie und zur Gaßnerlinie [70].

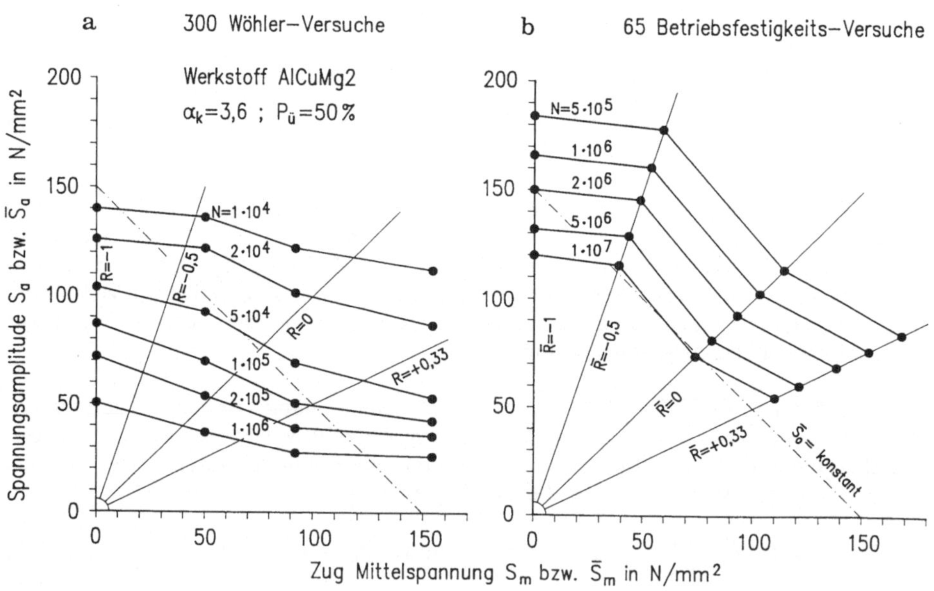

Bild 2.30: Darstellung des Mittelspannungseinflusses in Wöhler- und Betriebsfestigkeits-Versuchen als Haigh-Schaubild, Werkstoff AlCuMg2, nach Gaßner und Schütz.

Gaßnerlinie. Der Exponent $\bar{k}$, der von diesem Bezugspunkt ausgehend die Neigung der Gaßnerlinie beschreibt, liegt üblicherweise bei Werten zwischen $\bar{k} = 4$ und 10. Schon geringe Änderungen in der Beanspruchungshöhe bewirken mithin eine beachtliche Änderung der ertragenen Schwingspielzahl oder Lebensdauer, weil sie mit der vierten bis zehnten Potenz eingehen.

Wie sich eine von Null verschiedene Mittelspannung $\bar{S}_m$ im Betriebsfestigkeits-Versuch auf die ertragbare Beanspruchungshöhe auswirkt, läßt sich entsprechend dem Haighschen Dauer- und Zeitfestigkeits-Schaubild, Bild 2.30a, in einem Betriebsfestigkeits-Schaubild darstellen, Bild 2.30b. Daß sich der Mittelspannungseinfluß dabei anders als im betreffenden Dauer- und Zeitfestigkeits-Schaubild darbietet, hat zwei Gründe: Einmal entstehen an einer Kerbstelle unter der höchsten Laststufe aus einer örtlichen plastischen Verformung des Werkstoffs Eigenspannungen, die die wirksame Mittelspannung gegenüber der angegebenen verändern, Abschnitt 3.3. Zum anderen ist es der Umstand, daß im Betriebsfestigkeits-Versuch nicht die aufgetragene Spannungsamplitude der höchsten Laststufe, sondern vorrangig die Spannungsamplitude in einer der niedrigeren Laststufen mit ihrem ungünstigeren Spannungsverhältnis schädigungsbestimmend ist, Abschnitt 2.5.

2.2.3 Einfluß der Kollektivform auf die Lebensdauer

Wie stark die Lebensdauer eines geschweißten Bauteils bei vorgegebenem Beanspruchungswert $\bar{S}_a$ von der Form des Amplitudenkollektivs abhängt, veranschaulicht Bild 2.31. Es stützt sich auf umfangreiche Untersuchungen zu dieser Frage, die als Grundlage der Krannorm DIN 15 018 [32] an Schweißverbindungen durchgeführt wurden [17,61].

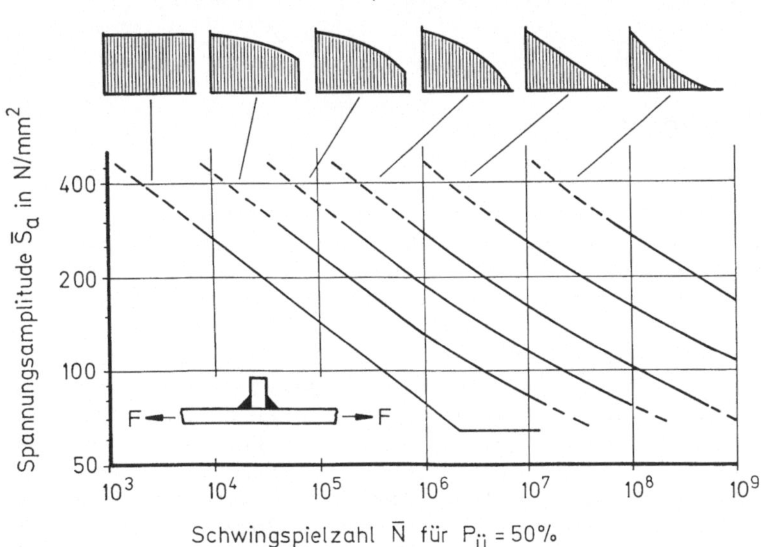

Bild 2.31: Gaßnerlinien einer Schweißverbindung für verschiedene Formen des Amplitudenkollektivs [60].

Für die am oberen Bildrand skizzierten Kollektivformen gelten die eingezeichneten Gaßnerlinien als untere Streugrenzen, genauer gesagt, für eine Überlebenswahrscheinlichkeit $P_{\ddot{u}}=90\%$. Unter einer vorgegebenen Beanspruchung von beispielsweise $\bar{S}_a=250$ N/mm^2 kann demnach die Lebensdauer je nach der Kollektivform zwischen $N=10^4$ und 10^8 Schwingspiele betragen. Das heißt mit anderen Worten, je nach Kollektivform kann die Lebensdauer eines geschweißten Bauteils, wenn von der gleichen zulässigen Spannungsamplitude $\bar{S}_a$ ausgegangen wird, über etwa vier Dekaden schwanken. Die Lebensdauer fällt erwartungsgemäß um so kürzer aus, je völliger die Kollektivform ist, d.h. je mehr Schwingspiele mit einer relativ großen Amplitude im zeitlichen Beanspruchungsablauf enthalten sind.

Bei der Gaßnerlinie für das rechteckige Beanspruchungskollektiv, die im Bild 2.31 am weitesten links liegt, handelt es sich um die Zeitfestigkeitslinie aus Wöhler-Versuchen, die oberhalb 10^6 Schwingspielen in die horizontale Dauerfestigkeitslinie abbiegt. Für die übrigen Kollektivformen zeigt sich, daß der Beanspruchungswert $\bar{S}_a$ für eine vorgegebene Lebensdauerforderung von beispielsweise $\bar{N}=10^7$ oder 10^8 Schwingspielen die Dauerfestigkeit S_D je nach der Kollektivform bis zum rund Dreifachen übersteigen darf. Bei besonders günstiger Kollektivform steht einer weiteren Erhöhung der zulässigen Beanspruchung im allgemeinen entgegen, daß die Oberspannung $\bar{S}_o$ die zulässige Maximalspannung nicht übersteigen darf. Entsprechend (2.18) gilt sinngemäß für die Abgrenzung zum Kurzzeitfestigkeitsbereich bzw. zur Formdehngrenze

$$\bar{S}_a < S_F\cdot(1-\bar{R})/2. \qquad (2.25)$$

Diese Abgrenzung gilt selbst dann, wenn an dieser Beanspruchungsgrenze die ertragbare Schwingspielzahl $\bar{N}$ höher ausfällt als gefordert oder versuchstechnisch realisierbar. Es hat dann die Formdehngrenze im Maximalspannungs-Nachweis als Bemessungsgrundlage zu dienen, Abschnitt 1.2.

2.3 Zufallslasten-Versuche

Die Möglichkeit, eine beliebige, auch zufallsartige Schwingbeanspruchungen in Betriebsfestigkeits-Versuchen darzustellen, wurde in den sechziger Jahren mit der Entwicklung servohydraulischer Prüfmaschinen eröffnet, Bild 2.32. Bei ihnen kann der gewünschte zeitliche Prüfkraftverlauf als elektrisch analoges Sollwert-Signal vorgegeben werden. Ein Regelverstärker vergleicht dieses Sollwert-Signal mit dem von der Kraftmeßeinrichtung gelieferten Istwert-Signal und gibt bei Abweichung ein Steuersignal an das elektrohydraulische Servoventil. Dieses Ventil regelt einen vom Pumpenaggregat mit hohem Druck gelieferten Ölstrom so auf die beiden Zylinderkammern, daß sich die bestehende Soll-Istwert-Differenz der Prüfkraft am Versuchsstück ausgleicht. Sofern der so gebildete Regelkreis in seinem Amplituden- und Phasengang dynamisch optimiert ist, folgt die Prüfkraft als Istwert in engen Fehlergrenzen dem vorgegebenen Sollwertverlauf. Alternativ zur Prüfkraft kann auch die Verformung oder die Dehnung am Versuchsstück gemessen und als Regelgröße gewählt werden.

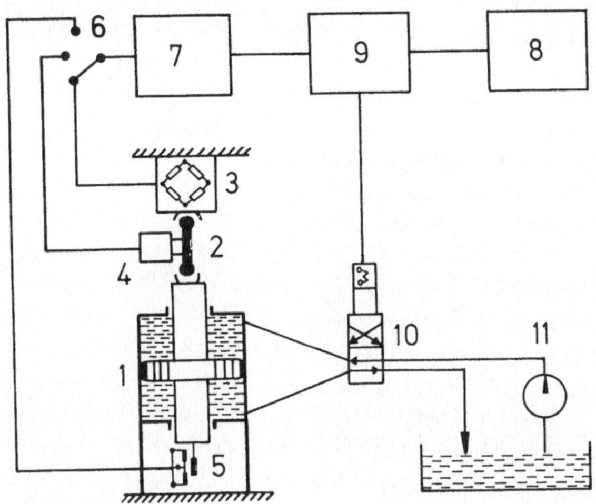

Bild 2.32: Prinzipbild einer servohydraulischen Prüfmaschine.

1 Zylinder	7 Meßverstärker
2 Prüfkörper	8 Sollwertgenerator
3 Kraftmeßdose	9 Regelverstärker
4 Dehnungsaufnehmer	10 Sevoventil
5 Weggeber	11 Hydraulikpumpe
6 Istwert-Umschalter	

Eine hier nicht behandelte Besonderheit stellen Versuche an elastischen Strukturen oder Baugruppen dar, bei denen die Beziehung zwischen Prüfkraft und örtlich maßgebender Beanspruchung durch dynamische Einflüsse mitbestimmt sein kann. Weitergehende Anforderungen bestehen auch für die Versuchstechnik bei Großversuchen, bei denen mehrere, unterschiedlich deterministisch oder stochastisch schwingende Prüfkräfte in verschiedenen Punkten und unterschiedlicher Richtung am Versuchsobjekt angreifen [19].

2.3.1 Beschreibung von Beanspruchungs-Zeit-Funktionen

In der Betrachtung nach Bild 2.33 lassen sich Beanspruchungs-Zeit-Funktionen als Schwingungsvorgänge behandeln und in deterministische und in stochastische Vorgänge unterscheiden [1,63,71].

Zu den deterministischen Vorgängen zählen die periodischen Vorgänge wie auch nicht-periodische Vorgänge. Die periodischen Vorgänge können sich in einfachster Form als sinusförmige Schwingung darstellen oder mit einem komplex-periodischen Ablauf, z.B. als Sägezahnkurve. Ein nicht-periodischer deterministischer Vorgang ist z.B. das einmalige, gedämpfte Ausschwingen eines Pendels. Deterministische Vorgänge sind streng mathematisch faßbar und in ihrem Ablauf eindeutig vorhersagbar.

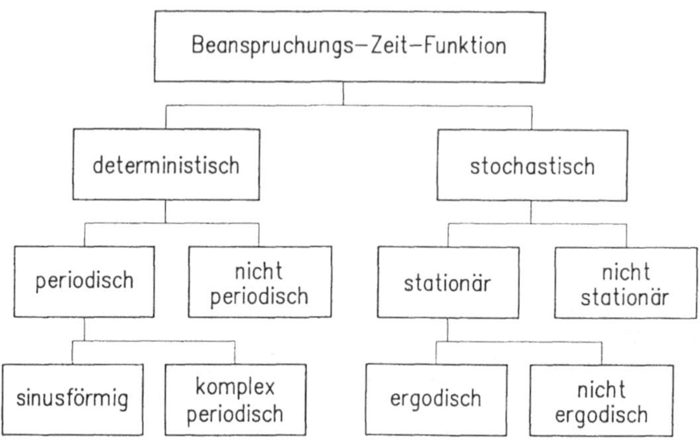

Bild 2.33: Systematik der Beanspruchungs-Zeit-Funktionen [71].

Stochastische Vorgänge lassen sich nur statistisch beschreiben, und ihre Vorhersage ist nur auf der Grundlage von Wahrscheinlichkeiten möglich. Als stationär werden stochastische Vorgänge bezeichnet, wenn für sie zu jeder Zeit die gleichen statistischen Kennwerte gelten. Bei instationären Vorgängen sind diese Kennwerte zeitabhängig veränderlich, Bild 2.34. Darf jeweils für gewisse Zeitintervalle eine Konstanz der Kennwerte unterstellt werden, so spricht man von einem quasistationären Vorgang. Stationäre stochastische Vorgänge sind einer analytischen Behandlung zugängig, wenn unterstellt wird, daß sie ergodischer Natur sind.

Gemessene Beanspruchungs-Zeit-Funktionen werden in aller Regel irgendwo zwischen den theoretischen Grenzfällen eines rein stochastischen oder eines streng deterministischen Vorgangs einzuordnen sein, wobei von Fall zu Fall der stochastische oder auch der deterministische Anteil überwiegen mag. Diesen Sachverhalt veranschaulicht Bild 2.35: Die aus der Straßenunebenheit angeregte Schwingung des Biegemomentes im Achsschenkel eines Lastkraftwagens läßt sich zwar bei ungestörter Geradeausfahrt als stochastischer Vorgang behandeln, die aus der Achslastverlagerung beim Anfahren und Kurvenfahren entstehenden langsamen Veränderungen der Grund- oder Mittelspannung sind aber deterministischer Art, wenngleich auch mit einer gewissen Zufälligkeit behaftet. Recht unzutreffend wäre die Annahme eines stochastischen Vorgangs für die Drehmomente in den Hinterachswellen des Lastkraftwagens, die in erster Linie aus dem Kuppeln und Schalten entstehen und eine Folge von mehr oder weniger zufälligen Einzelereignissen darstellen.

Eine formale Unterscheidung von Schwingungsvorgängen im Sinne des Bildes 2.33 gelingt aufgrund der Tatsache, daß sich Schwingungsvorgänge alternativ im Zeitbereich oder im Frequenzbereich beschreiben lassen. Bekanntestes Beispiel dafür ist die harmonische Analyse eines periodischen Vorgangs und seine Beschreibung entweder als zeitlicher Ablauf oder als Fourier-Reihe, die auf ein harmonisches Linienspektrum führt. Nicht-periodische Vorgänge stellen sich im Frequenzbereich mit einem kontinuierlichen Frequenzspektrum dar.

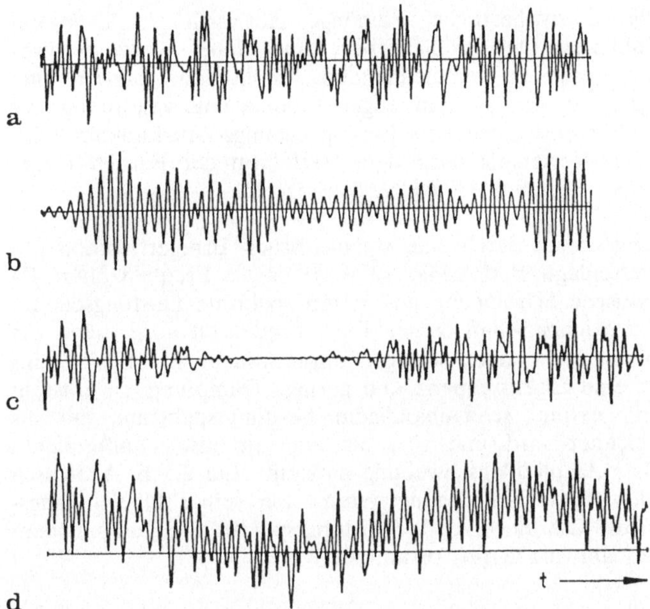

Bild 2.34: Stochastische Schwingungsvorgänge [72]: (a) stationär mit breitbandigem Leistungsspektrum, (b) stationär mit schmalbandigem Leistungsspektrum, (c) nicht stationär mit zeitveränderlichem quadratischen Mittelwert, (d) nicht stationär mit zeitveränderlichem linearen Mittelwert.

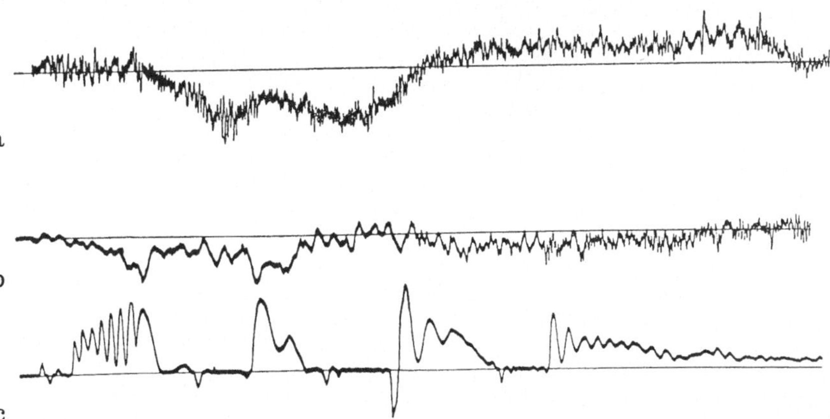

Bild 2.35: Biegemomente im Achsschenkel eines Lastkraftwagens, (a) beim Kurvenfahren bzw. (b) beim robusten Anfahren sowie (c) Drehmomente in der Achswelle beim robusten Anfahren [60].

Für stationäre und ergodische stochastische Vorgänge läßt sich gleichfalls ein kontinuierliches Spektrum ableiten. Die Ordinate bezeichnet dabei allerdings nicht die bei den einzelnen Frequenzen zu verzeichnenden Amplituden, sondern eine zeitlich gemittelte Leistungsdichte, die auf ein enges Frequenzintervall mittig zur jeweiligen Frequenz entfällt. Für eine gemessene Beanspruchungs-Zeit-Funktion wird diese spektrale Leistungsdichte-Verteilung nach dem Verfahren der Fourier-Transformation mittels Digitalrechner bestimmt [37,63,72,73].

Wird ein lineares Schwingungssystem durch eine stochastischen Erregerfunktion mit breitem Frequenzband beaufschlagt, Bild 2.34a, so wirkt es als Frequenzfilter: Es führt eine gleichfalls stochastische Schwingung aus, deren spektrale Leistungsdichte-Verteilung bevorzugt in der Nachbarschaft seiner Eigenfrequenzen ausgeprägt, für die übrigen Frequenzen aber mehr oder weniger abgeschwächt ist. Besitzt das Schwingungssystem lediglich eine Eigenfrequenz und geringe Dämpfung, so entsteht ein Schwingungsvorgang mit extrem schmalbandigem Leistungsspektrum, der als Schmalband-Rauschen bezeichnet wird und sich als eine praktisch unifrequente Schwingung mit stochastischer Amplitudenschwebung darstellt, Bild 2.34b. Analytisch wird das erläuterte Verhalten eines Schwingungssystems mit seiner Übertragungsfunktion $H(\omega)$ beschrieben, die das einwirkende Leistungsspektrum $G_E(\omega)$ mit dem Leistungsspektrum der Systemantwort $G_A(\omega)$ verknüpft:

$$G_A(\omega) = H(\omega) \cdot G_E(\omega). \tag{2.26}$$

Als Beispiel zeigt Bild 2.36 das Leistungsspektrum für die an der Hinterachse eines PKW gemessene Beanspruchungs-Zeit-Funktion: Erregt durch die Straßenunebenheiten zeichnen sich resonanzartig bei rd. 1,4 Hz die Aufbau-Eigenschwingung und bei etwa 14 Hz die Achs-Eigenschwingung ab, während die spektrale Leistungsdichte unterhalb von 0,5 Hz vorwiegend auf Fahrmanöver zurückgeht. Aus Bild 2.37 wird ersichtlich, wie durch die schwingungstechnische Auslegung eines Systems auf

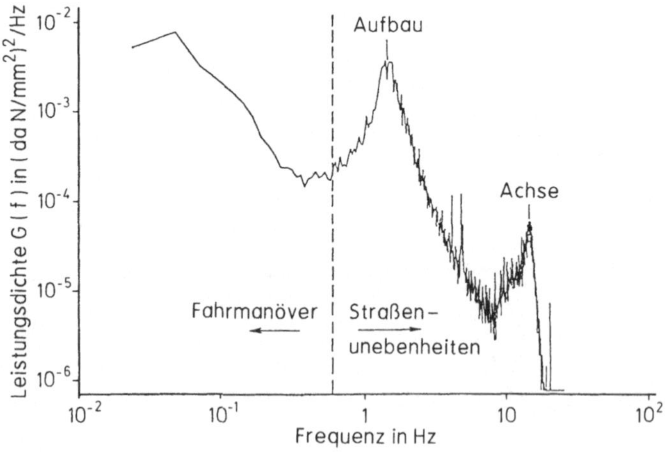

Bild 2.36: Leistungsspektrum für die an der Hinterachse eines Personenkraftwagens gemessene Beanspruchungs-Zeit-Funktion [73].

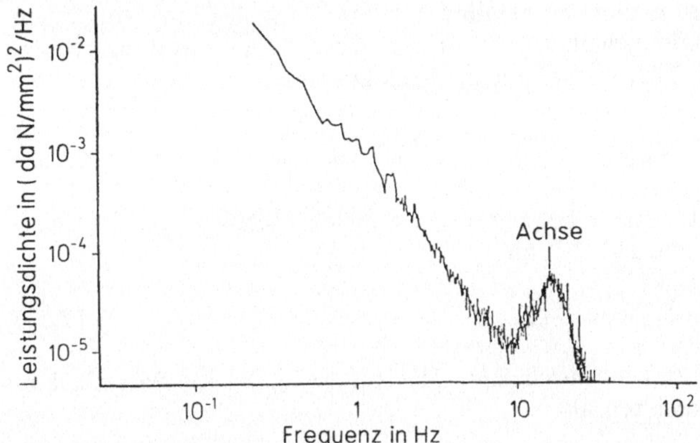

Bild 2.37: Leistungsspektrum für die Vorderachse eines Personenkraftwagens ohne ausgeprägte Aufbau-Schwingung [73].

die Übertragungsfunktion und damit auf das Systemverhalten bei stochastischer Schwingungserregung Einfluß genommen werden kann.

Sofern unterstellt werden darf, daß es sich um stationäre und ergodische Vorgänge handelt, lassen sich stochastische Spannungs-Zeit-Funktionen für die Belange der Betriebsfestigkeit im Sinne der Mittelspannung S_m durch ihren linearen Mittelwert und zur Kennzeichnung der Schwingungsintensität durch den quadratischen Mittelwert des um den linearen Mittelwert schwingenden Spannungsanteils, d.h. dem Quadrat des Effektivwertes S_{rms}, kennzeichnen. Diese Kennwerte können für ergodische Vorgänge entweder als Scharmittelwerte oder anhand folgender Beziehungen als Zeitmittelwerte über eine realistischerweise endliche Beobachtungszeit T bestimmt werden:

$$\bar{S}_m \; = \; (1/T) \cdot \int_0^T S(t)\,dt, \tag{2.27}$$

$$S_{rms}{}^2 \; = \; (1/T) \cdot \int_0^T \left[S(t) - S_m \right]^2 dt, \tag{2.28}$$

oder aus der spektralen Leistungsdichte-Verteilung:

unter der Bedingung $\bar{S}_m = 0$, $\qquad\qquad$ (2.29)

$$G(\omega) \; \approx \; (1/T) \cdot \left[\int_0^T S(t) \cdot \exp(-j\omega t)\,dt \right]^2, \tag{2.30}$$

$$S_{rms}{}^2 \; = \; (1/2\pi) \cdot \int_0^\infty G(\omega)\,d\omega . \tag{2.31}$$

Nach Rice bestehen darüber hinaus bei stationären und ergodischen Vorgängen folgende Beziehungen [63]: Die Kollektivform ist mit ihren Überschreitungshäufigkeiten $H(S_a)$, Bilder 2.21 und 2.22, und für einen Kollektivumfang $\bar{H}_0$ bestimmt als

$$H(S_a) = \bar{H}_0 \cdot \exp(-S_a{}^2/2 \cdot S_{rms}{}^2). \tag{2.32}$$

Die Spannungsamplitude $\bar{S}_a$ für die Überschreitungswahrscheinlichkeit $1:10^6$ errechnet sich daraus mit $H(S_a)=1$ und $\bar{H}_0=10^6$ zu

$$\bar{S}_a = \sqrt{2 \cdot \ln(H_0)} \cdot S_{rms} = 5{,}25652 \cdot S_{rms}. \tag{2.33}$$

Die Zahl der sekündlichen Mittelwertdurchgänge H_0 und die Zahl der sekündlichen Scheitelwerte H_P läßt sich berechnen als

$$H_0 = (1/2\pi) \cdot [\int_0^\infty \omega^2 G(\omega)\,d\omega \,/\int_0^\infty G(\omega)\,d\omega\,]^{0,5}, \tag{2.34}$$

$$H_P = (1/2\pi) \cdot [\int_0^\infty \omega^4 G(\omega)\,d\omega \,/\int_0^\infty \omega^2 G(\omega)\,d\omega\,]^{0,5}, \tag{2.35}$$

Als ein weiterer Kennwert für den Charakter der Spannungs-Zeit-Funktion kann daraus der Unregelmäßigkeitsfaktor I bestimmt werden [63,74]:

$$I = H_0/H_P \tag{2.36}$$

$$I = [\int_0^\infty \omega^2 G(\omega)\,d\omega\,] \,/\, [\int_0^\infty \omega^4 G(\omega)\,d\omega \,/\int_0^\infty \omega^2 G(\omega)\,d\omega\,]^{0,5}, \tag{2.35}$$

2.3.2 Versuchsdurchführung und Versuchsauswertung

Für einen Betriebsfestigkeits-Versuch mit stochastischem Beanspruchungsablauf hat sich die Bezeichnung Zufallslasten-Versuch oder, aus dem englischen Sprachraum übernommen, die Bezeichnung Random-Versuch eingeführt [75]. Der Ansatz und die Durchführung von Zufallslasten-Versuchen geschieht nach den gleichen Grundsätzen wie bei Blockprogramm-Versuchen, Abschnitt 2.2.

Im Sinne einer Festlegung ist für Zufallslasten-Versuche zu entscheiden und bei Ergebnissen unmißverständlich anzugeben, wie die Zahl der aufgebrachten Schwingspiele bestimmt und wie die Höhe der Beanspruchung gekennzeichnet wird, denn hierüber fehlen bislang eindeutige und allgemein beachtete Definitionen. So kann die Schwingspielzahl

- durch die Zahl der (einsinnigen) Scheitelwerte oder
- durch die Zahl der (einsinnigen) Mittelwertdurchgänge

bestimmt sein, wobei über diese Frage durchaus nach Gesichtspunkten der Zweckmäßigkeit entschieden werden kann; die bessere Vergleichbarkeit mit Ergebnissen aus Blockprogramm-Versuchen ist auf der Basis von Mittelwertdurchgangszahlen gegeben [76].

Zur Kennzeichnung der Beanspruchungshöhe kann praktisch gleichbedeutend, weil über die Kollektivform linear verknüpft (2.33), entweder

- die Spannungsamplitude $\bar{S}_a$ oder
- der Effektivwert S_{rms}

dienen. Nicht selten wurde dem Effektivwert im Schrifttum eine weitergehende Bedeutung in der Art eines Schädigungskennwertes unterstellt, eine Annahme, die jedoch einer kritischen Betrachtung nicht standhält: Der Effektivwert ist zwar einer schädigungsäquivalenten Ersatz-Spannungsamplitude nach (2.52) vergleichbar, jedoch für eine praktisch unzutreffende Neigung $k=2$ der Wöhlerlinie.

Eine spezifische Aufgabe besteht bei Zufallslasten-Versuchen in der notwendigen Bereitstellung eines geeigneten elektrischen Sollwert-Signals für die im Versuch aufzubringende Beanspruchungs-Zeit-Funktion. Zwei Möglichkeiten stehen zu Wahl:

- das Nachfahren einer im Betrieb gemessenen und analog oder digital gespeicherten Beanspruchungs-Zeit-Funktion,
- die Synthese einer Beanspruchungs-Zeit-Funktion nach analogen oder digitalen Verfahren.

Als Beispiel veranschaulicht Bild 3.3 eine gemessene Beanspruchungs-Zeit-Funktion und ihre digitale Aufbereitung für die reihenfolgegetreue Wiedergabe ihrer wesentlichen Merkmale durch einen Prozeßrechner in einer den versuchstechnischen Erfordernissen angepaßten Form [1,68].

2.3.3 Digitale Erzeugung von Sollwert-Funktionen

Zur digitalen Erzeugung stochastischer Sollwert-Funktionen eignet sich das Matrix-Verfahren [77,78]. Die Beanspruchungs-Zeit-Funktion wird dabei als eine Folge von Umkehrpunkten, d.h. von Oberwerten und Unterwerten, aufgefaßt. Zusätzlich wird unterstellt, daß zwischen aufeinanderfolgenden, klassierten Umkehrpunkten eine Markovsche Abhängigkeit erster Ordnung besteht: der nächste Umkehrpunkt fällt in eine Klasse, die von der Klasse des ihm vorangegangenen Umkehrpunktes statistisch abhängig ist. Diese Abhängigkeit läßt sich in einer Matrix der Übergangshäufigkeiten darstellen, die auch alle wesentlichen Informationen einer Kollektivdarstellung enthält. Sie trifft recht gut für stationäre ergodische Schwingungsvorgänge zu, aber z.B. nicht für den Drehmomentenverlauf in den Achswellen eines Lastkraftwagens dienen, Bild 2.35; die gedämpft abklingenden Schwingungsvorgänge unterliegen anderen Gesetzmäßigkeiten.

Aus der Übergangs-Matrix ist sodann anhand von Pseudo-Zufallszahlenfolgen, die Synthese einer Sollwert-Funktion als Folge von Ober- und Unterwerten möglich. Durch eine geeignete Wahl der Parameter für diese Zufallszahlenfolgen und ihrer individuellen Anfangsbedingungen ist gesichert, daß die erzeugte Folge der Ober-

und Unterwerte alle durch die Matrix bezeichneten Übergänge genau je einmal enthält, nach Durchlaufen der damit definierten Periode zu den Anfangsbedingungen zurückkehrt und sich dann automatisch wiederholt.

Um die Übergangs-Matrix für eine dem stationären Gaußprozeß entsprechende Beanspruchungs-Zeit-Funktion zu berechnen, eignet sich eine von Kowalewski [63] heuristisch abgeleitete Formel. Zur Definition der Standard-Lastfolgen vom Typ Gauß [1,77,78] wurden danach die Matrixelemente für drei Zufallsfolgen mit den Unregelmäßigkeitsfaktoren $I=0,99$, $I=0,7$ und $I=0,3$ errechnet, Bild 2.38. Aufgrund des einheitlich mit $5,25652 \cdot S_{rms}$ definierten Kollektivhöchstwertes gilt für alle drei Funktionen nach (2.32) die gleiche Kollektivform und das gleiche Treppenkollektiv, Bild 2.39.

Bild 2.40 zeigt in Ausschnitten den sich ergebenden Funktionsablauf, wenn die Folge der Umkehrpunkte durch Kosinus-Halbwellen von gleicher Schwingungsdauer verbunden werden; durch diese Vereinfachung wird allerdings der in der spektralen Leistungsdichte enthaltene Informationsanteil eines stationären Gaußprozesses verfälscht. Es konnte aber festgestellt werden, daß sich die Kollektivform auch bei Zufallslasten-Versuchen als die vorrangig entscheidende Einflußgröße darstellt. Hinter ihr treten als Einflußgrößen sonstige, mit der spektralen Leistungsdichte-Verteilung gekennzeichnete Eigenschaften der Beanspruchungs-Zeit-Funktion eindeutig zurück.

Mit der korrekt wiedergegebenen Häufigkeitsverteilung eines stationären Gauß-prozesses bieten sich Standard-Lastfolgen vom Typ Gauß für viele Anwendungen als Grundtyp einer stationären Zufallsbeanspruchung an, wie auch in Abwandlung, für eine quasistationäre Zufallsbeanspruchung [26,68,77-79].

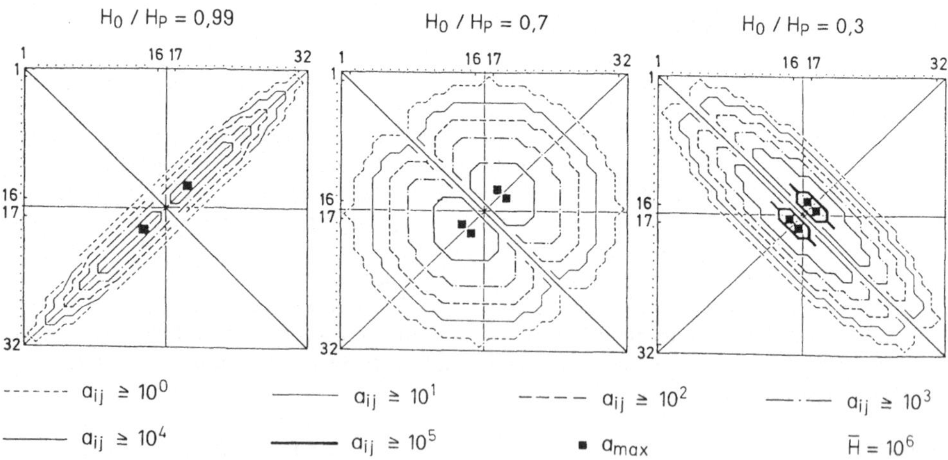

Bild 2.38: Struktur der Matrix-Belegung abhängig vom Unregelmäßigkeitsfaktor, nach Köbler und Fischer.

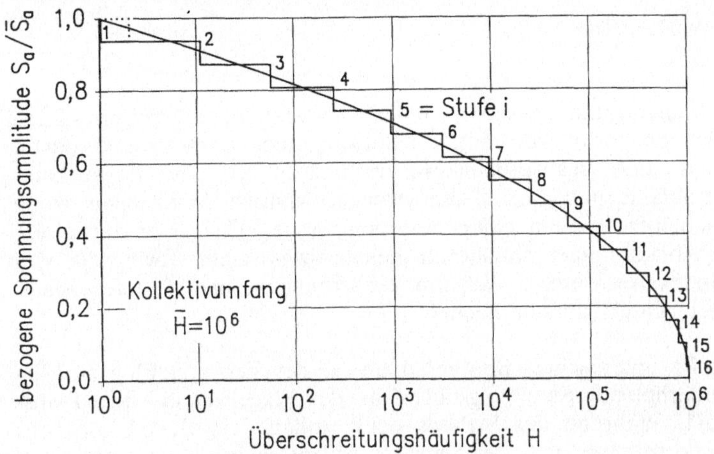

Bild 2.39: Treppenkollektiv der mit dem Rechner aus der Übergangs-Matrix für einen Gaußprozeß erzeugten Beanspruchungs-Zeit-Funktion, gültig für alle Unregelmäßigkeitsfaktoren [77,78].

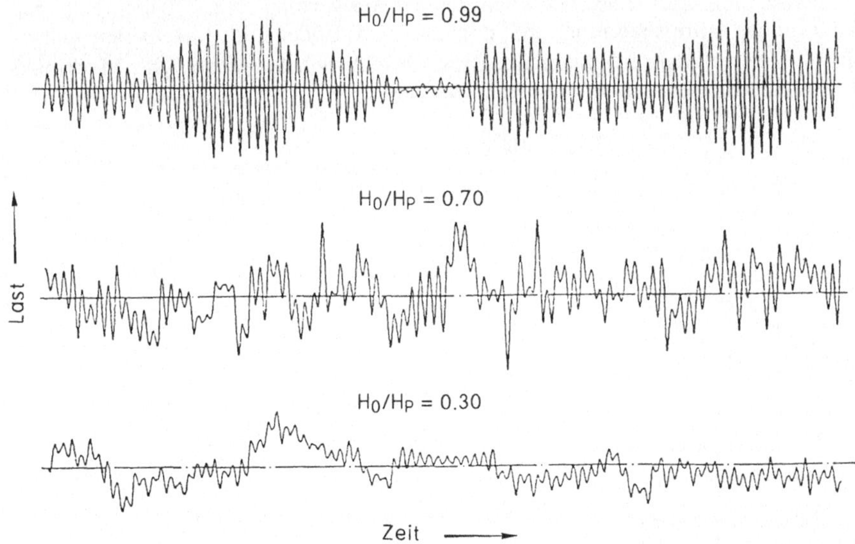

Bild 2.40: Ausschnitte der mit dem Rechner aus Übergangs-Matrizen von 32×32 Elementen erzeugten Beanspruchungs-Zeit-Funktionen [78].

2.4 Einzelfolgen-Versuche

Die bisherigen Betrachtungen und Versuchstechniken betrafen Beanspruchungs-Zeit-Funktionen mit einer annähernd konstanten Mittelspannung. Abweichend davon kann es angezeigt sein, eine Beanspruchungs-Zeit-Funktion als eine Folge komplexer Beanspruchungsabläufe aufzufassen und versuchstechnisch darzustellen, wenn diese Beanspruchungsabläufe insofern einen deterministischen Charakter aufweisen, als sich ihr zeitlicher Ablauf immer annähernd gleichartig vollzieht. Zwingend wird eine solche Betrachtungsweise, wenn es sich um Beanspruchungsabläufe mit auffälligen Veränderungen der Mittelspannung handelt.

Ein typisches und häufig untersuchtes Beispiel dafür ist der sich von Flug zu Flug nahezu gleichartig wiederholende Spannungsablauf an der Flügelwurzel eines Transportflugzeugs, Bild 2.41. Während des Stehens oder Rollens am Boden wird das Flugzeug vom Fahrwerk getragen und der Flügel wird auf seiner Unterseite durch Biegung aus seinem Eigengewicht und der Betankung auf Druck beansprucht. Mit dem einsetzenden Auftrieb beim Start übernimmt der Flügel seine Tragfunktion und wird auf seiner Unterseite auf Zug beansprucht. Beim Landen kehrt die Beanspruchung in den Druckbereich zurück. Dieses sogenannte Boden-Luft-Lastspiel bedeutet im wesentlichen eine quasistatische Veränderung der Mittelspannung. Ihr überlagern sich am Boden dynamische Beanspruchungen aus Rollbahnunebenheiten und im Flug dynamische Beanspruchungen aus Luftlasten. Die Anstellung der Landeklappen, der Treibstoff-Verbrauch und das erneute Betanken bringen zusätzliche Veränderungen dieser Mittelspannung.

Damit zeichnen sich einzelne Abschnitte des Beanspruchungsablaufs für eine gesonderte Auswertung ab. Eine pauschalierende Auswertung ohne Beachtung der sich verändernden Mittelspannung und der aus den Boden-Luft-Lastspielen periodisch auftretenden Beanspruchungen im Druckbereich würde wesentliche Merkmale eines solchen Beanspruchungsablaufs vernachlässigen.

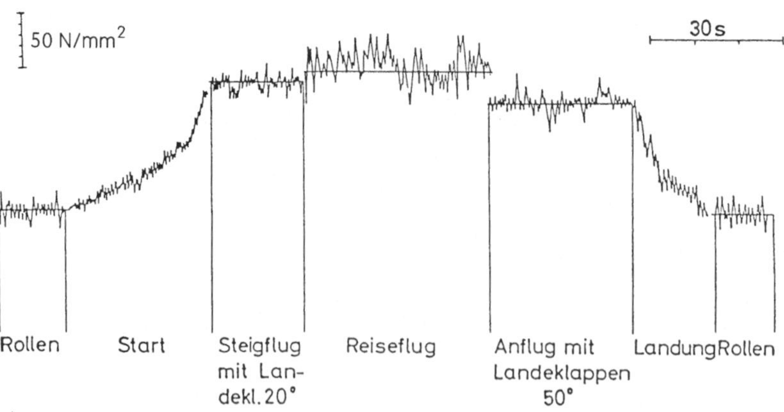

Bild 2.41: Spannungsablauf im Zuggurt an der Flügelwurzel eines Transportflugzeugs, nach Svenson.

Eine zutreffende Aussage über die Lebensdauer bei Beanspruchungs-Zeit-Funktionen mit veränderlicher Mittelspannung kann demnach nur aus Versuchen mit einem Lastablauf erwartet werden, der dem betrieblichen Ablauf diesbezüglich angepaßt ist. Für den Beanspruchungsablauf mit Boden-Luft-Lastspiel geschieht die Anpassung durch einen Versuchsablauf in Form von Einzelflügen. Mit der Standard-Lastfolge Twist wurde dazu eine spezifische Versuchstechnik entwickelt. Zum Studium der dabei besonders deutlich werdenden Reihenfolgeeinflüsse haben Ergebnisse aus solchen Einzelfolgen-Versuchen über den Flugzeugbau hinaus allgemeine Bedeutung in der Betriebsfestigkeitsforschung erlangt.

2.4.1 Standard-Lastfolge Twist

Die Standard-Lastfolge Twist (Transport Wing Standard) [80] wurde aus Häufigkeitsverteilungen für das Biegemoment im Flügelwurzelbereich abgeleitet, die für eine Reihe ziviler und militärischer Transportflugzeuge aus Messungen oder Berechnungen vorlagen. Die daraus gemittelte Häufigkeitsverteilung wurde getreppt, Bild 2.42, und in Teilfolgen zu je 4 000 Flügen unterteilt. Die Teilfolgen ihrerseits wurden, in Anlehnung an die Verhältnisse im Betrieb, in 10 Flugtypen A bis J mit unterschiedlicher Belastungsintensität und Lastspielhäufigkeit aufgeteilt. Die Lastfolge Minitwist ist eine Variante, bei der die Lastspiele in der kleinsten Stufe mit Rücksicht auf die Versuchsdauer in der Häufigkeit auf 1/4 verringert wurden [81]. Die Standard-Lastfolgen Twist und Minitwist sind dadurch gekennzeichnet, Bild 2.43,

- daß die so definierten Flugtypen A bis J innerhalb einer Teilfolge in einer Zufallsfolge auftreten,
- daß jeweils zwischen den Flügen deterministisch ein Boden-Luft-Lastspiel auf die Untergrenze der Rollasten, d.h. auf $-0,5 \cdot S_{m,Flug}$, eingefügt ist
- und daß die weiteren Lastspiele innerhalb eines Flugs aus einer Zufallsfolge von positiven und negativen Halblastspielen bestimmt sind, die sich für jeden einzelnen Flug unterscheidet.

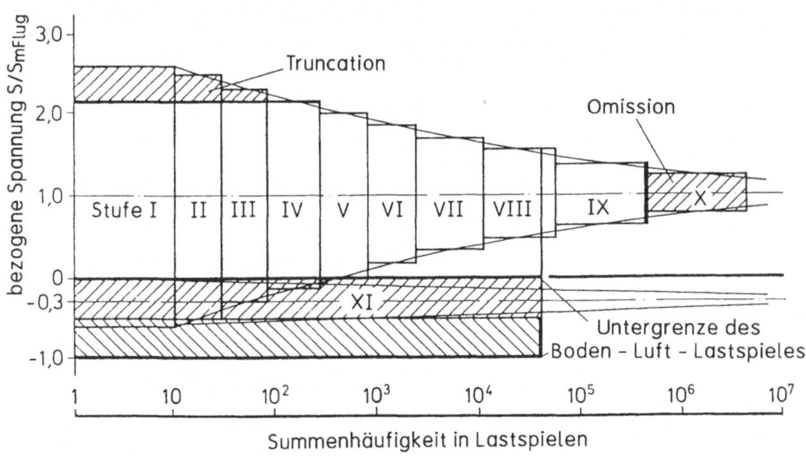

Bild 2.42: Kollektiv und Treppenkurve der Standard-Lastfolge Twist für 40 000 Flüge [80].

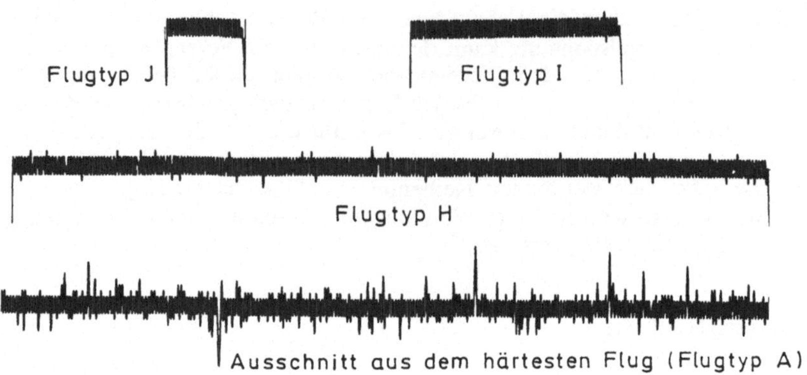

Bild 2.43: Beispiele für verschiedene Flugtypen in der Standard-Lastfolge Twist [80].

Die dabei geltenden Zufallsfolgen und ihre Anfangsbedingungen sind durch ein Rechnerprogramm festgeschrieben und somit eindeutig reproduzierbar [37,80,81]. Typische Ergebnisse aus Versuchen mit der Standard-Lastfolge Twist, bei denen die Spannung $S_{m,Flug}$ als Maß der Beanspruchungshöhe dient, zeigt Bild 2.44.

2.4.2 Lebensdauer bei abgewandelter Standard-Lastfolge Twist

Eine Standard-Lastfolge sollte ihrem Bestimmungszweck entsprechend im Mittel der interessierenden Beanspruchungs-Zeit-Funktionen und Kollektivformen zutreffen. Im Anwendungsfall sollte dann auch die Umrechnung auf eine abweichende, aber im Grunde ähnliche Kollektivform mit kleinem Fehler möglich sein. Experimentell wurde dazu von Schütz und Lowak [82] untersucht, wie sich Abwandlungen des Kollektivs der Standard-Lastfolge Twist auf die Lebensdauer auswirken und wie derartige Einflüsse durch eine Schadensakkumulations-Rechnung erfaßt werden können. Folgende Veränderungen wurden untersucht:

- Weglassen der kleinsten Stufe der Luftlasten (Omission),
- Begrenzung des Kollektivhöchstwertes (Truncation),
- Abändern des Unterwertes des Boden-Luft-Lastspiels.

Einheitlich zeigen sich dabei für Kerbstäbe mit $\alpha_k=2{,}5$ oder 3,6 und für eine zwei-schnittige Fügung folgende Tendenzen, wenn auch in verschieden starker Ausprägung, Bild 2.44:

- Das Weglassen der kleinsten Stufe führt auf eine etwas verlängerte Lebensdauer, das heißt, auch die kleine Stufe der Standard-Lastfolge bewirkt noch einen merklichen Schädigungsbeitrag.

- Die Begrenzung des Kollektivhöchstwertes verringert die Lebensdauer, das heißt, in der Standard-Lastfolge hat der Kollektivhöchstwert einen günstigen Einfluß auf die Lebensdauer, insbesondere bei der Fügung.

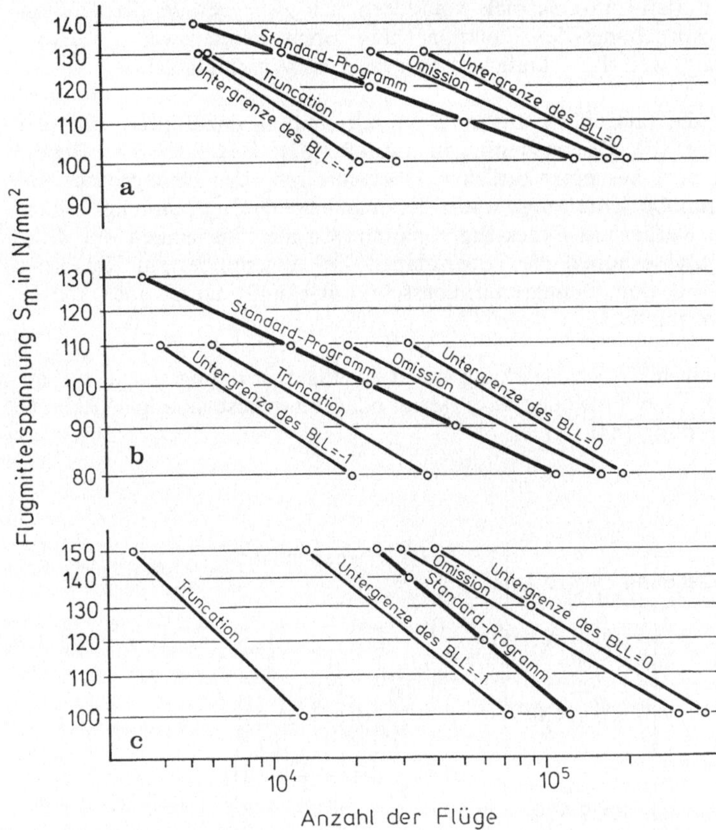

Bild 2.44: Gaßnerlinien (a) eines Kerbstabs α_k=2,5 , (b) eines Kerbstabs α_k=3,6 und (c) einer zweischnittigen Fügung aus dem Werkstoff AlCuMg2 für die Standard-Lastfolge Twist ohne und mit Veränderungen des Kollektivs [106].

- Das Abändern des Unterwertes des Boden-Luft-Lastspiels von $-0{,}5 \cdot S_{m,Flug}$ auf $-1{,}0 \cdot S_{m,Flug}$ vermindert, das Abändern von $-0{,}5 \cdot S_{m,Flug}$ auf $0{,}0 \cdot S_{m,Flug}$ verlängert die Lebensdauer gegenüber der Lebensdauer für die Standard-Lastfolge.

Eine Erklärung dieser experimentellen Befunde muß mindestens vier Einflüsse berücksichtigen: Als erster Einfluß zeigt sich bei der Fügung, im Gegensatz zu den Kerbstäben, ein komplexerer, bei Zug- und Druckbeanspruchung andersartiger Mechanismus der Kraftübertragung, was sich in einer unterschiedlichen Ausprägung der genannten Einflüsse auf die Lebensdauer widerspiegelt.

Als zweiter Einfluß ist die Schädigung zu nennen, die sich abhängig von der Amplitude und Häufigkeit der Schwingspiele ergibt. Sie verändert sich beim Weglassen der kleinsten Stufe aufgrund der großen Häufigkeiten der an sich kleinen Amplituden merklich. Bei der Begrenzung des Kollektivhöchstwertes oder bei Abänderung des Unterwertes des Boden-Luft-Lastspiels verändern sich zwar gerade die größten Amplituden der Beanspruchungs-Zeit-Funktion, aber ohne nennenswerte Auswirkung auf die Schädigung, weil ihre Häufigkeit zu gering ist, Abschnitt 2.5.

Als dritter Einfluß ist die tatsächlich wirksame Mittelspannung anzuführen, die sich im Kerbgrund als Folge von Eigenspannungen einstellt [83], Bild 2.45. Die Eigenspannungen entstehen dort aus einer örtlichen Überschreitung der Dehngrenze. Als Folge der Dehngrenzenüberschreitung unter der maximalen Zugspannung bilden sich bei Entlastung im Kerbgrund Druck-Eigenspannungen aus. Sie senken die wirksame Mittelspannung und erhöhen die Lebensdauer. Bei abgemindertem Kollektivhöchstwert ist der Grad der Dehngrenzenüberschreitung und damit auch dieser Lebensdauer-Einfluß vermindert.

Als vierter Einfluß und in Wechselwirkung mit den Eigenspannungszuständen im Kerbgrund äußert sich eine entweder verzögerte oder eine beschleunigte Rißentstehung bzw. Rißausbreitung [84].

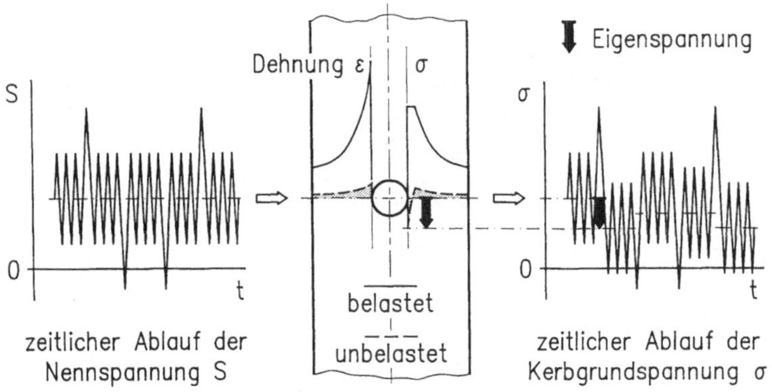

Bild 2.45: Nichtlineare Beziehung zwischen dem Ablauf der Nennspannung und dem Ablauf der Kerbgrundspannung infolge einer örtlichen Plastizierung und der daraus entstehenden Eigenspannungen, nach Schütz.

2.5 Lineare Schadensakkumulations-Hypothese

Als Verfahren für die Berechnung der Lebensdauer eines Bauteils unter einer Schwingbeanspruchung mit veränderlicher Amplitude ging die lineare Schadensakkumulations-Hypothese nach Palmgren (1924) [85] und Miner (1945) [86] auch unter der Bezeichnung "Miner-Regel" in das Schrifttum ein. Dieses Berechnungsverfahren ist im Grunde immer anwendbar, doch die errechneten Lebensdauerwerte können u.U. erheblich von der Wirklichkeit abweichen, Abschnitt 2.6.2. Als Eingangsgrößen der Berechnung dienen zweckmäßigerweise

- die einwirkende Schwingbeanspruchung, nach Größe und Häufigkeit beschrieben durch das Kollektiv der Nennspannungsamplituden bzw. durch seine Treppenkurve, Bild 2.46, und

- die ertragbare Schwingbeanspruchung des Bauteils, gekennzeichnet durch die ertragbaren Nennspannungsamplituden nach der betreffenden Bauteil-Wöhlerlinie, Bild 2.47, bzw. durch die Gleichung der Bauteil-Wöhlerlinie.

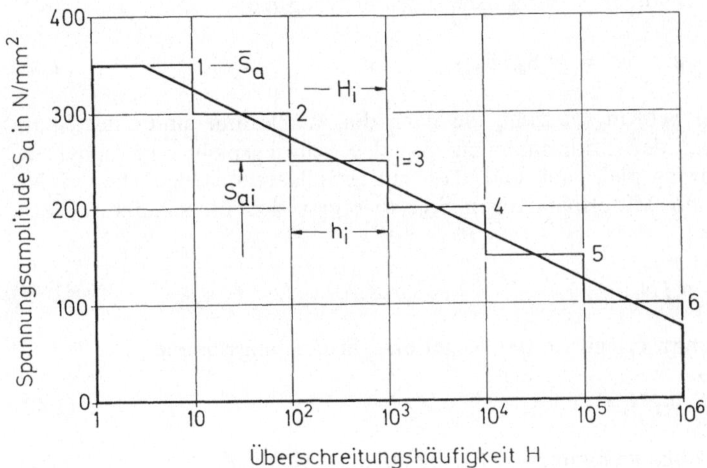

Bild 2.46: Als Beispiel betrachtetes Amplitudenkollektiv mit seiner Treppenkurve.

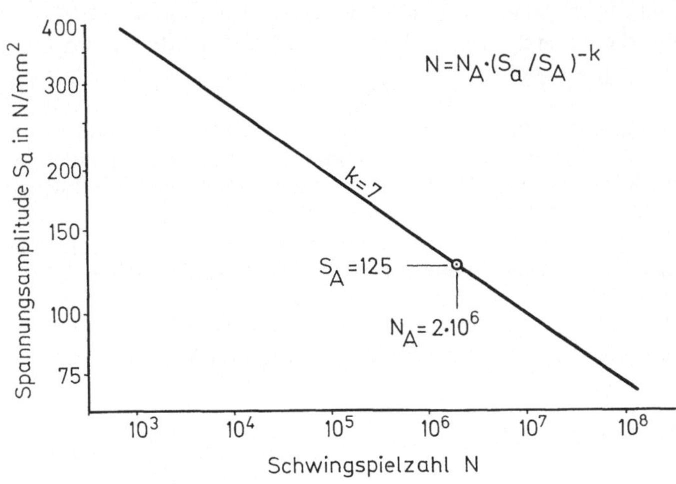

Bild 2.47: Als Beispiel betrachtete Wöhlerlinie.

Eine in jeder Hinsicht vorteilhafte systematische Darstellung und Handhabung der Miner-Regel wird, wie es im folgenden geschieht, ausgehend von Wöhlerlinien in ihrer normierten Darstellung möglich, Abschnitt 2.1.3, wenn dementsprechend die Zeitfestigkeitslinie nach (2.16) bzw. (2.19) als eine Gerade im doppellogarithmischen Netz vorgegeben wird.

Grundgedanke der linearen Schadensakkumulations-Hypothese ist, daß die schwingende Beanspruchung des Werkstoffs eine "Schädigung" bewirkt, die sich im Laufe ihrer Einwirkung akkumuliert, und zwar bis zum Erreichen eines kritischen Schädigungswertes D_B, bei dem der Schwingbruch erfolgt. Die Maßzahl der Schädigung D ist definiert aus dem Schädigungsbeitrag ΔD_i eines Schwingspiels

$$\Delta D_i = 1/N_i \qquad \text{mit} \quad N_i = N(S_{ai}; S_{mi}). \tag{2.38}$$

Dabei bedeutet N_i die Schwingspielzahl, die nach der Wöhlerlinie unter der Spannungsamplitude S_{ai} und der Mittelspannung S_{mi} des Schwingspiels i ertragbar ist. Treten jeweils n_i Schwingspiele auf und dies mit jeweils unterschiedlichen Spannungsamplituden S_{ai} und Mittelspannungen S_{mi}, so ergibt sich in bekannter Weise die Schädigungssumme

$$D = \sum_{i=1}^{z} \Delta D_i = \sum_{i=1}^{z} n_i/N_i. \tag{2.39}$$

Als kritischer Schädigungswert gilt in der Regel eine Schädigungssumme

$$D_B = \sum_{i=1}^{z} \Delta D_i = \sum_{i=1}^{z} n_i/N_i \equiv 1. \tag{2.40}$$

Das Rechnen mit Schädigungssummen $D_B \neq 1$ bietet eine Möglichkeit, um eine unter Umständen bessere Übereinstimmung zwischen Rechnung und Versuchsergebnissen herzustellen, Abschnitt 2.6.2.

Weisen alle Schwingamplituden das gleiche Spannungsverhältnis R_i auf, dann kann die ertragbare Schwingspielzahl N_i allein aus der Gleichung der Zeitfestigkeitslinie berechnet werden, die für dieses Spannungsverhältnis zutrifft. Von dieser Voraussetzung wird im folgenden ausgegangen.

Sind hingegen die Spannungsamplituden mit verschiedenen Spannungsverhältnissen bzw. Mittelspannungen verknüpft, so wird rein formal eine Schar entsprechender Wöhlerlinien benötigt, um die jeweiligen Schädigungsbeiträge ΔD_i für jedes Schwingspiel gemäß (2.38) mit der zutreffenden Spannungsamplitude S_{ai} und Mittelspannung S_{mi} zu berechnen. Oder es kommt eine Amplitudentransformation (auf Nennspannungsbasis) zur Umrechnung aller Schwingspiele auf ein einheitliches Spannungsverhältnis in Betracht [1]. Fallweise kann bzw. muß ein solches Vorgehen jedoch mit erheblichen Vorbehalten gesehen werden. Werkstoffmechanisch zutreffender ist in solchen Fällen eine Berechnung nach dem Kerbgrund-Konzept [1].

2.5.1 Elementare Form der Miner-Regel

Die lineare Schadensakkumulations-Rechnung gestaltet sich einfach unter der Voraussetzung, daß alle auftretenden Schwingamplituden die Dauerfestigkeitsgrenze übersteigen, oder wenn unterstellt werden darf, daß die Wöhlerlinie, wie z.B. bei Baustahl in korrosiver Umgebung, praktisch keine Dauerfestigkeitsgrenze zeigt, oder wenn die Dauerfestigkeit unberücksichtigt bleiben soll.

Unter der Voraussetzung, daß die Zeitfestigkeitslinie als Gerade im doppellogarithmischen Netz dargestellt und durch (2.19) beschrieben werden kann als

$$N = N_A \cdot (S_a/S_A)^{-k} \qquad \text{für} \quad S_a \geq S_D \quad \text{und} \quad P_{\ddot{u}} = \text{konstant.} \tag{2.19}$$

möge beispielsweise nach Bild 2.47 und für R=konstant gelten

$$N_A = 2 \cdot 10^6 \; ; \quad S_A = 125 \; \text{N/mm}^2 \; ; \quad k=7 \quad \text{und} \quad S_D = 0 \; . \tag{2.41}$$

Mit dementsprechend bestimmten Schwingspielzahlen N_i , sowie ausgehend von den Wertepaaren S_{ai} und H_i der Treppenkurve, Bild 2.46, und mit den Stufenhäufigkeiten $h_i = H_i - H_{i-1}$ als ein zunächst beliebiges, Z-faches Vielfache der bis Bruch ertragbaren Schwingspielzahlen n_i ,

$$n_i = h_i \cdot Z \tag{2.42}$$

folgt die Rechnung sodann dem Schema der Tabelle 2.1.

Unter dem vorgegebenen Kollektiv mit einem Umfang von $\Sigma h_i = 1\,000\,000$ Schwingspielen entsteht mithin eine Schädigung $D = \Sigma D_i = 0{,}4614$. Bis zum rechnerischen Bruch bei $D_B = 1$ wären demnach insgesamt

$$\bar{N} = \sum_{i=1}^{z} h_i \cdot Z = \sum_{i=1}^{z} h_i / D, \tag{2.43}$$

im vorliegenden Fall also $1\,000\,000/0{,}4614 = 2\,167\,330$ Schwingspiele ertragbar. Der vorstehend eingeführte Faktor Z bedeutet mithin die ertragbare Zahl der "Teilfolgen" mit dem Kollektivumfang Σh_i und es gilt

$$Z = 1/D. \tag{2.44}$$

Das Ergebnis der Lebensdauerberechnung nach Tabelle 2.1 läßt sich auch in allgemeiner Form schreiben und auf einem Rechner programmieren [37]. Mit der Schädigungssumme

$$D = \sum_{i=1}^{z} (h_i / N_i) = \left(\sum_{i=1}^{z} h_i \cdot S_{ai}^{k} \right) / (N_A \cdot S_A^{k}) \tag{2.45}$$

folgt analog zu vorstehender Beispielrechnung die Lebensdauer $\bar{N}$ nach (2.43). Durch Zusammenfassung von (2.45) und (2.43) ergibt sich als Formel zur Berechnung der Lebensdauer aus den Absolutwerten der Spannungsamplituden S_{ai}

$$\bar{N} = (N_A \cdot S_A^{k}) \cdot \left[\left(\sum_{i=1}^{z} h_i \right) / \left(\sum_{i=1}^{z} h_i \cdot S_{ai}^{k} \right) \right], \tag{2.46}$$

oder mit der auf den Höchstwert $\bar{S}_a$ bezogenen Schreibweise des Kollektivs

$$S_{ai} = x_i \cdot \bar{S}_a \tag{2.47}$$

Tabelle 2.1: Beispiel zur elementaren Form der Miner-Rechnung

| Stufe | Spannung | Summenhäufgk. | Stufenhäufgk. | Schwingspielz. | Schädigung | |
i	S_{ai}	H_i	h_i	N_i	D_i	in %
1	350	10	10	1 482	0,0067	1,46
2	300	100	90	4 360	0,0206	4,47
3	250	1 000	900	15 625	0,0576	12,48
4	200	10 000	9 000	75 506	0,1208	26,18
5	150	100 000	90 000	558 163	0,1612	* 34,94
6	100	1 000 000	900 000	9 536 743	0,0944	20,45
Summen:		1 000 000			0,4614	100 %

$* =$ meistschädigende Stufe

und nach Ausklammern von $\overline{S}_a^{\,k}$,

$$\overline{N} = N(S_a = \overline{S}_a) \cdot \left[\left(\sum_{i=1}^{z} h_i \right) / \left(\sum_{i=1}^{z} h_i \cdot x_i^k \right) \right], \tag{2.48}$$

wobei die Summen in (3.45) , (2.46) und (2.48) bei der hier behandelten elementaren Form der Miner-Regel über alle Stufen $i=1$ bis $i=z$ des Treppenkollektivs zu erstrecken sind.

Die bezogene Schreibweise nach (2.48) besagt: Nach der elementaren Form der Miner-Regel, also bei Außerachtlassen einer Dauerfestigkeitsgrenze, ergibt sich die unter einem Kollektiv ertragbare Lebensdauer $\overline{N}$ als ein Vielfaches der Schwingspielzahl $N(S_a = \overline{S}_a)$ die nach der Zeitfestigkeitslinie unter einer Spannungsamplitude S_a gleich dem Kollektivhöchstwert $\overline{S}_a$ ertragen wird. Wöhlerlinie und Gaßnerlinie verlaufen demzufolge, im doppellogarithmischen Netz aufgetragen, zueinander parallel, Bild 2.48.

Der parallele Verlauf der Wöhlerlinie und der Gaßnerlinie legt den Gedanken nahe, für ein vorgegebenes Amplitudenkollektiv ersatzweise ein schädigungsgleiches Rechteck-Ersatzkollektiv mit der Spannungsamplitude S_{aE} und der Schwingspielzahl H_E zu bestimmen [1]. Unter den Voraussetzungen der elementaren Form der Miner-Regel gilt bei vorgegebenem Kollektivhöchstwert $\overline{S}_a = S_{aE}$

$$H_E = \left(\sum_{i=1}^{z} h_i \cdot S_{ai}^k \right) / \overline{S}_a^{\,k}, \tag{2.49}$$

$$H_E = \left(\sum_{i=1}^{z} h_i \cdot x_i^k \right). \tag{2.50}$$

Und bei vorgegebenem Kollektivumfang $\Sigma h_i = H_E$ gilt

$$S_{aE} = \left[\left(\sum_{i=1}^{z} h_i \cdot S_{ai}^k \right) / \left(\sum_{i=1}^{z} h_i \right) \right]^{(1/k)}, \tag{2.51}$$

$$S_{aE} = \overline{S}_a \cdot \left[\left(\sum_{i=1}^{z} h_i \cdot x_i^k \right) / \left(\sum_{i=1}^{z} h_i \right) \right]^{(1/k)}. \tag{2.52}$$

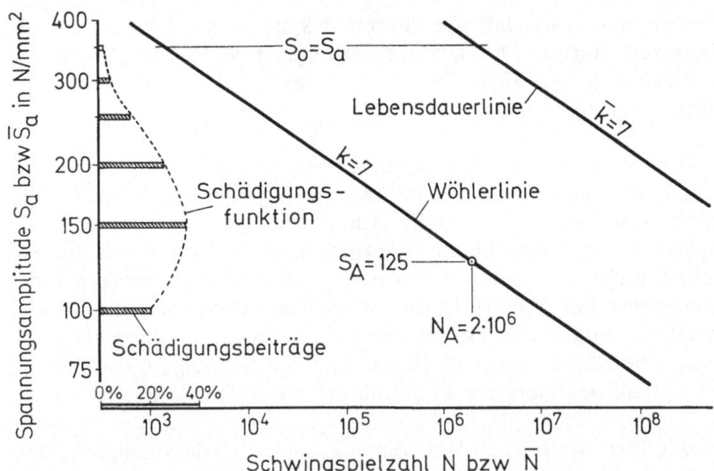

Bild 2.48: Nach der elementaren Form der Miner-Regel berechnete, parallel zur Wöhlerlinie verlaufende Gaßnerlinie sowie für $\overline{S}_a = 350$ N/mm² ermittelte Schädigungsfunktion bzw. relative Schädigungsbeiträge der einzelnen Kollektivstufen.

Auf ähnliche Weise läßt sich ein schädigunsgleiches Rechteck-Ersatzkollektiv auch nach der modifizierten oder konsequenten Form der Miner-Regel errechnen.

Betrachtet man im Beispiel der Tabelle 2.1 in der letzten Spalte den prozentualen Schädigungsbeitrag, den die einzelnen Stufen des Kollektivs zur Gesamtschädigung liefern, so wird die Stufe i=5 mit einem Schädigungsbeitrag von rund 35% als "meistschädigende Stufe" erkennbar. Sie folgt aus zwei gegenläufigen Tendenzen im Zähler von (2.45): aus einer Abnahme des Faktors S_{ai}^k mit abnehmender Stufen-Spannung S_{ai} (i=1 nach i=6) und aus einer Abnahme des Faktors h_i mit abnehmender Stufenhäufigkeit in umgekehrter Stufenfolge (i=6 nach i=1). Die relativen Schädigungsbeiträge, die für einen Bezugshorizont der Spannung ins Netz der Wöhler- bzw. Gaßnerlinie übertragen sind, Bild 2.48, liefern (bei hinreichend kleiner Stufenteilung) eine Darstellung der sogenannten Schädigungsfunktion eines Kollektivs.

Nach der elementaren Form der Miner-Regel gelten die Schädigungsfunktion bzw. die prozentualen Schädigungsbeiträge der einzelnen Kollektivstufen unabhängig von der Beanspruchungshöhe. Bei nicht vernachlässigter Dauerfestigkeit, Abschnitte 2.52 bis 2.5.4, erweisen sich die Schädigungsfunktion bzw. die prozentualen Schädigungsbeiträge abhängig von dem Verhältnis, in dem der Kollektivhöchstwert die Dauerfestigkeit übersteigt.

2.5.2 Original-Form der Miner-Regel

Den bisherigen Ausführungen lag mit der elementaren Form der Miner-Regel als Voraussetzung zugrunde, daß eine Dauerfestigkeit entweder nicht gegeben ist oder nicht berücksichtigt werden soll, oder daß alle Stufen des Beanspruchungskollektivs oberhalb der Dauerfestigkeit liegen. Die letztere Bedingung legte übrigens auch Miner [86] seiner vielzitierten Arbeit zugrunde, so daß bei ihr das Vorliegen oder Fehlen einer Dauerfestigkeitsgrenze ohne Belang war.

Besitzt hingegen die Wöhlerlinie einen eindeutigen Dauerfestigkeitswert, der nicht vernachlässigt werden soll, und beinhaltet das Beanspruchungskollektiv auch Stufen unterhalb dieses Dauerfestigkeitswertes, so stellt sich die Frage, wie diesem Umstand Rechnung getragen werden kann. Denn sicherlich bedeutet das Vernachlässigen der Dauerfestigkeit bei der elementaren Form der Miner-Regel insofern eine Härte, als die Stufen unterhalb der Dauerfestigkeit in gleicher Weise wie die Stufen oberhalb der Dauerfestigkeit anhand der Zeitfestigkeitslinie bewertet und deshalb in ihrem Schädigungsbeitrag überschätzt werden. Damit fällt die Schädigungssumme in solchen Fällen zu groß und die rechnerische Lebensdauer zu ungünstig aus.

Eine einfache Erweiterung der Miner-Regel zu einer solchen Berücksichtigung der Dauerfestigkeitsgrenze kann man in dem Umstand sehen, daß eine Beanspruchung unterhalb der Dauerfestigkeit per Definition beliebig oft ohne Bruch ertragen werden kann. Demzufolge geht man nach der vielfach verwendeten Original-Form der Miner Regel bei der Schädigungsrechnung für Stufen unterhalb der Dauerfestigkeit von einer ertragbaren Schwingspielzahl $N_i = \infty$ aus. Zur Beschreibung der Wöhlerlinie gilt damit die Gleichung der Zeitfestigkeitslinie, (2.16) oder (2.19), nur noch für Spannungsamplituden oberhalb der Dauerfestigkeit, d.h. mit (2.17) als Zusatzbedingung:

$$N = N_D \cdot (S_a/S_D)^{-k} \qquad \text{für} \quad S_a \geq S_D \quad \text{und} \quad P_{\ddot{u}} = \text{konstant,} \qquad (2.16)$$

$$N = \infty \qquad \text{für} \quad S_a < S_D \quad \text{und} \quad P_{\ddot{u}} = \text{konstant,} \qquad (2.17)$$

Mit dieser Festlegung erbringen Kollektivstufen unterhalb der Dauerfestigkeit keinen Schädigungsanteil. Die entsprechende Lebensdauerberechnung läuft formal ab wie für die elementare Form der Miner-Regel durch (2.46) oder (2.48) beschrieben. Es gilt

$$\bar{N} = (N_D \cdot S_D^{k}) \cdot \left[\left(\sum_{i=1}^{z} h_i \right) / \left(\sum_{i=1}^{j} h_i \cdot S_{ai}^{k} \right) \right], \qquad (2.53)$$

oder mit der auf den Höchstwert $\bar{S}_a$ bezogenen Schreibweise des Kollektivs,

$$\bar{N} = N(S_a = \bar{S}_a) \cdot \left[\left(\sum_{i=1}^{z} h_i \right) / \left(\sum_{i=1}^{j} h_i \cdot x_i^{k} \right) \right], \qquad (2.54)$$

jedoch mit der Maßgabe, daß die Schädigungssummen (jeweils zweiter Summenterm) nur über solche Stufen i=1...j zu erstrecken sind, die oberhalb der Dauerfestigkeit S_D liegen:

$$S_{ai} \geq S_D \qquad \text{für} \quad i=1 \dots j. \qquad (2.55)$$

Diese Handhabung der Dauerfestigkeit in der Miner-Regel, wie sie für viele Jahre Stand der Technik war und teils auch heute noch praktiziert wird, steht jedoch im Widerspruch zu Versuchsergebnissen von Gaßner aus dem Jahre 1941 [87], ebenso wie zu neueren Versuchsergebnissen [88], die übereinstimmend belegen, daß Stufen unterhalb der Dauerfestigkeit durchaus einen nennenswerten Schädigungsbeitrag bringen können. Diese offensichtliche Unzulänglichkeit der Original-Form der Miner-Regel war Anlaß zu einer Weiterentwicklung, die auf die modifizierte Form der Miner-Regel führte.

2.5.3 Modifizierte Form der Miner-Regel

Die modifizierte Form der Miner-Regel berücksichtigt einen Dauerfestigkeitsabfall als Funktion der fortschreitenden Schädigung. In besserer Entsprechung zu den experimentellen Befunden wird auf diese Weise eine systematische Überschätzung der Lebensdauer vermieden, wie sie sich bei der Original-Form der Miner-Regel einstellt, zugleich aber auch eine systematische Unterschätzung der Lebensdauer, wie sie sich nach der elementaren Form der Miner-Regel insbesondere für Horizonte wenig oberhalb der Dauerfestigkeit ergibt [1,61,89].

Gemäß einem formelmäßig unterstellten Abfall der Dauerfestigkeit $S_D(D)$ als Funktion der bereits akkumulierten Schädigung D,

$$S_D(D)/S_D = (1-D)^{(1/q)} \qquad \text{mit} \quad q=k-1, \tag{2.56}$$

wird dazu auch Kollektivstufen unterhalb der ursprünglichen Dauerfestigkeit S_D ein Schädigungsbeitrag beigemessen. Praktisch wird dem entsprochen, indem die Zeitfestigkeitslinie mit der Neigung k zur Berechnung dieser Schädigungsbeiträge durch eine fiktive Linie mit einer flacheren Neigung (2k-1) in den Bereich unterhalb der Dauerfestigkeit fortgesetzt wird [1], Bild 2.49:

$$N = N_D \cdot (S_a/S_D)^{-k} \qquad \text{für} \quad S_a \geq S_D \quad \text{und} \quad P_{\ddot{u}}=\text{konstant}, \tag{2.16}$$

$$N = N_D \cdot (S_a/S_D)^{-(2k-1)} \qquad \text{für} \quad S_a \geq S_D \quad \text{und} \quad P_{\ddot{u}}=\text{konstant}, \tag{2.57}$$

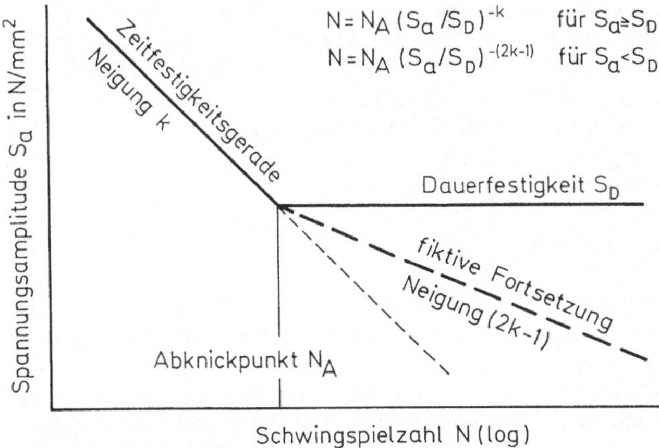

Bild 2.49: Fiktive Fortsetzung der Wöhlerlinie zur Berücksichtigung des Dauerfestigkeitsabfalls mit fortschreitender Schädigung entsprechend der modifizierten Form der Miner-Regel [1].

Die Schädigungssumme entsprechend (2.45) errechnet sich sodann aus zwei Termen: aus einem Term D_1 für die Kollektivstufen i=1...j oberhalb der Dauerfestigkeit und aus einem Term D_2 für die Kollektivstufen i=(j+1)...z unterhalb der Dauerfestigkeit,

$$D_1 = (\sum_{i=1}^{j} h_i \cdot S_{ai}{}^{k}) / (N_D \cdot S_D{}^{k}) \qquad \text{für i = 1 ... j,} \qquad (2.58)$$

$$D_2 = (\sum_{i=j+1}^{z} h_i \cdot S_{ai}{}^{(2k-1)}) / (N_D \cdot S_D{}^{(2k-1)}) \qquad \text{für i = (j+1) ... z.} \qquad (2.59)$$

Damit folgt die Lebensdauer mit $D=D_1+D_2$ nach (2.43) zu

$$\bar{N} = \left[(N_D \cdot S_D{}^{k}) \cdot (\sum_{i=1}^{z} h_i) \right] \Big/ \left[(\sum_{i=1}^{j} h_i \cdot S_{ai}{}^{k}) + S_D{}^{(1-k)} \cdot (\sum_{i=j+1}^{z} h_i \cdot S_{ai}{}^{(2k-1)}) \right] \qquad (2.60)$$

für $\bar{S}_a > S_D$,

oder mit den auf den Kollektivhöchstwert $\bar{S}_a$ bezogenen Spannungsamplituden

$$x_i = S_{ai}/\bar{S}_a \qquad \text{sowie} \qquad x_D = S_D/\bar{S}_a \qquad (2.61)$$

$$\bar{N} = \left[N(S_a=\bar{S}_a) \cdot (\sum_{i=1}^{z} h_i) \right] \Big/ \left[(\sum_{i=1}^{j} h_i \cdot x_i{}^{k}) + x_D{}^{(1-k)} \cdot (\sum_{i=j+1}^{z} h_i \cdot x_i{}^{(2k-1)}) \right] \qquad (2.62)$$

für $\bar{S}_a > S_D$.

Die bezogene Schreibweise nach (2.62) besagt: Auch nach der modifizierten Form der Miner-Regel ergibt sich die unter dem Kollektiv ertragbare Schwingspielzahl als ein bestimmtes Vielfaches der Schwingspielzahl $N(S_a=\bar{S}_a)$, die nach der Zeitfestigkeitsgeraden unter der höchsten Spannungsamplitude des Kollektivs $\bar{S}_a$ ertragen wird. Der Faktor, dargestellt durch den Summenterm, erweist sich, wie auch bei der elementaren Form der Miner-Regel nach (2.48), abhängig von der Kollektivform, gegeben durch die Werte h_i und S_{ai} bzw. x_i, sowie über den Exponenten k abhängig von der Neigung der Wöhlerlinie. Zum Unterschied besteht aber darüber hinaus in (2.60) und (2.62) noch eine Abhängigkeit des Faktors von dem Verhältnis x_D, in dem die Dauerfestigkeit S_D zur höchsten Spannungsamplitude $\bar{S}_a$ des Kollektivs steht.

Die praktische Durchrechnung geschieht zweckmäßig in Form eines Schemas, das sich auch für die Programmierung auf einem Rechner anbietet [37]. Als Beispiel ist mit Tabelle 2.2 die Berechnung für das Treppenkollektiv der Normverteilung, Bild 2.27, und für eine Wöhlerlinie nach (2.16) mit den Daten

$$S_D=100 \text{ N/mm}^2 \; ; \; N_D=1 \; 10^6 \; ; \; k=4 \qquad (2.63)$$

in dieser Art dargestellt. Im ersten Teil des Schemas werden mit den vorgegebenen Stufenhäufigkeiten h_i und den bezogenen Spannungsamplituden x_i die Schädigungswerte $h_i \cdot x_i{}^{k}$ (Spalte 4) sowie $h_i \cdot x_i{}^{(2k-1)}$ (Spalte 5) errechnet. Der zweite Teil des Schemas zeigt dann die errechneten Schwingspielzahlen, die bei den angegebenen Kollektivhöchstwerten $\bar{S}_a$ nach der Wöhlerlinie (N) und nach der modifizierten Form der Miner-Regel ($\bar{N}$) ertragen werden. Dabei ist für jeden Kollektivhöchstwert zu prüfen, welche Stufen oberhalb und welche Stufen unterhalb der Dauerfestigkeit liegen, um dementsprechend die Schädigungswerte aus Spalte 4 bzw. Spalte 5 zu

Tabelle 2.2: Beispiel zur modifizierten Form der Miner-Regel

Stufe i	Stufenhäufgk. h_i	Spannungsampl. x_i	Werte $h_i \cdot x_i^{k}$	Werte $h_i \cdot x_i^{(2k-1)}$
1	2	1,000	2,000	2,000
2	16	0,950	13,032	11,173
3	280	0,850	146,162	89,762
4	2 720	0,725	751,486	286,375
5	20 000	0,575	2 186,260	415,628
6	92 000	0,425	3 001,540	230,415
7	280 000	0,275	1 601,360	33.303
8	605 000	0,125	147,705	0,288

Kollektiv- Höchstwert $\overline{S}_a$	Errechnete Schwingspielzahlen nach der Wöhlerlinie N	Lebensdauerlinie $\overline{N}$	Verhältniswert $\overline{N}/N$
100	1 000 000	935 519 000	935,519
125	409 600	200 010 000	488,306
150	197 531	61 605 400	311,877
175	106 622	23 621 600	221,544
200	62 500	11 994 100	191.906
250	25 600	3 864 020	150,938
300	12 346	1 761 820	142,708
350	6 664	883 736	132,616
400	3 906	505 981	129,531
500	1 600	206 778	129,236
600	772	99 382	128,799
700	416	53 392	128,195
800	244	31 103	127,398

summieren und um sie mit dem jeweiligen Wert x_D nach (2.62) zu verrechnen. Die Verhältniszahlen $(\overline{N}/N)$ veranschaulichen den vorerwähnten Umrechnungsfaktor zwischen Wöhler- und Gaßnerlinie. Für große Werte $\overline{S}_a$ nähern sie sich den Verhältniszahlen nach der elementaren Form der Berechnung, (2.48), und sie stimmen mit diesen überein, wenn alle Stufen oberhalb der Dauerfestigkeit liegen.

Eine Gegenüberstellung von modifiziert berechneten Gaßnerlinien mit Versuchsergebnissen ist mit Bild 2.50 gegeben. Es handelt sich hier um ein Beispiel aus den umfangreichen Untersuchungen mit p-Wert-Kollektiven an Schweißverbindungen, die als Grundlage der DIN 15 018 durchgeführt wurden [17,61,90].

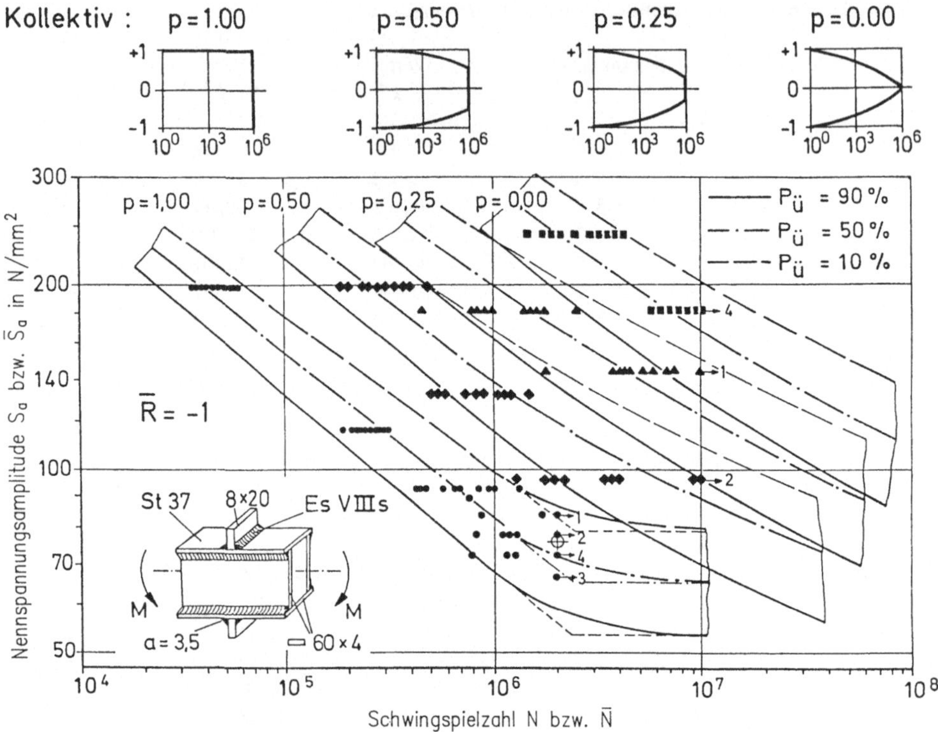

Bild 2.50: Versuchsergebnisse einer Schweißverbindung für p-Wert-Kollektive und berechnete Gaßnerlinien nach der modifizierten Form der Miner-Regel.

2.5.4 Konsequente Form der Miner-Regel

Beim Herleiten der modifizierten Form der Miner-Regel und der ihr zugrunde liegenden Überlegung wird eine gewisse Vereinfachung gemacht, die sich im Ergebnis einschränkend auf den Verlauf der Gaßnerlinie insofern auswirkt, als die Gaßnerlinie für große Schwingspielzahlen nicht asymptotisch in die Dauerfestigkeitslinie übergeht. So zeigt Tabelle 2.2 für $\bar{S}_a = S_D = 100$ N/mm^2 einen endlichen Wert von $\bar{N} = 935 \cdot 10^6$ Schwingspielen, bei dem die Gaßnerlinie mit einer Neigung (2k-1) die Dauerfestigkeitslinie schneidet. Ein asymptotischer Verlauf der Gaßnerlinie muß jedoch nach Definition der Dauerfestigkeit erwartet werden, wenn der Kollektivhöchstwert zugleich den Beanspruchungshöchstwert darstellt und eindeutig unterhalb der Dauerfestigkeit bleibt.

Die konsequente Form der Miner-Regel, die in [1] hergeleitet ist, liefert widerspruchsfrei im Sinne der Grundannahmen zur modifizierten Miner-Regel den Verlauf der rechnerischen Gaßnerlinie von ihrem oberen, zur Zeitfestigkeitslinie parallelen Teil, über ihren mittleren Teil, bis in ihren unteren, zur Dauerfestigkeit asymptotischen Teil. Sie bedeutet eine konsequente Fortführung der Überlegungen, die dem angesetzten Dauerfestigkeitsabfall nach (2.56) zugrunde liegen. In ähnlicher Weise wurden solche Überlegungen etwa gleichzeitig zu den Arbeiten für [1] von Gnilke und von Wirthgen [91], von Reppermund [92] und von Franke [93] angestellt.

Der Ansatz (2.56) kann nämlich eine konsequentere Handhabung insofern erfahren, daß in einer schrittweisen Rechnung jeweils exakt allein nur die Spannungsamplituden zur Schädigung beitragen, die oberhalb des jeweilig abgeminderten Wertes der Dauerfestigkeit liegen. Für jeden Rechenschritt, Bild 2.51, folgen die Schädigungsteilsummen und die auf sie entfallenden Lebensdaueranteile N_d in der für die lineare Schadensakkumulation typischen Weise aus der Gleichung der Zeitfestigkeitslinie

$$N = N_D \cdot (S_a/S_D)^{-k} \qquad \text{für} \quad S_a \geq S_D \quad \text{und} \quad P_\ddot{u} = \text{konstant}, \qquad (2.16)$$

deren Gültigkeit jedoch bis zum jeweils abgeminderten Wert der Dauerfestigkeit $S_D(D)$ erweitert ist:

$$N = N_D \cdot (S_a/S_D)^{-k} \qquad \text{für} \quad S_a \geq S_D(D) \quad \text{und} \quad P_\ddot{u} = \text{konstant}. \qquad (2.64)$$

Die insgesamt, d.h. bis zum Abfall der Dauerfestigkeit auf $S_D(D)=0$, ertragbare Lebensdauer errechnet sich als Summe der einzelnen Lebensdaueranteile N_d mit (2.61) und $d=j...z$ als

$$\bar{N} = (N_D \cdot S_D{}^k) \cdot \left(\sum_{i=1}^{z} h_i \right) \cdot \sum_{d=j}^{z} \left[(S_{ad}{}^q - S_{a(d+1)}{}^q) / \left(S_D{}^q \cdot \sum_{i=1}^{d} h_i \cdot S_{ai}{}^k \right) \right]. \qquad (2.65)$$

$$\bar{N} = N(S_a = \bar{S}_a) \cdot \left(\sum_{i=1}^{z} h_i \right) \cdot \sum_{d=j}^{z} \left[(x_d{}^q - x_{(d+1)}{}^q) / \left(x_D{}^q \cdot \sum_{i=1}^{z} h_i \cdot x_i{}^k \right) \right]. \qquad (2.66)$$

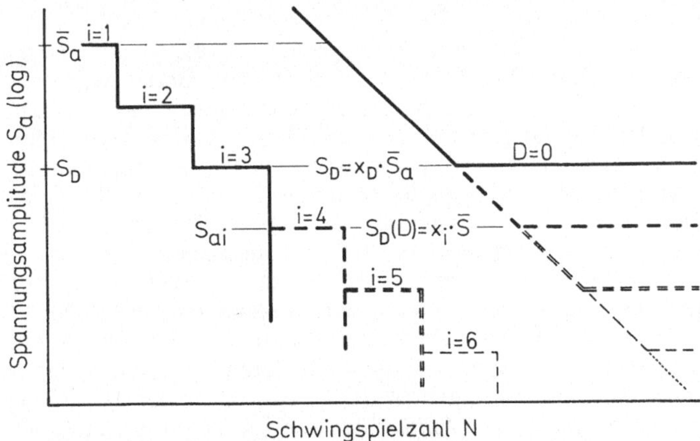

Bild 2.51: Berechnung der Schädigung bei Berücksichtigung des Dauerfestigkeitsabfalls entsprechend der konsequenten Form der Miner-Regel.

Diese Gleichungen gelten zunächst nach ihrer Herleitung unter der Voraussetzung, daß eine Stufe $i=j$ des Kollektivs exakt mit der Dauerfestigkeit zusammenfällt, d.h. wenn $S_{aj}=S_D$ bzw. $x_j=x_D$.

Der allgemeine Fall ist jedoch, daß die Dauerfestigkeit zwischen zwei Stufen des Kollektivs liegen wird, also $S_{aj}>S_D>S_{a(j+1)}$ bzw. $x_j>x_D>x_{j+1}$. Unter der Voraussetzung einer nicht zu groben Stufenteilung wird dieser Fall durch (2.65) bzw. (2.66) näherungsweise mit abgedeckt, wenn die zusätzliche Festlegung getroffen wird, daß unter dem zweiten Summenausdruck für $d=j$ der größere Wert $S_{ad}{}^q=S_{a(d=j)}{}^q$ bzw. $x_d{}^q=x_{(d=j)}{}^q$ durch den kleineren Wert $S_{ad}{}^q=S_D{}^q$ bzw. $x_d{}^q=x_D{}^q$ zu ersetzen ist:

$$S_{ad}{}^q = S_{a(d=j)}{}^q \geq S_D{}^q \tag{2.67}$$

$$x_d{}^q = x_{(d=j)}{}^q \geq x_D{}^q \tag{2.68}$$

In einem ohnehin zur numerischen Auswertung erforderlichen Rechnerprogramm ist diese zusätzliche Festlegung einfach zu realisieren [37]. Die Indizes in (2.65) und (2.66) haben folgende Bedeutung:

$i = 1$ bis z Stufen des getreppten Kollektivs,
$i = 1$ bis j Stufen oberhalb oder gleich der Dauerfestigkeit S_D,
$i = 1$ bis d Stufen oberhalb der abgeminderten Dauerfestigkeit $S_D(D)$,

mit

$i = 1$ für $S_{ai} = S_a(i=1)$ = Kollektivhöchstwert $\bar{S}_a$,
$i = z$ für $S_{ai} = S_a(i=z)$ = kleinste Stufe des Kollektivs,
$i = z+1$ $S_a(i=z+1) = 0$ = rechnerisch zu ergänzende Stufe.

Die bezogene Schreibweise nach (2.66) besagt: Auch nach der konsequenten Form der Miner-Regel errechnet sich die Lebensdauer unter dem Belastungskollektiv als ein Vielfaches der nach der Wöhlerlinie unter dem Kollektivhöchstwert ertragbaren Schwingspielzahl. Der Umrechnungsfaktor geht jedoch mit einer Annäherung des Kollektivhöchstwertes an die Dauerfestigkeit in einer von der Kollektivform abhängigen Weise asymptotisch gegen Unendlich.

Das Konzept einer praktischen Berechnung läßt sich unschwer aus dem Schema der Tabelle 2.2 fortschreiben. Zum Vergleich ist deshalb die Berechnung mit Tabelle 2.3 wiederum für das Treppenkollektiv der Normverteilung und für eine Wöhlerlinie nach (2.16) und (2.63) aufgezeigt. Im ersten Teil des Schemas werden mit den vorgegebenen Stufenhäufigkeiten h_i und den bezogenen Spannungsamplituden x_i die Schädigungswerte $h_i \cdot x_i{}^k$ (Spalte 4), deren Teilsummen (Spalte 5) sowie die Differenzen der $x_d{}^q$ (Spalte 6) errechnet. Der zweite Teil des Schemas zeigt dann die errechneten Schwingspielzahlen, die bei den angegebenen Kollektivhöchstwerten $\bar{S}_a$ nach der Wöhlerlinie (N) und nach der konsequenten Form der Miner-Regel $(\bar{N})$ ertragen werden. Dabei ist für jeden Kollektivhöchstwert $\bar{S}_a$ zu prüfen, welche Stufen oberhalb und welche unterhalb der Dauerfestigkeit liegen, um dementsprechend die Summenwerte aus Spalte 5 bzw. die Differenzwerte aus Spalte 6 zu entnehmen und um sie mit dem jeweiligen Wert S_D bzw. x_D unter Beachtung von (2.67) bzw. (2.68) zu verrechnen. Die Verhältniszahlen $(\bar{N}/N)$ veranschaulichen wiederum die Umrechnung zwischen Wöhler- und Gaßnerlinie; für mittlere Werte $\bar{S}_a$ gleichen sich die Werte $(\bar{N}/N)$ zunehmend denen nach der modifizierten Rechnung an, d.h. auch sie nähern sich für große Werte $\bar{S}_a$ dem Faktor nach der

Tabelle 2.3: Beispiel zur konsequenten Form der Miner-Regel

Stufe i	Stufenhäufgk. h_i	Spannungsampl. x_i	Werte $h_i \cdot x_i^k$	Summenwerte $\Sigma\, h_i \cdot x_i^k$	Differenzwerte $x_i^q - x_{(i+1)}^q$
1	2	1,000	2,000	2,000	0,142 625
2	16	0,950	13,032	15,032	0,243 250
3	280	0,850	146,162	161,194	0,233 047
4	2 720	0,725	751,486	912,680	0,190 969
5	20 000	0,575	2 186,260	3 098,940	0,113 343
6	92 000	0,425	3 001,540	6 100,480	0,055 969
7	280 000	0,275	1 601,360	7 701,840	0,018 844
8	605 000	0,125	147,705	7 849,545	0,001 953
(9)		0,000			

Kollektiv-Höchstwert $\overline{S}_a$	Errechnete Schwingspielzahlen nach der Wöhlerlinie N	Lebensdauerlinie $\overline{N}$	Verhältniswert $\overline{N}/N$
100	1 000 000	89 199 590 000	89 199,590
105	822 702	20 111 650 000	24 445,830
110	683 013	9 845 537 000	14 414,850
115	571 753	3 991 383 000	6 980,954
125	409 600	855 923 700	2 089,658
150	197 531	109 862 800	556,181
175	106 622	27 034 190	253,551
200	62 500	13 717 630	219,482
250	25 600	3 911 033	152,775
300	12 346	1 785 897	144,658
350	6 664	888 492	133.296
400	3 906	506 001	129,536
500	1 600	206 792	129,245
600	772	99 391	128,810
700	416	53 396	128,205
800	244	31 103	127,398

elementaren Berechnung nach (2.48) an, und sie stimmen mit diesem überein, wenn alle Stufen oberhalb der Dauerfestigkeit liegen, Tabelle 2.3.

Bild 2.52 zeigt die Ergebnisse nach den Tabellen 2.2 und 2.3 als Gaßnerlinien. Für die Gaßnerlinie nach der konsequenten Form der Miner-Regel kann man die parallel zur Wöhlerlinie verlaufende Gaßnerlinie nach der elementaren Form der Miner-Regel als eine auf der sicheren Seite liegende Näherung für deren oberen Teil ansehen, und die flacher werdende Gaßnerlinie nach der modifizierten Form als eine auf der sicheren Seite liegende Näherung für deren mittleren Teil betrachten. Ein nennenswerter Unterschied zwischen der modifizierten und der konsequen-

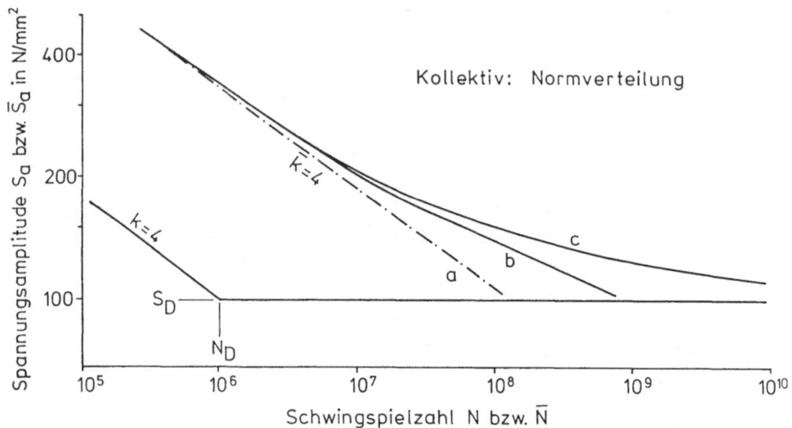

Bild 2.52: Als Gaßnerlinien aufgetragene Ergebnisse der Beispiel-Rechnungen nach Tabelle 2.2 und Tabelle 2.3 (a) elementare Form, (b) modifizierte Form und (c) konsequente Form der Miner-Regel.

ten Form der Miner-Regel besteht mithin nur im unteren Bereich der Gaßnerlinien, d.h. wenn der Kollektivhöchstwert die Dauerfestigkeit nur wenig übersteigt. Die konsequente Form hat deshalb mit ihrer in diesen Fällen nachweislich besseren Übereinstimmung mit Versuchsergebnissen vor allem Bedeutung für eine Extrapolation der Gaßnerlinie auf hohe Schwingspielzahlen, Bild 2.53.

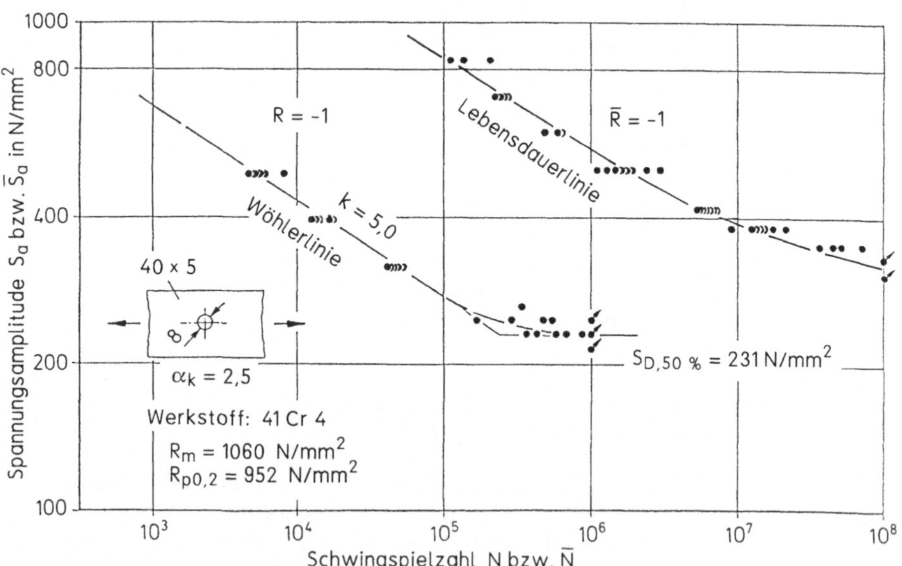

Bild 2.53: Berechnete Gaßnerlinie nach der konsequenten Form der Miner-Regel im Vergleich zu Ergebnissen nach Ostermann [70] aus Wöhler-Versuchen und aus Blockprogramm-Versuchen mit der Normverteilung nach Bild 2.27.

2.6 Übertragbarkeit von Betriebsfestigkeitswerten

Die Frage nach der Übertragbarkeit von Betriebsfestigkeitswerten auf das Bauteil-verhalten im Betrieb läßt sich zurückführen auf die Fragestellung, wie gut eine aus Laborversuchen abgeleitete Gaßnerlinie geeignet ist, die Lebensdauer eines schwing-bruchgefährdeten Bauteils unter seinen wirklichen Betriebsbedingungen zu beschrei-ben.

2.6.1 Überprüfung von Laborergebnissen in der Praxis

Gaßner und Lipp führten seit 1960 über mehr als ein Jahrzehnt hinweg eingehende und systematische Untersuchungen zu dieser Frage durch, indem sie die Lebens-dauerwerte aus Versuchen unter einer echten Betriebslastenfolge, den sogenannten Betriebslasten-Versuchen, verglichen mit den Lebensdauerwerten, die sie im Labor für die betreffende betriebliche Lastfolge mit Blockprogramm-Versuchen oder mit Betriebslastennachfahr-Versuchen erzielten [94,95].

Zu diesem Zweck erstellten sie eine spezielle Versuchseinrichtung, die die gleich-zeitige Biegebelastung von 10 gekerbten Prüfstäben gestattete, Bild 2.54. Die Prüf-stäbe von 7 mm Durchmesser hatten in der Biegeebene eine Querbohrung von 1 mm Durchmesser, die eine Formzahl $\alpha_k=2{,}15$ ergab. Die Versuchseinrichtung konnte im Kofferraum eines Volkswagens montiert und mit einem Übertragungshebel an die Hinterachse angeschlossen werden. Aus den Vertikalbewegungen der Hinterachse im normalen Fahrbetrieb übertrug sich dann eine wirklichkeitsgetreue Bean-spruchungs-Zeit-Funktion auf die Prüfstäbe. Ihre Mittelspannung wurde für jeden Beladezustand des Fahrzeugs auf Null eingestellt.

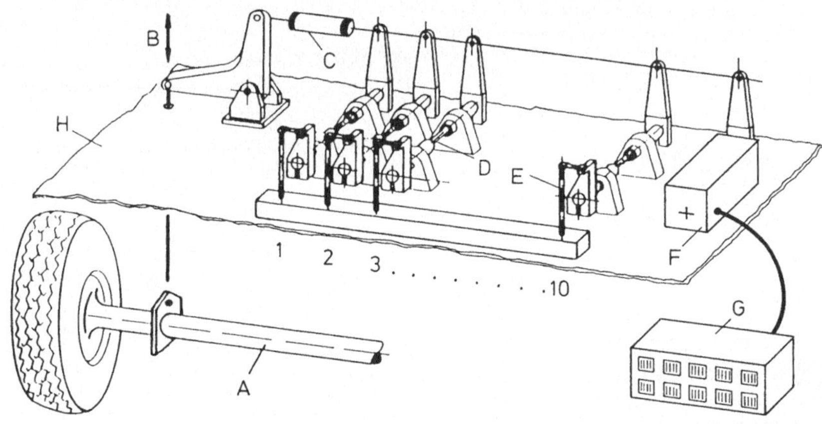

| A Hinterachse | C Verstell-Kupplung | E Prüfstäbe 1 bis 10 | G Zählwerke |
| B Schwingweg | D Drehfeder | F Kontaktgeber | H Kofferraumboden |

Bild 2.54: Prinzip der Vielproben-Versuchseinrichtung im Kofferraum eines Volkswagens [94,95].

Durch vorgeschaltete weiche Drehfedern blieb die Beanspruchungshöhe auch bei angerissenen Prüfstäben weitestgehend konstant. Über die Steifigkeit der Drehfedern war die Beanspruchungshöhe so abgestimmt, daß mehrere Prüfhorizonte belegt wurden. Im Bild 2.55 sind Ergebnisse aus solchen Betriebslasten-Versuchen für Kerbstäbe aus Stahl 41Cr4 mit der ertragenen Anzahl der Mittelwertdurchgänge $\bar{N}_0$ zu einer Gaßnerlinie aufgetragen.

Um die während des Betriebslasten-Versuchs einwirkende Beanspruchung zu kennen und als Kollektiv zu erfassen, übertrug sich der Schwingweg über Kontaktgeber auf Zählwerke. Schon für Strecken von 1 000 km stellte sich als Kollekiv-Form eine Geradelinienverteilung ein, und zwar mit bemerkenswert kleiner Streuung.

Unter Ansatz eines ausmittelnden Geradelinienkollektivs, das mit 8 Stufen bei einem Teilfolgenumfang $\bar{H}_0 = 3 \cdot 10^5$ getreppt wurde, erlaubte die gleiche Versuchseinrichtung mit gleichartigen Prüfstäben die Durchführung von Blockprogramm-Versuchen im Labor. Die betreffenden Versuche belegten eine Gaßnerlinie, die mit einer flacheren Neigung zwei- bis dreifach höhere Lebensdauerwerte auswies, als die Gaßnerlinie aus den Betriebslasten-Versuchen, Bild 2.55. Mit einem verkürzten Teilfolgenumfang von $\bar{H}_0 = 5 \cdot 10^3$ und einer dabei häufigeren Durchmischung der Laststufen ergaben Blockprogramm-Versuche deutlich niedrigere Lebensdauerwerte, die sich besser mit den Ergebnissen der Betriebslasten-Versuche deckten [95,96].

Für die Betriebslastennachfahr-Versuche wurde die einwirkende Beanspruchung während der Betriebslasten-Versuche auf Magnetband aufgezeichnet. Bei der kleinen Streuung der Kollektive durfte sich die Messung auf 1500 km entsprechend $\bar{H}_0 = 2,41 \cdot 10^5$ Mittelwertdurchgänge beschränken. Diese Lastfolge wurde vom Magnetband unmittelbar und in entsprechend häufiger Wiederholung als Sollwert-Funktion für die Betriebslastennachfahr-Versuche verwendet. Die gewonnenen Ergebnisse decken sich innerhalb enger Grenzen mit den Ergebnissen der Betriebslasten-Versuche, Bild 2.55.

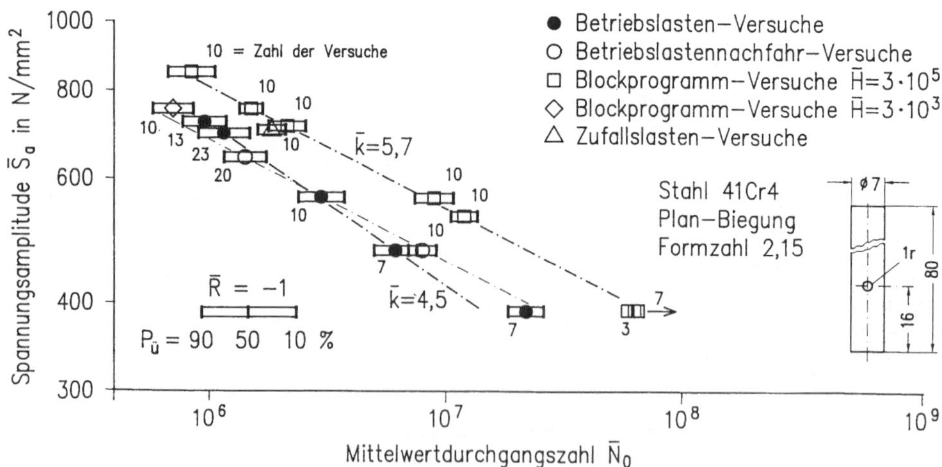

Bild 2.55: Statistisch belegte Gaßnerlinien aus Betriebslasten-Versuchen und aus Labor-Versuchen [95].

Weitere Zufallslasten-Versuche, für die das geradlinige Kollektiv analog als quasi-stationärer Gaußprozeß mit fünf Intensitätsstufen und $\bar{H}_0 = 6 \cdot 10^5$ Mittelwertdurchgängen dargestellt wurde, lieferten gegenüber den Betriebslasten- und Betriebslastennachfahr-Versuchen allerdings eindeutig höhere Lebensdauerwerte, Bild 2.55. Für diesen unerwarteten Befund fehlt bislang eine Erklärung; sie dürfte jedoch in der seinerzeitigen Technik der analogen Sollwert-Erzeugung zu suchen sein.

Aus diesen Ergebnissen von Gaßner und Lipp für Kerbstäbe aus dem Stahl 41Cr4 und aus gleichartigen, hier nicht angeführten Ergebnissen für Kerbstäbe aus der Aluminiumlegierung AlCuMg2 darf geschlossen werden:

- Die im Betriebslasten-Versuch ermittelten Gaßnerlinien und die Gaßnerlinien aus Betriebslastennachfahr-Versuchen zeigen keine statistisch signifikanten Unterschiede.
- Zufallslasten-Versuche mit einer synthetisch erzeugten Beanspruchungs-Zeit-Funktion können hingegen merkliche Unterschiede gegenüber der realen Lebensdauer nach Betriebslasten-Versuchen bringen.
- Blockprogramm-Versuche führen, insbesondere im Bereich der praktisch interessierenden Mittelwertdurchgangszahlen $\bar{N}_0 > 10^7$, zu einer Überschätzung der realen Lebensdauer nach Betriebslasten-Versuchen.
- Eine bessere Durchmischung der Lasten in Blockprogramm-Versuchen durch drastisch verkürzte Teilfolgen läßt eine Annäherung an die realen Lebensdauerwerte erreichen.
- Der zu verzeichnende Unterschied der Lebensdauerwerte aus den Betriebslasten- und den Blockprogramm-Versuchen kann angesichts des in beiden Fällen gleichen Beanspruchungskollektivs nur in der abweichenden Reihenfolge begründet sein, mit der die unterschiedlich hohen Beanspruchungswerte auftreten [97,98].

Es darf somit der Schluß gezogen werden, daß im Sinne der vorgenannten Fragestellung eine Übertragbarkeit von Betriebsfestigkeitswerten im Grundsatz gegeben ist. Entscheidende Voraussetzung dabei ist, daß die Gaßnerlinie mit einer dem betrieblichen Beanspruchungsablauf unmittelbar entsprechenden, zufallsartigen Beanspruchungsfolge ermittelt wird. Ergänzende Untersuchungen erscheinen jedoch erforderlich, um festzustellen, nach welchen Kriterien eine zutreffende Sollwert-Funktion für Zufallslasten-Versuche erzeugt werden kann.

Die durchgreifende Vereinfachung des betrieblichen Beanspruchungsablaufs für den Blockprogramm-Versuch kann hingegen die Übertragbarkeit entsprechender Versuchsergebnisse in Frage stellen. Zu untersuchen bleibt, inwieweit die sich daraus ergebende Überschätzung der Lebensdauer als ein gesetzmäßig faßbarer Reihenfolgeeinfluß und damit am Ergebnis nachträglich korrigierbar erweist [77].

Unverzichtbar ist aber auch die Anmerkung, daß eine in einer Einzeluntersuchung unter den dortigen speziellen Bedingungen festgestellte Fehleinschätzung der Lebensdauer als Zahlenwert nicht verallgemeinert werden sollte, weil solche Zahlenwerte nicht unerheblich streuen [99] und weil ein Einzelwert somit die Vielfalt der praktisch auftretenden Beanspruchungs-Zeit-Funktionen, die verschiedenartigen Bauteileigenschaften, die unterschiedlichen Werkstoffeigenschaften sowie sonstige Einflußgrößen der Betriebsfestigkeit nur beispielhaft berücksichtigt.

2.6.2 Überprüfung der Miner-Regel an Versuchsergebnissen

Arbeiten, die sich mit der "Gültigkeit" der Miner-Regel und der ihr zugrunde liegenden linearen Schadensakkumulations-Hypothese mehr oder weniger schlüssig auseinandersetzen, sind in einer nicht mehr überschaubaren Vielzahl im Schrifttum zu finden. Dennoch wurde bislang in dieser Frage weder eine klare, noch eine einheitliche Einschätzung gewonnen: so unterschiedlich wie die Befunde sind die ihrer Bewertung zugrunde gelegten Prämissen und deshalb auch die abgeleiteten Folgerungen, z.B. [100-102].

Schütz und Zenner [100] werteten etwa 350 Versuchsreihen aus Blockprogramm-Versuchen und etwa 130 Versuchsreihen aus Zufallslasten-Versuchen anhand der zugehörigen Daten der Wöhler-Versuche aus. Für die einzelnen Versuchsreihen verglichen sie den durch mindestens je fünf Versuche belegten Mittelwert der Lebensdauer mit der rechnerischen Lebensdauer. Dazu errechneten sie die Schädigungssummen D bzw. D_V, die sich für die im Versuch ertragene Lebensdauer nach der Original-Form der Miner-Regel, Abschnitt 2.5.2, und nach der elementaren Form der Miner-Regel, Abschnitt 2.5.1, ergaben. Damit sind, was den Abfall der Dauerfestigkeit als Funktion der Schädigung betrifft, die beiden denkbaren Grenzfälle abgehandelt.

Eine Auftragung der Schädigungssummen im Wahrscheinlichkeitsnetz diente der zusammenfassenden Auswertung, Bild 2.56. Die errechnete Schädigungssumme unterscheidet sich im Einzelfall mehr oder weniger stark von der theoretisch er-

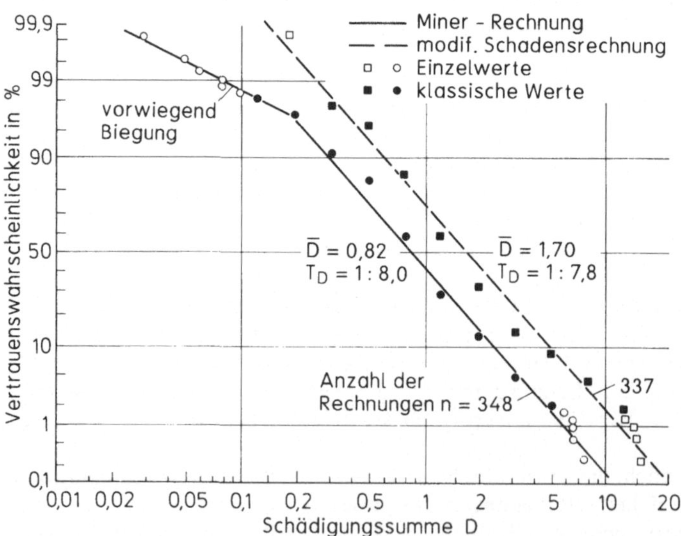

Bild 2.56: Statistische Verteilung der Schädigungssummen aus Blockprogramm-Versuchen an Bauteilen und Kerbstäben aus Stahl, Aluminium- und Titan-Legierungen bei Axial- oder Biegebeanspruchung, nach der Auswertung von Schütz und Zenner [100].

warteten Schädigungssumme $D_V=D_B=1$. Die Schädigungssumme bezeichnet zugleich, in welchem Verhältnis die im Versuch ertragenen Lebensdauer zu der errechneten Lebensdauer steht. Schädigungssummen D_V kleiner als 1 bedeuten mithin eine rechnerische Überschätzung der Lebensdauer und damit eine Vorhersage auf der unsicheren Seite. Bei Schädigungssummen D_V größer als 1 liegt die Vorhersage hingegen auf der sicheren Seite, d.h. die Lebensdauer nach dem Versuch wird dann unterschätzt. Die Diskussion der von $D_V=1$ abweichenden Schädigungssummen muß sich auf ihre Mittelwerte, auf ihre Streuspannen und auf ihre Extremwerte erstrecken.

Mit Extremwerten $D_V=0,03$ bis $0,08$ rechnerisch extrem überschätzt wurde die Lebensdauer von Achsschenkeln, die im kritischen Querschnitt gerollt waren. Dafür kann als Erklärung angeführt werden, daß die Dauerfestigkeit durch das Rollen ganz wesentlich, die Betriebsfestigkeit jedoch weit weniger ansteigt, weil sich die günstigen Druck-Eigenspannungen unter dem Höchstwert der Kollektivbeanspruchung abbauen. Ebenfalls weit auf der unsicheren Seite ergaben sich die Schädigungssummen D_V bei hohen Druck-Mittelspannungen oder bei einer Formzahl $\alpha_k=1$, also in Fällen in denen sich unter der einwirkenden Belastung keine nennenswerten Druck-Eigenspannungen aufbauen konnten. Überaus hohe Schädigungssummen mit $D_V=6,5$ und $8,7$ wurden bei sehr scharf gekerbten Proben aus der Legierung AlMg4,5Mn errechnet. Ausschließlich sehr hohe Schädigungssummen bis $D_V=5,51$ wurden auch für Augenstäbe erhalten, was damit erklärbar sein dürfte, daß bei ihnen im Kerbgrund der Bohrung die unter hohen Zuglasten aufgebauten günstigen Druck-Eigenspannungen weitgehend erhalten bleiben, weil Drucklasten direkt an der Lochleibung übertragen werden.

Große Streuspannen T_D deuten auf nicht erfaßte, fallweise unterschiedlich ausgeprägte Einflüsse, die die Verläßlichkeit der errechneten Lebensdauerwerte einschränken. Auf die aus Bild 2.56 ableitbare Streuspanne $T_D=1:8,0$ beziehen sich die wesentlichen Vorbehalte, die von Schütz und Zenner gegen die Verläßlichkeit der Miner-Regel vorgebracht werden, was nachfolgend anhand der Tabelle 2.4 noch zu diskutieren sein wird. Aber außerdem ist zu bedenken, daß sowohl die Ergebnisse aus den Wöhler-Versuchen, die als Eingangsdaten der Berechnung dienen, wie auch die Ergebnisse aus den Betriebsfestigkeits-Versuchen, die zur Überprüfung der Miner-Regel herangezogen werden, mit einer nicht unerheblichen Streuung und Zufälligkeit und mit einer experimentellen Unsicherheit behaftet sein können. Auch diese Streueinflüsse bestimmen die ausgewerteten Schädigungssummen bzw. ihre Streuspanne T_D, dürfen aber gerechterweise der Miner-Regel nicht angelastet werden.

In Tabelle 2.4 sind als Ergebnis weiterer Auswertungen die jeweils erhaltenen Streuspannen zusammengestellt [103,104]. Zum Vergleich mit den vorgenannten Streuspannen nach [100] sind die Auswertungen von Heuler, Vormwald und Seeger zum Q_0-Verfahren [105] herangezogen; die Werte Q_0 geben an, in welchem Verhältnis die ertragbare Spannung nach der Gaßnerlinie und die nach der elementaren Miner-Regel errechnete bei $\bar{N}=10^6$ Schwingspielen voneinander abweichen. Des weiteren die Auswertungen von Gaßner und Kreutz zum U_0-Verfahren [97]; die Werte U_0 geben an, in welchem Verhältnis die nach der Gaßnerlinie bei $\bar{N}=10^6$ Schwingspielen ertragbare Spannung und die nach der Wöhlerlinie bei einem k-abhängigen Wert $N\approx5\cdot10^4$ Schwingspielen ertragbare voneinander abweichen. Ein Vergleich mit den Schädigungssummen gelingt dadurch, daß zwischen den Schädi-

  2 Grundlagen und Verfahren der Betriebsfestigkeit

Tabelle 2.4: Bei Versuchsauswertungen festgestellte Mittelwerte und Streuspannen von Schädigungssummen D_V, von Q_0-Werten, von U_0-Werten und von Dauerfestigkeitswerten S_D

| Bezeichnung der Versuchsreihen | | | | Miner- | Schädigungswerte für Gl.(2.69) | | Q_0-Werte für Gl.(2.71) | |
Probenart	Werkstoffe	Zahl	Art	Regel	$D_{V,50\%}$	T_D, T_N	$Q_{0,50\%}$	T_Q, T_U, T_S
Schädigungssummen D_V nach [100] und [103]:								
verschiedene	verschiedene	348	BN	o	0,82	1:8,0	0,964	1:1,47
verschiedene	verschiedene	337	BN	e	1,70	1:7,8	1,103	1:1,46
verschiedene	Stähle	125	BN	o	0,90	1:5,0	0,981	1:1,35
verschiedene	Stähle	125	BN	e	1,90	1:6,5	1,126	1:1,41
verschiedene	AL-Leg.	131	BN	o	1,10	1:8,2	1,017	1:1,48
verschiedene	AL-Leg.	131	BN	e	1,95	1:8,4	1,132	1:1,48
verschiedene	Al-Leg.	29	ZG	o	1,05	1:4,0	1,009	1:1,29
verschiedene	Al-Leg.	57	EF	o	0,57	1:4,1	0,901	1:1,30
Stumpfnähte	Stahl, Baustahl	10	BN	e	0,75	1:6,1	0,948	1:1,40
Kehlnähte	Stahl, Baustahl	50	BN	e	1,75	1:4,1	1,109	1:1,30
Q_0-Werte nach [104]:								
Kerbstäbe	Ck45, 42CrMo4	10	BN	m	0,60	1:3,1	0,909	1:1,23
Kerbstäbe	Ck45, 42CrMo4	11	ZG	m	0,51	1:2,9	0,883	1:1,22
Kerbstäbe	Ck45, 42CrMo4	13	NW	m	0,60	1:2,1	0,911	1:1,15
Q_0-Werte nach [105]:								
verschiedene	verschiedene	123	BN	e	0,68	1:4,3	0,93	1:1,31
verschiedene	verschiedene	60	ZG	e	0,39	1:4,7	0,84	1:1,33
verschiedene	verschiedene	16	ZL	e	0,17	1:8,0	0,72	1:1,47
U_0-Werte nach [97] und [105]:								
verschiedene	verschiedene	123	BN	-	----	1:6,4	----	1:1,41
verschiedene	verschiedene	60	ZG	-	----	1:6,4	----	1:1,41
verschiedene	verschiedene	16	ZL	-	----	1:23,2	----	1:1,79
Dauerfestigkeitswerte S_D nach [126] und [127]:								
Ungekerbt	Stähle, [126]	ca.1000	WV	-	----	----	----	1:1,43
Ungekerbt	Stähle, [127]	ca. 550	WV	-	----	----	----	1:1,37

Erläuterungen:

zur Art der Versuchsreihen

BN = Blockprogramm-Versuche mit Normal- oder p-Verteilung
EF = Einzelfolgen-Versuche mit TWIST u.ä.
NW = Betriebslastennachfahr-Versuche für Walzwerksprozeß
ZG = Zufallslasten-Versuche mit Gauß-Verteilung
ZL = Zufallslasten-Versuche mit Geradelinien-Verteilung
WV = Wöhler-Versuche

zur Miner-Regel   e = elementar,   o = original,   m = modifiziert

zur Umrechnung   zwischen den Schädigungs- und Q_0-Werten bzw. den Streuspannen T_N und T_S vorgenommen mit einer Neigung $\bar{k}=5,4$

gungswerten und den U_0- bzw. Q_0-Werten mit einer im Mittel etwa zutreffenden Neigung $\bar{k}=5{,}4$ der Gaßnerlinien umgerechnet wird [105].

Diese Zusammenstellung führt auf eine bemerkenswerte Feststellung: Einerlei ob die Verknüpfung der Ergebnisse aus Wöhler-Versuchen und aus Betriebsfestigkeits-Versuchen über die Miner-Regel oder unter Zuhilfenahme der Miner-Regel über die Auswertung nach dem Q_0-Verfahren oder ohne Anwendung der Miner-Regel nach dem U_0-Verfahren vorgenommen wird, bei hinreichend breiter Datenbasis ergeben sich in allen Fällen Streuspannen in einer vergleichbaren Größenordnung, nämlich Streuspannen der abgeschätzten Lebensdauer T_N, entsprechend T_D, von etwa 1:6 bis 1:8, bzw. Streuspannen der abgeschätzten ertragbaren Spannung T_S, entsprechend T_Q oder T_U, von etwa 1:1,4 bis 1:1,5. Kleine Streuspannen ergeben sich nur aus Versuchsreihen unter enger abgegrenzten Versuchsbedingungen. Die Ursache der festzustellenden großen Streuspannen kann deshalb wohl nicht bei dem jeweiligen zur Abschätzung herangezogenen Verfahren, sondern eigentlich nur bei den verfügbaren Versuchsergebnissen zu suchen sein, auf die sich die betreffenden Auswertungen abstützten. Insbesondere ist die Auswertung nach dem U_0-Verfahren in keiner Weise mit den Unzulänglichkeiten einer Schadensakkumulations-Rechnung vorbelastet! Besonders nachdenklich sollte in diesem Zusammenhang des weiteren vermerkt werden, daß auch die dauerfest ertragbaren Spannungen für Stähle, wie sie sich nach Lang [126] oder nach Hück, Thrainer und Schütz [127] aus der Zugfestigkeit abschätzen lassen, mit einer Streuspanne von gleichfalls etwa $T_S=1{:}1{,}4$ behaftet sind, Abschnitt 3.5.3.

Von $D_V=1$ abweichende Mittelwerte verweisen auf einen systematischen Einfluß, dem bei allen ähnlich gelagerten Fällen Rechnung getragen werden kann, indem die kritische Schädigungssumme nach (2.40) nicht zu $D_B=1$ sondern zu $D_B=D_V$ gewählt wird. Die Empfehlung, mit einer Schädigungssumme $D_B<1$ zu rechnen, ist im Schrifttum weit verbreitet. Ihre praktische Umsetzung kann recht einfach dadurch geschehen, daß die Lebensdauer wie vorstehend formelmäßig angegeben als Schwingspielzahl $\bar{N}(D_B=1)$ für $D_B=1$ berechnet wird. Für eine davon abweichend vorgegebene Schädigungssumme D_B folgt dann die Lebensdauer als

$$\bar{N}(D_B) = D_B \cdot \bar{N}(D_B=1). \qquad (2.69)$$

Mit der für Bild 2.56 gewählten (vom Original abweichenden) Darstellungsweise sind die zugehörigen Häufigkeitssummen auch ausdeutbar als Vertrauenswahrscheinlichkeiten C, um mit einer von $D_B=1$ abweichenden Schädigungssumme eine zutreffendere bzw. auf der sicheren Seite bleibende Lebensdauer-Vorhersage nach der Miner-Regel zu erhalten.

Zur Anwendung mit Gleichung (2.69) können (bei $\bar{k}=5{,}4$ übereinstimmend mit den nachfolgend genannten Werten Q_0) empfohlen werden: für eine Vertrauenswahrscheinlichkeit C=50% Werte $D_B=0{,}75$ bis $0{,}50$ oder für C=90% Werte $D_B=0{,}42$ bis $0{,}25$, vergl. Tabelle 2.4.

Der Relativen Miner-Regel liegt der Vorschlag zugrunde, mit einer fallweise ermittelten Schädigungssumme zu rechnen, die durch Nachrechnung vorliegende Ergebnisse aus Betriebsfestigkeits-Versuchen für das betrachtete Bauteil unter Ansatz der zugehörigen Kollektivform als D_V bestimmt wird. Es wird angenommen, daß diese

Schädigungssumme als $D_B=D_V$ auch unter vergleichbaren Bedingungen bei der Lebensdauerberechnung für eine andere Kollektivform oder eine andere Wöhlerlinie zutrifft:

$$\bar{N}(D_V) = D_V \cdot \bar{N}(D_B=1). \tag{2.70}$$

Die Berechnung kann dabei wahlweise nach der elementaren, modifizierten oder konsequenten Form der Miner-Regel geschehen, selbstverständlich jedoch für D_B oder D_V in gleicher Weise.

Dieses Vorgehen bietet sich insbesondere an, um von vorliegenden Versuchsergebnissen für eine Standard-Lastfolge auf die Lebensdauer unter dem im Anwendungsfall interessierenden, speziellen Kollektivform umzurechnen [100]. Sind allerdings die beiden Beanspruchungs-Zeit-Funktionen von unterschiedlichem Charakter, oder bestehen bei ihnen merkliche Unterschiede in den Kollektivhöchstwerten $\bar{S}_o$ und $\bar{S}_u$, so kommt es auch mit der Relativen Miner-Regel zu beträchtlichen Fehleinschätzungen der Lebensdauer, die sich zudem noch abhängig von Bauteileigenschaften in unterschiedlicher Ausprägung einstellen [106,107].

Die Auswertungen nach [104] und [105] legen den Schluß nahe, daß die Abweichungen zwischen Versuch und Rechnung weniger als Unterschiede der Lebensdauerwerte als vielmehr als Unterschiede der ertragbaren Beanspruchungshöhe aufzufassen sind, was insbesondere dann einen sachlichen Unterschied ausmacht, wenn die Gaßnerlinie mit zunehmender Schwingspielzahl einen flacheren Verlauf annimmt und die Rechnung zur Extrapolation auf hohe Schwingspielzahlen herangezogen wird. Der Wert Q_0 nach [105] kann dazu aufgefaßt werden als ein Faktor, um den die Wöhlerlinie in ihrem Schwingfestigkeitskennwert S_D abgesenkt werden muß, um eine bessere Übereinstimmung der durch Rechnung und durch Versuch ermittelten Gaßnerlinien zu erreichen. Es gilt dann z.B. statt (2.16)

$$N = N_D \cdot \left[S_a/(S_D/Q_0)\right]^{-k} \quad \text{für} \quad S_a \geq S_D \quad \text{und} \quad P_\ddot{u}=\text{konstant}, \tag{2.71}$$

Durch Auswertungen [105] ermittelte Werte Q_0 liegen (kollektivabhängig) für $C=50\%$ zwischen $Q_0=0,93$ und $0,72$. Zur Anwendung mit Gleichung (2.71) können (bei $\bar{k}=5,4$ übereinstimmend mit den vorgenannten Werten D_B) empfohlen werden: für eine Vertrauenswahrscheinlichkeit $C=50\%$ Werte $Q_0=0,95$ bis $0,88$ oder für $C=90\%$ Werte $Q_0=0,85$ bis $0,77$, vergl. Tabelle 2.4.

Als Beispiel zeigt Bild 2.57 Ergebnisse aus Betriebslastennachfahr-Versuchen mit der digital aufbereiteten Beanspruchungs-Zeit-Funktion nach Bild 3.3 und im Vergleich dazu das errechnete Gaßnerstreuband. Um dieses Streuband zu erhalten, wurden drei Berechnungen vorgenommen, und zwar ausgehend von den Wöhlerlinien für $P_\ddot{u}=90\%$, 50% und 10%. Mit der gewählten zweifach-normierten Darstellung wird erreicht, daß die Versuchspunkte aus allen vier genannten Versuchsreihen in einem Gaßnerstreuband zusammenfallen.

Ihrem Wesen nach kann die Miner-Regel etwaigen Mittelspannungseinflüssen und Reihenfolgeeinflüssen nicht Rechnung tragen. Auch im vorliegenden Beispiel macht der Vergleich von Versuch und Rechnung deutlich, daß deshalb die errechneten Lebensdauerwerte mit großer Wahrscheinlichkeit auf der unsicheren Seite liegen.

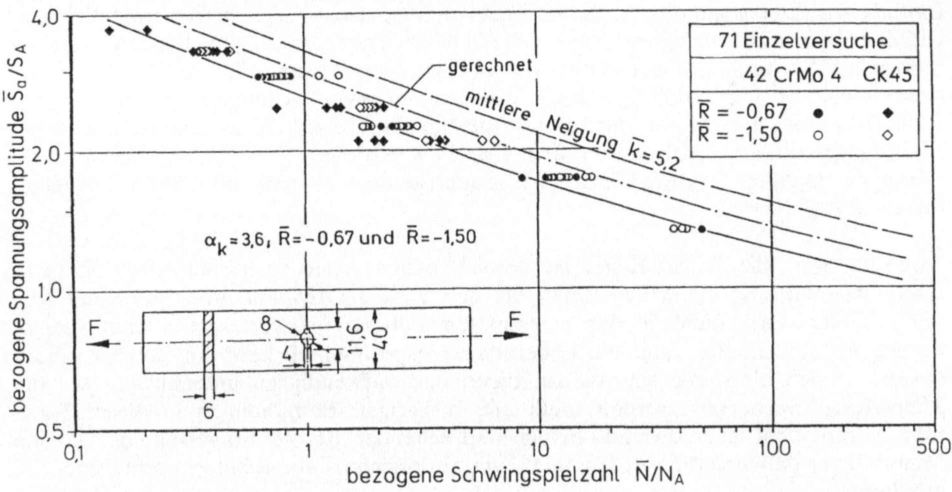

Bild 2.57:   Zweifach normierte Auftragung der Gaßnerlinien aus Betriebslastennachfahr-Versuchen mit der digital aufbereiteten Beanspruchungs-Zeit-Funktion nach Bild 3.3 für Kerbstäbe mit $\alpha_k=3,6$ aus geglühtem Stahl Ck45 oder vergütetem Stahl 42CrMo4 [104].

Um dieser Divergenz zu begegnen, sollte praktisch in der hier vorgeschlagenen Weise mit einer um $Q_0<1$ in der Schwingfestigkeit verminderten Wöhlerlinie oder mit einer Schädigungssumme $D_B<1$ gerechnet werden.

In einer zusammenfassenden Betrachtung wird aus den vorliegenden Auswertungen erkennbar, daß sich systematische Abweichungen von einem Mittelwert $D_B=1$ in Fällen einstellten, bei denen ein lebensdauerbestimmender Einfluß von Eigenspannungen zu verzeichnen ist: Bei vorherrschenden Druck-Eigenspannungen ergeben sich Werte deutlich größer als $D_B=1$, d.h. errechnete Lebensdauerwerte auf der sicheren Seite, beispielsweise bei Augenstäben. Entsprechend müßten sich kleine Werte D_B und errechnete Lebensdauerwerte auf der unsicheren Seite einstellen, wenn Zug-Eigenspannungen vorherrschen. Eine gleichartige Auswirkung wie aus Zug-Eigenspannungen kann aber auch dann erwartet werden, wenn günstige Druck-Eigenspannungen unter der Belastung im Betriebsfestigkeits-Versuch stärker abgebaut werden als im Wöhlerversuch, wie z.B. bei den gerollten Achsschenkeln. Nach Schütz und Gaßner [83] scheiden zwar hohe Zug-Eigenspannungen als Erklärung des Einflusses aus dem Boden-Luft-Lastspiel bei den nachgerechneten Einzelflug-Versuchen aus; wird aber unterstellt, daß das Boden-Luft-Lastspiel günstige Druck-Eigenspannungen vermindert, die sich unter hohen Zug-Luftlasten bilden, so wird der nachteilige Einfluß des Boden-Luft-Lastspiels erklärbar. Diese Einschätzung eines dominanten Einflusses von Eigenspannungen bestätigen insbesondere die Untersuchung und Ergebnisse nach [82].

In Anbetracht eines offensichtlich markanten Einflusses von Eigenspannungen auf das Ergebnis einer Miner-Rechnung erscheint es mithin naheliegend, auch zur Deutung der mit Tabelle 2.4 bezifferten, großen Streuspannen ebenfalls einen

Einfluß von Eigenspannungen derart anzunehmen, daß es sich hierbei um die Auswirkung von nicht erfaßten Zug- oder Druck-Eigenspannungen handelt, die im schwingbruchkritischen Querschnitt aus Fertigungseinflüssen oder aus der Wärmebehandlung als Umwandlungs- oder Wärmespannungen vorliegen und die in den Wöhler-Versuchen und in den Betriebsfestigkeits-Versuchen in unterschiedlichem Maße abgebaut bzw. wirksam werden. Der Beweis dieser These wäre aber noch zu erbringen. Gelänge er, wäre eine der grundlegenden Fragen der Betriebsfestigkeit beantwortet.

Aussagen wie "die Miner-Regel ist falsch", halten einer sachlichen Prüfung nicht stand. Allenfalls ist die Miner-Regel für den vorliegenden Fall unbefriedigend hinsichtlich der Verläßlichkeit des errechneten Lebensdauerwertes; für eine verläßlichere Aussage müßte dann die Lebensdauer experimentell bestimmt werden. Auch erweist es sich als wenig sinnvoll zu fragen und aufwendig zu untersuchen, wie die Miner-Regel verbessert werden muß; alle bisherigen Bemühungen in dieser Richtung waren nicht überzeugend. Erfolgversprechender ist die Fragestellung, wie die Miner-Regel gehandhabt werden muß, um verläßliche Lebensdauer-Vorhersagen zu erhalten.

Andere Schadensakkumulations-Hypothesen, die zusätzliche Kennwerte aus gesondert durchzuführenden Betriebsfestigkeits-Versuchen benötigen, werden kaum eine praktische Bedeutung erlangen [100,108].

Vielmehr wird in der Konstruktionspraxis wie auch in der Betriebsfestigkeits-Forschung eine einfach anwendbare Schadensakkumulations-Hypothese benötigt, die - wie es für die Miner-Regel zutrifft - allein mit den aus einer Wöhlerlinie zu entnehmenden Kennwerten der Schwingfestigkeit auskommt. In dieser Hinsicht gibt es zur Miner-Regel bis heute keine Alternative.

3 Teilaufgaben beim Betriebsfestigkeits-Nachweis

3.1 Festlegen der Anforderungen und der Vorgehensweise

Über die Notwendigkeit eines Betriebsfestigkeits-Nachweises ist zunächst einmal im Grundsatz zu befinden. Wird eine solche Notwendigkeit gesehen, so bieten die im Abschnitt 1.3 aufgelisteten acht Teilaufgaben eine Leitlinie des sachgemäßen Vorgehens.

Als Teilaufgabe 1 sind für die Belange eines Betriebsfestigkeits-Nachweises sodann als Anforderungen die nachzuweisende Lebensdauer bei bezifferter Ausfallwahrscheinlichkeit für die gleichfalls vorzugebenden Betriebsbedingungen festzulegen. Weiterhin bleibt über die geeignete Vorgehensweise zu entscheiden.

Auf bestimmten Anwendungsgebieten ist der Betriebsfestigkeits-Nachweis durch Normen, Vorschriften oder Richtlinien geregelt. Diese sind dann maßgebend. In einem wohlverstandenen Anwender- wie Herstellerinteresse kann es aber angezeigt sein, über die bindenden Normen, Vorschriften und Richtlinien hinausgehende Untersuchungen zur Betriebsfestigkeit zu machen. In diesen und in allen anderen Fällen außerhalb des Geltungsbereichs einschlägiger Normen, Vorschriften und Richtlinien bleibt es freigestellt, welche Zielvorgaben als Anforderungen für den Betriebsfestigkeits-Nachweis gemacht werden und wie diesen Zielvorgaben entsprochen wird.

Mit einem Festlegen der o.g. Anforderungen werden eindeutige Vorgaben gemacht, die sodann als Zielvorgaben für die Konstruktion und für den Betriebsfestigkeits-Nachweis dienen. In diesem Punkt besteht eine unmittelbare Beziehung zum Erstellen der Anforderungsliste im Rahmen des methodischen Konstruierens, so daß die dafür entwickelten und im Kapitel 5 umrissenen Arbeitstechniken zur Anwendung kommen sollten. Im einzelnen bedürfen einer Festlegung:

- Die zu berücksichtigenden Betriebs- und Einsatzbedingungen.
- Die unter diesen Betriebs- und Einsatzbedingungen geforderte Lebensdauer.
- Der dabei als noch vertretbar erachtete Wert der Ausfallwahrscheinlichkeit.
- Die etwaigen zusätzlich zu berücksichtigenden Besonderheiten und Risiken.

Für eine zielgerichtete und in sich geschlossene Nachweisführung empfiehlt es sich des weiteren, auch eine Entscheidung über die Vorgehensweise in der Art zu treffen, daß über den vertretbaren Aufwand an Zeit und Kosten und dementsprechend über die erreichbare Ausführlichkeit und Aussageschärfe des Nachweises Klarheit besteht, Abschnitt 6.1. Die verfügbaren Verfahren der Betriebsfestigkeit bieten durchaus verschiedenartige Möglichkeiten, um einen Nachweis unter diesbezüglichen Vorgaben zu führen. Diese Möglichkeiten reichen

- von rechnerischen Untersuchungen in der Form einfacher Abschätzungen oder in der Form umfänglicher Berechnungen,
- über experimentelle Untersuchungen an einem Modell oder am ausgeführten Bauteil,
- bis zu experimentellen Untersuchungen an der ausgeführten Konstruktion in ihrem versuchsmäßigen oder ihrem betrieblichen Einsatz.

Die Unterscheidung von rechnerischen Verfahren und von experimentellen Verfahren ist insofern zweckmäßig, als für ein Behandeln von Betriebsfestigkeits-Fragen im Rahmen des Konstruktionsprozesses vorrangig rechnerische Verfahren in Betracht kommen.

Praktische Schwierigkeiten bei der Anwendung rechnerischer Verfahren können aus der Frage entstehen, wie oder woher die benötigten Eingangsdaten der Berechnung verläßlich zu gewinnen sind, Abschnitt 5.2. Insofern wird das zweckmäßige Vorgehen auch von den jeweils verfügbaren bzw. beschaffbaren Arbeitsunterlagen bestimmt.

Häufig muß wegen fehlender Unterlagen eine Berechnung unter zweckentsprechenden Annahmen durchgeführt werden. Erweist sich das damit erzielbare Ergebnis als kritisch oder ist es wegen zu unsicherer Annahmen nicht eindeutig auf der sicheren Seite einzuschätzen, Abschnitt 3.7, so empfiehlt es sich, eine experimentelle Überprüfung der getroffenen Annahmen einzuleiten. Gerade die häufig anzutreffenden Unsicherheiten der Lastannahmen lassen sich durch eine nachträgliche Messung an der ausgeführten Konstruktion beheben, zumal eine solche Messung zerstörungsfrei durchführbar ist und sich meist auch noch für Folgekonstruktionen als aussagefähig erweist, Abschnitt 3.3.

Auch in Fällen von besonderer Bedeutung für das gewählte Konstruktionsprinzip und seine Betriebsbewährung werden sinnvollerweise über die Berechnung hinausgehend, experimentelle Untersuchungen vorgesehen. Ihre Planung und Durchführung verlangt eine Zusammenarbeit des Konstrukteurs mit dem Betriebsfestigkeits-Fachmann, der über geeignete Versuchseinrichtungen verfügt. Dem oft erheblichen Zeitbedarf der experimentellen Verfahren bleibt durch eine frühzeitige Veranlassung der experimentellen Untersuchung Rechnung zu tragen.

3.2 Erkennen der schwingbruchkritischen Querschnitte

Als Teilaufgabe 2 gilt es im vorliegenden Einzelfall, mit hoher Verläßlichkeit alle schwingbruchgefährdeten Querschnitte der betrachteten Konstruktion zu erkennen.

Wie die Erfahrung zeigt, sind Schwingbrüche nur selten aus einem Unterbemessen der tragenden Querschnitte bedingt. Weit häufiger entstehen sie durch eine konstruktiv oder fertigungstechnisch ungünstige Ausbildung schwingbruchkritischer Details wie auch aus einer Fehleinschätzung der dort wirksamen Schwingbeanspruchung.

Im Gegensatz zum allgemeinen Spannungs- oder Maximalspannungs-Nachweis, für den im Grenzzustand der Tragfähigkeit bei zähen Werkstoffen ein Spannungsausgleich über den Querschnitt unterstellt werden darf, ist für den Betriebsfestigkeits-Nachweis zu bedenken, daß er sich als ein örtliches Festigkeitsproblem darstellt. Deshalb ist die Kerbspannung als örtliche Maximalbeanspruchung eines Querschnitts für die Schwingbruchgefahr bestimmend.

Für ein erfolgreiches Abhandeln von Betriebsfestigkeits-Fragen ergibt sich daraus die primäre Forderung, alle diejenigen Querschnitte und Systempunkte der Konstruktion zu erkennen, die sich als schwingbruchkritisch erweisen könnten.

Als Erfahrung darf unterstellt werden, daß sich der Konstrukteur im allgemeinen recht gut über die kritischen Querschnitte und Systempunkte seiner Konstruktion im klaren ist; auf seinen Rat sollte bei der Entscheidung über nachzuweisende Querschnitte nicht verzichtet werden. Nach den vorliegenden Schadensstatistiken, Abschnitt 1.1, verdienen die erfahrungsgemäß schwingbruchgefährdeten Bauteile wie Wellen und Achsen oder Bauteile mit Schweiß-, Schraub- oder Nietverbindungen ein besonderes Augenmerk. Darüber hinaus sind es ganz allgemein die Querschnitte

- an Kerbstellen,
- an Stellen mit Kantenpressung,
- an Krafteinleitungsstellen,
- an Steifigkeitssprüngen,
- an Ecken und Abwinklungen sowie
- an Schweiß-, Schraub- oder Nietverbindungen.

Oder auch Querschnitte,

- in denen die einwirkenden Schnittkräfte ein Maximum haben,
- in denen das Tragverhalten durch verminderte Abmessungen geschwächt ist,
- in denen eine Zusatzbiegung durch außermittigen Kraftangriff entsteht,
- in denen sich Verformungen der Struktur konzentrieren, oder
- in denen mit verminderten Festigkeitseigenschaften zu rechnen ist.

Als potentielle Stellen eines Schwingbruchs erweisen sich immer wieder Querschnitte mit einer überlagerten Kerbwirkung derart, daß in einem überhöhten Kerbspannungsfeld eine zusätzliche Kerbe vorliegt. Anhand von Bild 3.1 sei dieser Sachverhalt veranschaulicht: Ein einachsig beanspruchtes Blechfeld weist einen kreisförmigen Ausschnitt für den Flanschanschluß einer Pumpe auf. Bei einer Anordnung der Schraubenlöcher nach Bild 3.1a fallen diese als zusätzliche Kerben annähernd mit dem Kerbspannungsmaximum des Ausschnitts zusammen. Die Kerbspannungsvertei-

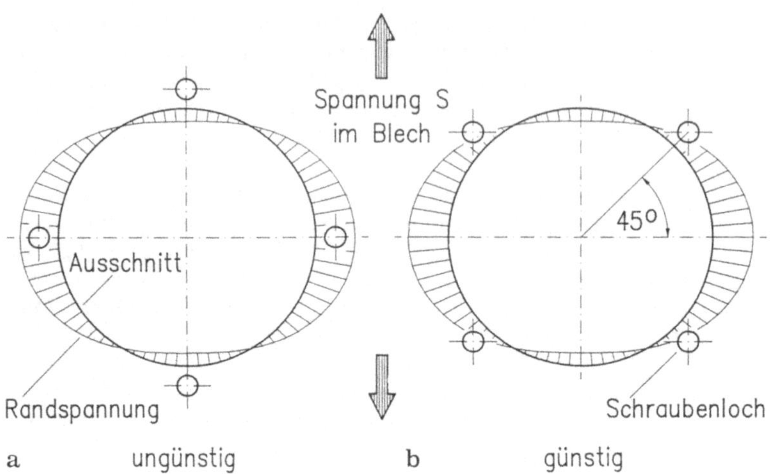

Bild 3.1: Veranschaulichung einer überlagerten Kerbwirkung anhand (a) einer ungünstigen und (b) einer günstigen Anordnung von Schraubenlöchern am Rand des kreisförmigen Ausschnitts in einem einachsig beanspruchten Blechfeld.

lung durch den Ausschnitt gilt dann gewissermaßen als "Nennspannung" für die Schraubenlöcher und wird um deren Formzahl $\alpha_k=2{,}5$ schätzungsweise auf einen Wert $\alpha_k=6{,}5$ erhöht. Der Schwingbruch dieser Konstruktion ist vorprogrammiert, wenn bei ihrer Auslegung lediglich die Formzahl $\alpha_k=3{,}0$ des Ausschnitts angesetzt wurde. Wird jedoch nach Bild 3.1b die Verteilung der Kerbspannung am Rand des Ausschnitts bedacht, so erweist sich ein um 45° gedrehtes Lochbild als geeignete und einfache Maßnahme, um eine überlagerte Kerbwirkung zu vermeiden.

Eine überlagerte Kerbwirkung ist aber keineswegs auf solche Sonderfälle beschränkt. Übliche Beispiele sind eine Paßfedernut, die bis in den Hohlkehlübergang der Welle reicht, eine im hochbeanspruchten Querschnitt angeordnete Ölbohrung, eine Schweißnaht, die an einer Kerbstelle endet. Und diese Aufzählung ließe sich nahezu beliebig ergänzen.

Leider fehlt bislang zu der Vielfalt schwingbruchkritischer Details eine weitergehende methodische Aufarbeitung des vorliegenden Erfahrungswissens, z.B. in Form eines strukturierten Katalogs und ergänzender Checklisten. Es sind deshalb kaum allgemeinverbindliche Hinweise möglich. Allenfalls läßt sich anführen, daß durch ein methodisches Vorgehen im Konstruktionsprozeß auch dem geforderten Erkennen von Schwachstellen mehr oder weniger zwangsläufig entsprochen wird, Kapitel 5.

Im Prinzip bleibt es also der Sorgfalt und Sachkenntnis des Konstrukteurs und des Berechnungsingenieurs überlassen, daß alle schwingbruchgefährdeten Querschnitte verläßlich erkannt werden.

Die seinerzeitigen, durch unerwartete Schwinganrisse in Fensterausschnitten verursachten Abstürze der Comet-Flugzeuge [109] sind ein Beispiel für das aus einer unerkannten Schwachstelle entstehende Risiko. Um es zu verringern, werden in Ergänzung der Bauteil- und Baugruppen-Prüfung oft umfangreiche Untersuchungen an der Gesamtkonstruktion als notwendig erachtet, Abschnitt 6.2.

3.3 Bestimmen der einwirkenden Betriebslasten

Als Teilaufgabe 3 sind für jeden der erkannten schwingbruchkritischen Querschnitte die einwirkenden Betriebslasten nach Größe, Häufigkeit und Wirkungsrichtung zu bestimmen. Konkret sind unter den einwirkenden Betriebslasten die Schnittkräfte an geeignet definierten Systemgrenzen zu verstehen, so daß aus diesen Schnittkräften die Beanspruchungen des betrachteten Querschnitts bestimmt werden können. Weitgehend synonym zu dem Begriff "Betriebslasten" wird deshalb auch der Begriff "Betriebsbeanspruchung" verwendet, weil sich die Betriebslasten als Schnittkräfte einer unmittelbaren Messung entziehen und nur über die durch sie verursachten Beanspruchungen erfaßt werden können.

3.3.1 Anzusetzende Größe und Häufigkeit der Betriebslasten

Als erstes stellt sich in diesem Zusammenhang die Frage nach der Maximallast, die für den Maximalspannungs-Nachweis (statischer Nachweis, Traglast-Nachweis, Stabilitäts-Nachweis) anzusetzen ist. Denn die anzusetzende Maximallast ist in erster Linie für die Bemessung des betreffenden Querschnitts bestimmend. Diese anzusetzende Maximallast kann beispielsweise gegeben sein

- als Vielfaches der Nennlast gemäß einer geltenden Vorschrift,
- als Vielfaches der Bruchlast eines anderen Bauteils (Sollbruchstelle),
- als Grenzlast aus der Standsicherheit, z.B. eines Mobilkranes,
- als Grenzwert der Betriebslasten, z.B. Maximaldruck oder Füllstand,
- als Maximalwert aus dem denkbar ungünstigsten Zusammenwirken aller Lasten,
- als Maximalwert aus einem Sonderlastfall, z.B. bei Transport oder Montage.

Für den Betriebsfestigkeits-Nachweis interessiert zudem, mit welcher Häufigkeit diese Maximallast innerhalb der Nutzungsdauer auftritt, und ob bzw. mit welcher Häufigkeit und Lastrichtung noch andere Extremlasten aus anderen Lastfällen auftreten. Eine Beantwortung dieser Fragen liefert Anhaltspunkte, welche extremen Beanspruchungswerte, erforderlichenfalls per Extrapolation, durch das Kollektiv abgedeckt sein sollten [62].

Sind die Maximallast und die übrigen Extremlasten als unwahrscheinlich oder äußerst selten einzuschätzen, so sind sie in der Regel nur für den Maximalspannungs-Nachweis entscheidend, aber für den Betriebsfestigkeits-Nachweis von nachrangiger Bedeutung. Für den Betriebsfestigkeits-Nachweis von vorrangiger Bedeutung sind in aller Regel die im regulären Betrieb mit größerer Häufigkeit auftretenden

Betriebslasten. Nach heutiger Einschätzung dürfen Extremlasten, die weniger als 100mal während der Nutzungsdauer zu erwarten sind, für den Betriebsfestigkeits-Nachweis in ihrer Größe auf den Kollektivhöchstwert zurückgenommen werden [35].

Selbst das einmalige Auftreten einer Maximallast oder eine zwingend vorgeschriebene einmalige (überhöhte) Probebelastung vor Inbetriebnahme kann aber einen Eigenspannungsabbau bewirken und insofern von Bedeutung sein. Ebenso kann eine auch nur gelegentliche Belastung entgegen der üblichen Lastrichtung von ähnlich nachteiliger Auswirkung auf die Lebensdauer sein, wie das Boden-Luft-Lastspiel in einer Einzelflug-Lastfolge, Abschnitt 2.4.

Betriebslasten bzw. Betriebsbeanspruchungen in ihrer betriebsbedingten zeitlichen Veränderung können letztverbindlich in aller Regel nur durch eine Messung bestimmt werden. Diese Messung muß zudem als Langzeitmessung angelegt sein und alle maßgebenden Betriebsbedingungen in einem repräsentativen Verhältnis erfassen [59-61]. Bei entsprechender Erfahrung und mit entsprechendem Aufwand sind auch mehr oder weniger verläßliche Abschätzungen der einwirkenden Betriebslasten bzw. des Beanspruchungskollektivs oder der Beanspruchungs-Zeit-Funktion möglich.

Die maßgebenden Eigenschaften der so erhaltenen Last- oder Beanspruchungs-Zeit-Funktion gilt es sodann, in geeigneter Weise darzustellen und für die anschließenden Versuche oder Berechnungen darzubieten. Diese Auswertung der betrieblichen Last- oder Beanspruchungs-Zeit-Funktion hat das Ziel, für den Betriebsfestigkeits-Nachweis eine für das Werkstoffverhalten aussagefähige Beschreibung aller auftretenden Schwingbeanspruchungen nach Größe und Häufigkeit zu liefern. Diese Beschreibung kann geschehen

- in der Form einer kennzeichnenden Beanspruchungs-Zeit-Funktion,
- in der Form einer sequentiellen Folge von Ober- und Unterlasten,
- in der Form eines Beanspruchungskollektivs oder Beanspruchungsmatrix oder
- in der Form einer Matrix der Schädigungsbeiträge.

Dabei ist die gewählte bzw. die zu wählende Art der Darstellung entscheidend, welche Verfahren und Vorgehensweisen des weiteren in Betracht kommen bzw. noch kommen können. Denn die einzelnen experimentellen oder rechnerischen Verfahren der Betriebsfestigkeit setzen eine jeweils spezifische Form zur Beschreibung der einwirkenden Beanspruchung voraus.

3.3.2 Experimentelle Ermittlung der Betriebslasten

Für eine experimentelle Ermittlung der im Betrieb auf ein Bauteil einwirkenden Lasten und Beanspruchungen kommen vornehmlich die Verfahren zur elektrischen Messung mechanischer Größen zur Anwendung [110,111].

Die notwendige Aufbereitung der anfallenden Meßdaten wird heute kaum noch anders als auf digitalem Wege geschehen [37,112]. In fallweiser Abwandlung dem Charakter der Beanspruchungs-Zeit-Funktion angepaßt, umfaßt sie zunächst einmal

- die Auswahl des relevanten Zeitfensters der Meßaufzeichnung, d.h. die Aussonderung von nicht interessierenden oder störenden Vorlauf- und Nachlauf-Bereichen einschließlich etwaiger Warte-, Halte- oder Pausenzeiten, und

- die Bereinigung der Meßaufzeichnung von Störsignalen und unerwünschten Meß- oder Kalibrier-Signalen, sowie von sonstigen im vorliegenden Fall unerwünschten Meßereignissen.

Für eine weitergehende, anwendungsbezogene Aufbereitung so vorbearbeiteter Meßdaten bieten sich verschiedene Verfahren an. Sie unterscheiden sich vor allem hinsichtlich der Annahmen, aus denen sich die Möglichkeit einer mehr oder weniger weitgehenden Datenreduktion begründet.

Jedwede Datenreduktion bedingt aber einen Informationsverlust. Das heißt, auch die Möglichkeiten der nachfolgenden Betriebsfestigkeits-Analysen sind mit dem ausgewählten Verfahren zur Datenreduktion mehr oder weniger vorbestimmt und u.U. eingeschränkt.

Eine zeitgetreue Aufbereitung der Beanspruchungs-Zeit-Funktion, die sich im wesentlichen auf die Auswahl des interessierenden Zeitfensters und auf die Beseitigung störender Signale beschränkt, vollzieht sich ohne wesentliche Datenreduktion und ohne Informationsverlust. Die so aufbereiteten Meßdaten können in digitaler oder analoger Form für solche Versuche oder Berechnungen verwendet werden, bei denen die zeitgetreue Beanspruchungs-Zeit-Funktion als Eingangsgröße vorgegeben sein muß oder kann (Betriebslastennachfahr-Versuche, analoge oder digitale Simulationen o.ä.). Die meisten Verfahren der Betriebsfestigkeit verlangen jedoch eine weitergehende Aufbereitung gemessener Beanspruchungs-Zeit-Funktionen durch Datenreduktion.

Eine erste einschneidende Stufe der Datenreduktion ist mit einer Aufbereitung der Beanspruchungs-Zeit-Funktion als sequentielle Folge ihrer oberen und unteren Umkehrpunkte gegeben. Diese Art der Aufbereitung beruht auf folgenden Annahmen:

- Der für die Werkstoffschädigung maßgebende Informationsinhalt der Beanspruchungs-Zeit-Funktion stellt sich in der Abfolge ihrer oberen und unteren Umkehrpunkte dar.

- Haltezeiten und Frequenzeinflüsse sind für das Betriebsfestigkeitsverhalten von untergeordneter Bedeutung.

- Zahlreiche kleine Amplituden können als unbedeutend angesehen und unterdrückt werden, wozu sich der Algorithmus des Rainflow-Zählverfahrens als Amplitudensieb anbietet.

Die als wesentlich verbleibenden Umkehrpunkte der so aufbereiteten Beanspruchungs-Zeit-Funktion können sodann reihenfolgegetreu zur gemessenen Abfolge, aber unter Verzicht auf eine zeitgetreue Wiedergabe, für entsprechende Versuche, Berechnungen oder weitere Auswertungen als Abfolge digitaler Einzelwerte ausgegeben werden. Oder sie können, durch Kosinus-Halbwellen mit einheitlicher Frequenz interpoliert, digital oder digital/analog umgesetzt, als Beanspruchungs-Zeit-Funktion wiedergegeben werden.

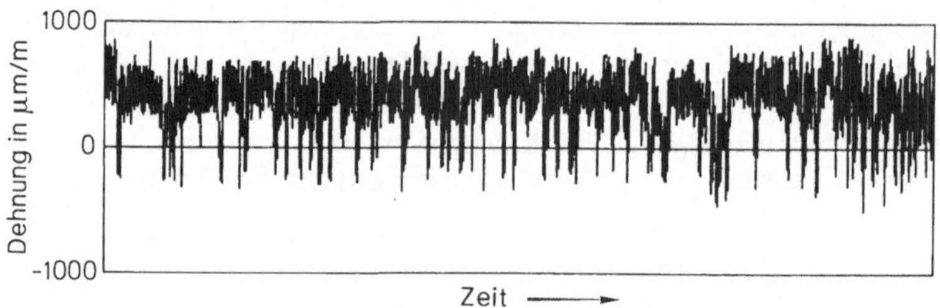

Bild 3.2: Beanspruchungsablauf nach einer der SAE-Histories [113].

Ein typisches Beispiel hierfür sind die sog. SAE-Histories [113], Bild 3.2, die als einheitliche Grundlage eines von der Society of Automotive Engineers initiierten Versuchsprogramms ausgewählt und weltweit bei einer Vielzahl von experimentellen und rechnerischen Lebensdauer-Untersuchungen herangezogen wurden. Und dies, obwohl ihnen, im Vergleich zu realen Lebensdauerwerten von Fahrzeugbauteilen ($\bar{N} = 10^7$ bis 10^9), eine sehr kurze Meßzeit über nur rund 1000 Schwingspiele bzw. eine fehlende Extrapolation anzulasten ist, was die Signifikanz der damit erzielten Ergebnisse einschränkt [1].

Bild 3.3 veranschaulicht die Aufbereitung für den gemessenen zeitlichen Verlauf des Drehmomentes in der Antriebswelle eines reversierenden Walzgerüstes. Sein Grundverlauf spiegelt das charakteristische Walzprogramm wider. Dem Grunddrehmoment überlagern sich gedämpfte Einschwingvorgänge, welche vom sprungartigen Anstieg und Abfall des Grunddrehmomentes herrühren, des weiteren Ratterschwingungen, die aus Schlupfbewegungen zwischen Walzen und Walzgut angeregt werden. Jedes markante Schwingspiel des Meßschriebes, Spur 1, ist in der aufbereiteten Funktion, Spur 2, wiederzufinden. Kleine Amplituden wurden unterdrückt. Die Gesamtzahl

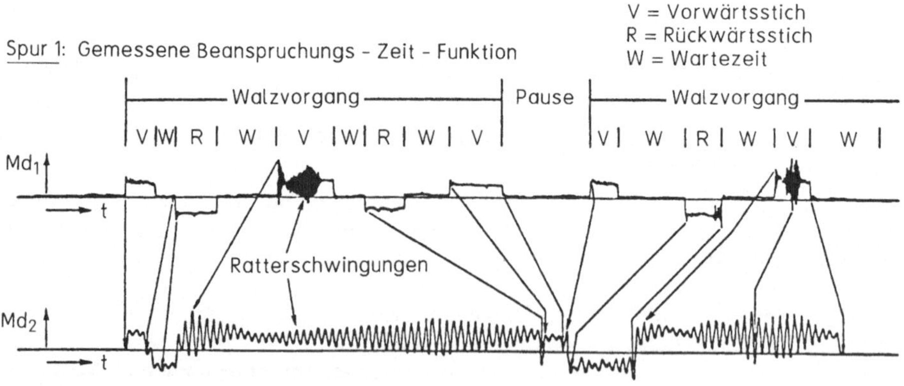

Bild 3.3: Gegenüberstellung der gemessenen Antriebsdrehmomente eines reversierenden Walzgerüstes und der digital aufbereiteten Beanspruchungs-Zeit-Funktion, nach Haibach, Wendt und Zaschel.

der wiederzugebenden Schwingspiele beläuft sich für die aufbereitete Funktion auf 3 900. Im Vergleich dazu ergab die gemessene Beanspruchungs-Zeit-Funktion 145 700 bzw. 11 500 Schwingspiele, je nachdem ob beim Klassieren nur eine Tiefpaßfilterung bei 15 Hz oder ob zusätzlich eine Rückstellbreite von 0,11 MNm verwendet wurde. Bild 2.57 zeigt Versuchsergebnisse, die mit der aufbereiteten Beanspruchungs-Zeit-Funktion an Kerbstäben aus Stahl Ck45 und Stahl 42CrMo4 gewonnen wurden.

Eine wesentlich weitergehende Datenreduktion wird, ausgehend von der sequentiellen Abfolge der oberen und unteren Umkehrpunkte, mittels statistischer Zählverfahren erreicht. Sie wird jedoch erkauft mit einem Informationsverlust über die zeitliche Aufeinanderfolge der Umkehrpunkte, was beim nachfolgenden experimentellen oder rechnerischen Betriebsfestigkeits-Nachweis ausschließt, sogenannte Reihenfolgeeinflüsse berücksichtigen zu können. Die Auswahl und Anwendung eines Zählverfahrens beruht auf folgenden Annahmen:

- Die Reihenfolge der unterschiedlich großen Schwingbeanspruchungswerte wird als eine verzichtbare Information angesehen.
- Das jeweils ausgewählte Zählverfahren erlaubt eine geeignete Beschreibung und Ausdeutung des maßgeblichen Beanspruchungsgeschehens nach Größe und Häufigkeit der Beanspruchungs-Amplituden.

Die in Betracht kommenden Zählverfahren, wie z.B. das Klassendurchgangs-Verfahren, das Spannenpaar-Verfahren, das Spannen-Verfahren oder das Spitzenwert-Verfahren, sind als "Klassierverfahren für das Erfassen regelloser Schwingungen" in DIN 45 667 [58] aufgezeigt. Die Beanspruchungs-Zeit-Funktion wird dabei als eine Folge von Oberwerten und Unterwerten, aufgefaßt, die sich einer äquidistanten Klassenteilung des überdeckten Wertebereichs zuordnen. Aus heutiger Sicht sind diese (einparametrigen) Klassier- oder Zählverfahren zu verstehen als Sonderfälle einer (zweiparametrigen) Zählung nach dem Rainflow-Verfahren, einer Amplituden-Mittelwert-Zählung, aus der auch die vorgenannten Zählergebnisse herzuleiten sind [1,37,114]. Moderne Klassiergeräte und Rechnerprogramme bedienen sich deshalb vornehmlich des Rainflow-Verfahrens. Es beruht auf der werkstoffmechanisch begründbaren Annahme,

- daß das maßgebliche Beanspruchungsgeschehen in einer zyklischen Wechselplastizierung des Werkstoffs in Form von Spannungs-Dehnungs-Hysteresen besteht,
- daß mit jeder geschlossenen Hystereseschleife ein Schwingspiel definiert ist, und
- daß aus den Spannungs-Dehnungs-Hysteresen ein geeigneter Kennwert abgeleitet werden kann, der für das betreffende Schwingspiel die schädigungsbestimmende Beanspruchungshöhe angibt.

Durch den Algorithmus des Rainflow-Verfahrens wird die Identifikation solcher Hystereseschleifen erreicht. Zu jeder Hystereseschleife werden die zugehörigen Umkehrpunkte in der Beanspruchungs-Zeit-Funktion gekennzeichnet, als Ober- und Unterwert oder als Amplitude und Mittelwert ausgewiesen und in einer Matrix klassiert. Der Inhalt der Matrixelemente bezeichnen sodann die Zahl der entsprechenden Hystereseschleifen bzw. Schwingspiele, Bild 3.4.

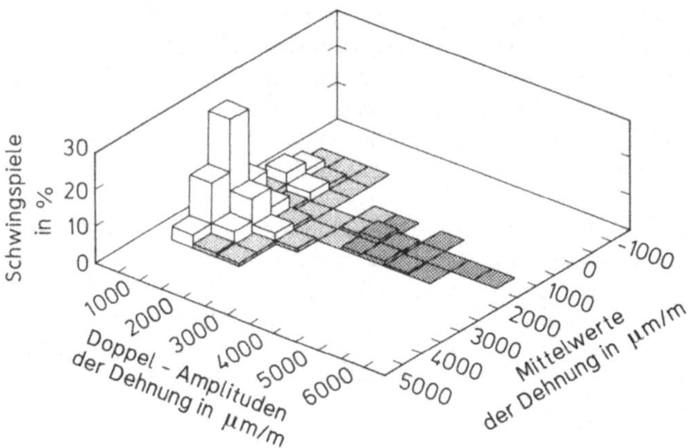

Bild 3.4: Beanspruchungsablauf nach Bild 3.2 mittels Rainflow-Zählverfahren ausgewertet nach den Amplituden und Mittelwerten der darin enthaltenen Schwingspiele und dargestellt in Form einer Rainflow-Matrix, aus Closed Loop.

Mit einer solchen Analyse ist also zugleich die Frage beantwortet, wie eine komplexe Beanspruchungs-Zeit-Funktion für die Belange einer Betriebsfestigkeits-Untersuchung in einzelne Schwingspiele zerlegt werden soll: Jede geschlossene Hystereseschleife bestimmt ein Schwingspiel samt seinen Kennwerten. Mit dieser Eigenschaft erweist sich das Rainflow-Verfahren als ein übergeordnetes (zwei-parametriges) Zählverfahren von allgemeiner Bedeutung, das auf beliebige Bean-spruchungs-Zeit-Funktionen anwendbar ist. Zudem lassen sich aus der Rainflow-Matrix entnehmen, Bild 3.5:

- das zweiparametrige Kollektiv der Oberwerte und Unterwerte,
- das zweiparametrige Kollektiv der Amplituden und Mittelwerte,
- das Kollektiv der Überschreitung von Klassengrenzen,
- die einparametrigen Kollektive der Oberwerte bzw. der Unterwerte,
- die einparametrigen Kollektive der Amplituden bzw. der Mittelwerte,
- die Anzahl der Oberwerte oder Unterwerte,
- die Anzahl der Mittelwertdurchgänge,
- der Unregelmäßigkeitsfaktor.

Im Unterschied zum Rainflow-Verfahren mit seiner Amplituden-Mittelwert-Zählung handelt es sich bei dem Matrix-Verfahren um eine Spannen-Mittelwert-Zählung (Spanne = Differenz zwischen aufeinanderfolgenden Umkehrpunkten, d.h. Ober- bzw. Unterwerten). Bei ihr wird unterstellt, daß zwischen aufeinanderfolgenden Umkehrpunkten eine Markovsche Abhängigkeit erster Ordnung besteht, d.h. der jeweils nächste Umkehrpunkt ist von dem vorangegangenen, und nur von ihm, statistisch abhängig. Dieser Sachverhalt, der sich ebenfalls in Form einer zweidimen-sionalen Häufigkeitsverteilung durch eine Matrix darstellen läßt, ist z.B. bei einer

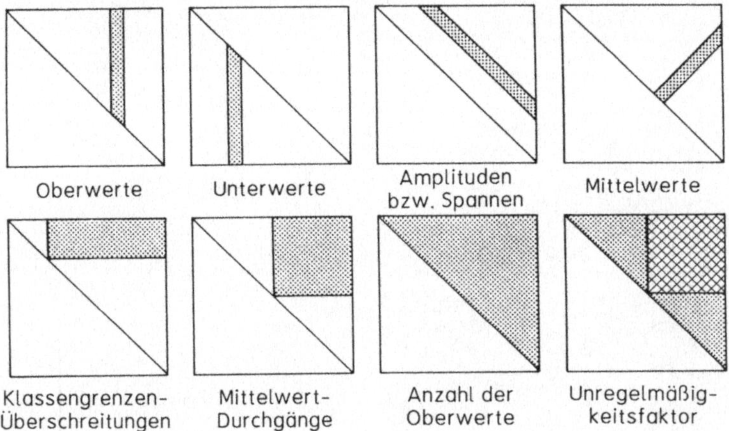

Bild 3.5: Aus einer Rainflow- oder einer Übergangs-Matrix zu entnehmende Informationen zum Beanspruchungskollektiv [77].

Gaußschen Zufallsfolge recht gut erfüllt. Das Matrix-Verfahren hat deshalb seine vorrangige Bedeutung für das digitale Erzeugen der entsprechenden Standard-Lastfolgen Gauß [77,78].

In Sonderfällen kommt auch das Sampling- oder Verweildauer-Verfahren [58] in Betracht, beispielsweise um die Zeitanteile zu ermitteln, in denen das Getriebeeingangsmoment eine bestimmte Größe hat, womit sich für umlaufend beanspruchte Getriebeteile die jeweilige Größe der Schwingspiele und aus ihrer Drehzahl die jeweils anfallende Zahl der Schwingspiele ableiten läßt.

Wird die durch ein Matrixelement bezeichnete Zahl der Schwingspiele und die nach der Bauteil-Wöhlerlinie bei dem betreffenden Amplituden- und Mittelwert ertragbare Schwingspielzahl ins Verhältnis gesetzt, so ergibt sich der Schädigungsbeitrag, der nach der linearen Schadensakkumulations-Hypothese auf dieses Matrixelement entfällt. Eine solche Aufbereitung macht deutlich, welchen Amplituden und Mittelwerten in der betrachteten Beanspruchungs-Zeit-Funktion hinsichtlich der durch sie bewirkten Werkstoffschädigung eine besondere Bedeutung zukommt, Bild 3.6. Aus einer solchen Bewertung lassen sich Kriterien für eine "schädigungsgetreue" Aufbereitung der Beanspruchungs-Zeit-Funktion herleiten, welche auf die Elimination einer großen Anzahl schädigungs-irrelevanter Amplituden hinausläuft, Bild 3.3.

3.3.3 Rechnerische Abschätzung der Betriebslasten

Eine rechnerische Abschätzung der einwirkenden Betriebslasten läuft praktisch hinaus auf die Abschätzung des Beanspruchungskollektivs. Ein solches Vorhaben kann sich u.U. zu einem recht aufwendigen Unterfangen entwickeln. Zur rechnerischen Abschätzung von Betriebslasten wurden mit der DIN 15 018 [32] und insbesondere mit einem Fachbericht [115] einige richtungweisende Ansätze entwickelt,

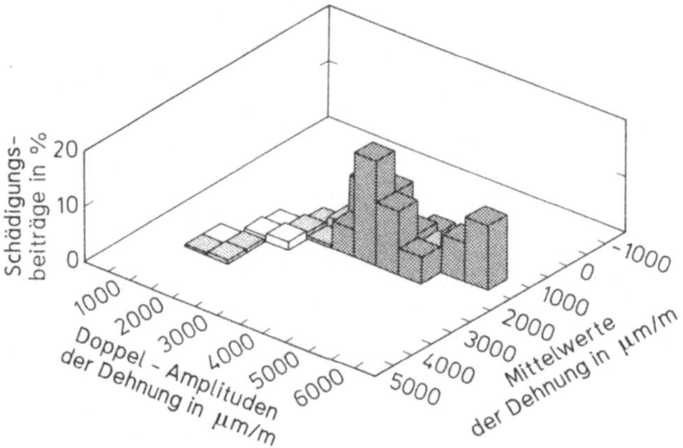

Bild 3.6:   Beanspruchungsablauf nach Bild 3.2 bzw. zugehörige Rainflow-Matrix nach Bild 3.4 bewertet und dargestellt in Form einer Matrix der Schädigungsbeiträge, aus Closed Loop.

die es weiterzuverfolgen lohnen dürfte. Ein weiterer Teilaspekt der rechnerischen Abschätzung ist in der notwendigen Extrapolation gemessener Beanspruchungs-Zeit-Funktionen von der stets relativ kurzen Meßzeit auf die insgesamt interessierende Lebensdauer zu sehen.

Im einfachsten Fall gelingt eine rechnerische Abschätzung des Kollektivs, wenn die Kollektivform mit einem Einheitskollektiv als bekannt unterstellt werden darf und mithin lediglich der Kollektivhöchstwert aus der vorgegebenen Nennbelastung mit einem nach Erfahrung bekannten Lastfaktor und die Gesamthäufigkeit aus der vorgegebenen Nutzungsdauer mit einem nach Erfahrung bekannten Häufigkeits-faktor abzuschätzen bleibt.

Diese Art des Vorgehens liegt beispielsweise der DIN 15 018 [32] bei der Systematik zur Ermittlung der p-Wert-Kollektive, Bild 2.24, zugrunde: Der anzusetzende Kollektivhöchstwert S_a wird nach vorgegebenen Regeln errechnet. Die Kollektivform bestimmt sich nach der Schwere des Kranbetriebs:

- Kollektiv S0: $p = 0$ sehr leichter Kranbetrieb   selten Vollast,
- Kollektiv S1: $p = 1/3$ leichter Kranbetrieb   gelegentlich Vollast,
- Kollektiv S2: $p = 2/3$ mittelschwerer Kranbetrieb   häufig Vollast,
- Kollektiv S3: $p = 1$ schwerer Kranbetrieb   immer Vollast.

Der Kollektivumfang $\bar{H}$ ergibt sich aus der Häufigkeit des Kranbetriebs:

- gelegentliche Kranbenutzung $2 \cdot 10^4 \leq \bar{H} \leq 1 \cdot 10^5$,
- unterbrochener Kranbetrieb $1 \cdot 10^5 \leq \bar{H} \leq 6 \cdot 10^5$,
- dauernder Kranbetrieb $6 \cdot 10^5 \leq \bar{H} \leq 2 \cdot 10^6$,
- angestrengter Dauerbetrieb $2 \cdot 10^6 \leq \bar{H}$.

Vergleichbare Möglichkeiten wie mit einem Einheitskollektiv sind auch gegeben, wenn die Kollektivform per Erfahrung bekannt ist. Als Beispiele zeigt Bild 3.7 die für die Felge und Schüssel eines Fahrzeugrades abgeschätzten Kollektive im Vergleich zu den gemessenen. Speziell vermerkt sei, daß es sich hierbei um die auf die Gesamt-Lebensdauer extrapolierten Kollektive handelt.

Eine weitere Art der Abschätzung läßt sich für Anlagen mit festen, sich stets wiederholenden Arbeitsspielen vornehmen. So stellt sich z.B. ein Arbeitsspiel der Hochregal-Anlage für Luftfrachtpaletten mit folgendem Ablauf dar: anheben, verfahren horizontal, verfahren vertikal, absetzen, verfahren horizontal, verfahren vertikal, usw. Damit, sowie aus den unterschiedlichen Gewichten und aus der Anzahl der bewegten Paletten, und gegebenenfalls unter Einbeziehung von Schwingbeiwerten, lassen sich für die Tragstruktur, für die Antriebe sowie für die Aufnahme- und Absetzmechanik recht zutreffend der jeweilige zeitliche Ablauf der Grundbeanspruchung und daraus das Kollektiv abschätzen.

Eine Weiterentwicklung des vorstehenden Gedankens führt auf die digitale Simulation eines quasistatischen Belastungsablaufs mit anschließender Ermittlung des Kollektivs nach beliebigen Zählverfahren. Diese Möglichkeit sei an einem Simulationsprogramm für die Verkehrslasten und Verkehrsbeanspruchungen in den Baugliedern von Brücken erläutert [116,117].

Anhand einer Auswahltabelle der zu berücksichtigenden Fahrzeugtypen und ihres Beladezustandes, ihrer anteiligen Häufigkeiten wird eine zufallsartige Fahrzeugfolge erzeugt. Zusammen mit den fahrzeugtypischen Achsanordnungen und Achslaststatistiken sowie den verkehrsbedingt zu erwartenden Fahrzeugabständen und der Geschwindigkeit ergeben sich daraus die zugehörigen Abstände der Achslasten als Achslastfolge. Die konstruktiven Eigenschaften des betrachteten Brückengliedes

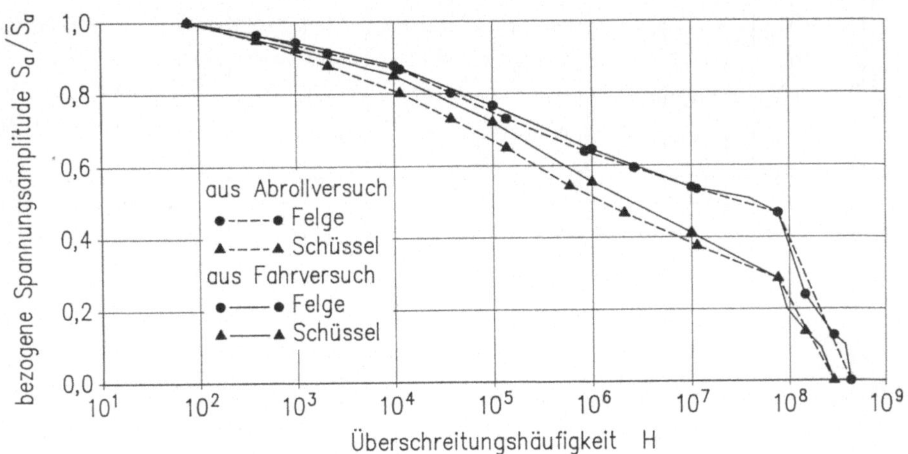

Bild 3.7: Mit Spannungsfaktoren aus einem Abrollversuch konstruierte Spannungskollektive im Vergleich zu den aus einer Messung abgeleiteten Spannungskollektiven für die Felge und die Schüssel eines Fahrzeugrades, nach Grubisic.

werden durch seine Einflußlinie vorgegeben. Über diese Einflußlinie bewegt sich die erzeugte Achslastfolge in programmierten Schritten. Je nach vorgegebener Art der Einflußlinie kann sich das Ergebnis der Simulation auf die auftretenden Lasten, Schnittkräfte, Spannungen oder Verformungen beziehen und der so gewonnene Ablauf per Zählverfahren in ein Kollektiv umgesetzt werden. Um dynamischen Einflüssen Rechnung zu tragen, werden die Einflußlinien entsprechend den bekannten Schwingbeiwerten für Brücken verändert.

Bild 3.8 veranschaulicht das Ergebnis einer Simulation für die Biegespannung im Längsträger einer Straßenbrücke in einer Gegenüberstellung mit den gemessenen Kollektiven nach dem Klassendurchgangs-Verfahren und dem Spannenpaar-Verfahren. Die daraus ersichtlichen Unterschiede erklären sich aus dem quasistatischen Charakter der Simulation, die nur die eingeprägten Vorgänge, aber nicht die Häufigkeit der dadurch ausgelösten Schwingungen berücksichtigt. Mit dieser im vorliegenden Anwendungsfall unbedeutenden Einschränkung erwies sich das Simulationsprogramm nicht allein zur Nachstellung gemessener Kollektive geeignet, sondern ganz allgemein, um z.B. Daten für einen hypothetischen Verkehr der Zukunft oder Daten für systematisch veränderte Formen von Einflußlinien zu erarbeiten, die sich einer meßtechnischen Ermittlung entziehen.

Wird der Belastungsablauf durch nicht vernachlässigbare dynamische Einflüsse geprägt, so kommen Verfahren zur Simulation des dynamischen Systemverhaltens in Betracht. Das System wird dazu als ein dynamisches Modell aus Massen, Federn und Dämpfungselementen aufgefaßt und mathematisch durch ein System von Diffe-

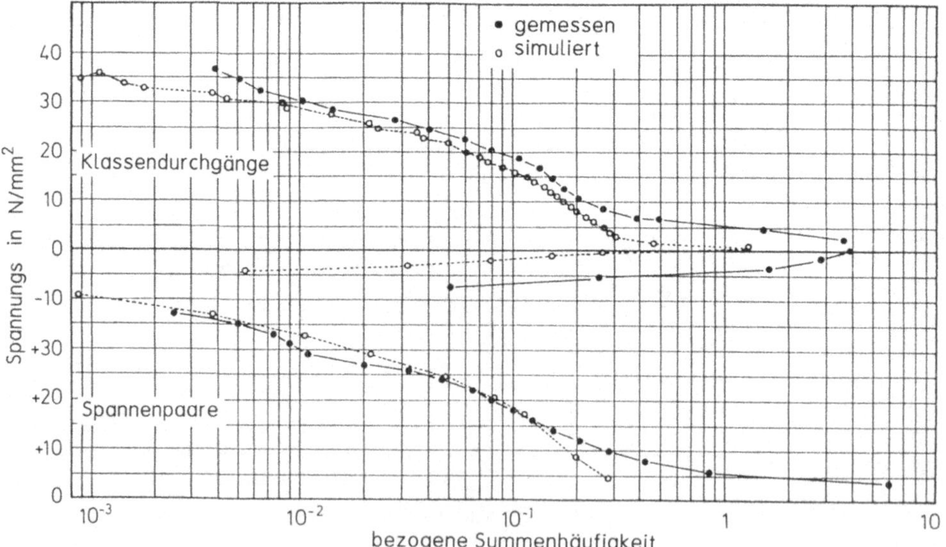

Bild 3.8: Vergleich der durch Messung und durch Simulatition ermittelten Kollektive nach dem Klassendurchgangs-Verfahren und nach dem Spannenpaar-Verfahren für den Längsträger einer Straßenbrücke [116].

rentialgleichungen abgebildet. Die numerische Lösung dieser Differentialgleichungen für vorgegebene Anfangsbedingungen und Zeitverläufe der Systemeingangsgrößen gestattet, den zeitlichen Ablauf der Bewegungsgrößen und der Schnittkräfte zu gewinnen [37].

Allerdings beansprucht diese Rechnung selbst auf leistungsfähigen Rechnern erhebliche Rechenzeit, so daß sie praktisch nur für vergleichsweise kurze Abläufe eines Arbeitsspiels vorgenommen wird. Diese Abläufe genügen dem meist primären Zweck, Aufschluß über das dynamische Systemverhalten zu gewinnen und über dessen mögliche Optimierungen zu entscheiden. Mit der Zusammenfassung kennzeichnender Arbeitsspiele besteht die Möglichkeit, das Kollektiv abzuschätzen.

Die Anwendung derartiger Simulationsprogramme gehört beispielsweise für die Auslegung großer Antriebe bereits zur betrieblichen Praxis [118]. Bild 3.9 zeigt den Vergleich zwischen dem durch Simulation und durch Messung gewonnenen Drehmomentenablauf an ausgewählten Stellen eines Walzwerksantriebs. Als entscheidendes Problem einer amplitudengerechten Simulation erweist sich eine zutreffende Bezifferung der Dämpfungswerte. Erscheint die Modellierung des Systems durch diskrete Massen und Federn als eine zu weitgehende Vereinfachung, so bieten sich zur verfeinerten Modellbildung entsprechende Finite-Element-Programme an. Praktisch dürfte sich jedoch eher die Frage stellen, auf wie wenige Massen und Federn ein System reduziert werden darf, ohne allzu große Verfälschungen des maßgebenden Beanspruchungsgeschehens hinnehmen zu müssen [119]. Bei geregelten Antrieben ist es meist unverzichtbar, auch das dynamische Verhalten des Regelkreises in dem Berechnungsmodell abzubilden. Weiterentwickelte Simulationsprogramme erlauben, auch noch die Mensch-Maschine-Kommunikation einzubeziehen und ihre Auswirkung auf das Belastungskollektiv zu studieren [120].

Handelt es sich um einen Beanspruchungsablauf, der als stochastische Schwingung eines linearen Systems aufzufassen ist, so kann bei bekannter (oder zumindest abschätzbarer) Leistungsdichte-Verteilung der Erregerfunktion mit Hilfe der systemspezifischen Übertragungsfunktion die spektrale Leistungsdichte-Verteilung des Beanspruchungsablaufs berechnet werden [121]. Aus ihr kann dann das zugehörige Beanspruchungskollektiv nach (2.31) und (2.32) abgeleitet werden [1,63]. Die konkrete Aufgabe bei dieser Vorgehensweise besteht im Berechnen der Übertragungsfunktion, wozu wiederum eine mathematische Abbildung des mechanischen Schwingungssystems als Masse-Feder-Dämpfer-System vorzunehmen ist. Als ein Beispiel ist im Bild 3.10 eine der errechneten Übertragungsfunktion eines großen turbulenzerregten Reaktorgefäßes wiedergegeben, die dazu diente, das Kollektiv der Lagerkräfte abzuleiten.

Allen vorstehend aufgeführten Verfahren zur rechnerischen Abschätzung der einwirkenden Betriebsbeanspruchung als Beanspruchungskollektiv bzw. Beanspruchungs-Zeit-Funktion ist eine recht grundsätzliche Einschränkung gemeinsam: Allesamt sind diese Verfahren in irgend einer Weise auf Eingangsdaten angewiesen, die nur durch eine Messung zu gewinnen sind, seien es so einfach zu gewinnende Daten wie die Gewichte der Luftfrachtpaletten oder so schwierig zu gewinnende Daten wie die stochastische Erregerfunktion für das Reaktorgefäß.

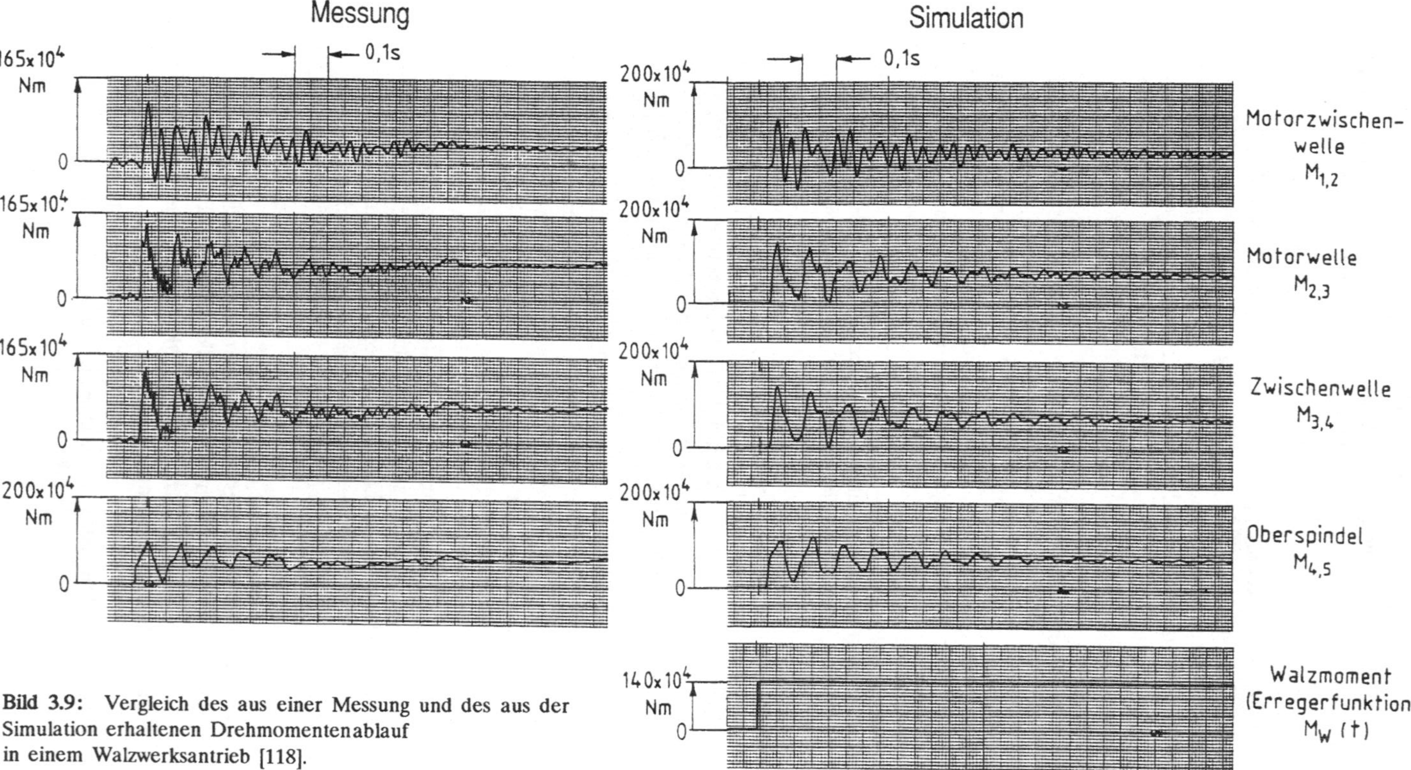

Bild 3.9: Vergleich des aus einer Messung und des aus der Simulation erhaltenen Drehmomentenablauf in einem Walzwerksantrieb [118].

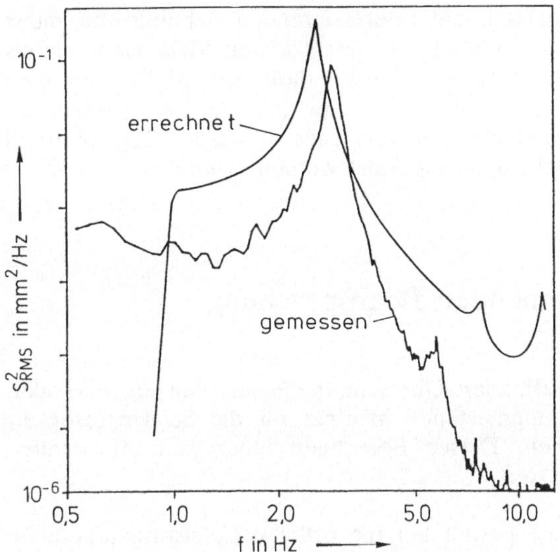

Bild 3.10: Beispiel einer der errechneten spektralen Leistungsdichte-Verteilungen für ein großes turbulenzerregtes Reaktorgefäß, nach Wölfel, Beratende Ingenieure.

Zudem ist die Verläßlichkeit eines Berechnungsansatzes allein aus dem Vergleich mit Meßergebnissen zu beurteilen. Oder erfahrungsgemäß zutreffender formuliert: Erst aufgrund meßtechnisch gewonnener Einblicke in die tatsächlichen Beanspruchungsabläufe lassen sich zutreffende Berechnungsansätze entwickeln. Als eines von vielen Beispielen dazu seien die Messungen an Hüttenwerkslaufkranen [59] genannt, die mit den daraus abgeleiteten p-Wert-Kollektiven richtungweisend für die Konzeption der DIN 15 018 wurden.

Insofern kann also für die Belange eines Betriebsfestigkeits-Nachweises schwerlich auf die Durchführung systematisch angelegter Beanspruchungsmessungen verzichtet werden. Denn nur aus einer größeren Anzahl solcher Messungen kann hinreichende Klarheit über die Eignung eines angewandten Berechnungsansatzes gewonnen werden, und zugleich sind nur so die anzusetzenden Eingangsdaten für künftige Berechnungen in der erforderlichen Weise zu vervollständigen und abzusichern. In der Regel wird es sich anbieten, die bei der Berechnung zugrunde gelegten Betriebslasten zusammen mit den sie bestimmenden Einflußgrößen nach Inbetriebnahme der Konstruktion zu überprüfen. Doch ist es fast belanglos, wie der Einstieg in diesen Prozeß der Informationsgewinnung gewählt wird, da er sich, einmal in Gang gesetzt, durch Rückkopplung quasi von selbst optimiert.

Bedeutsam sind hingegen geeignete Vorkehrungen, um den meßtechnisch zu treibenden Aufwand und damit die anfallenden Kosten in Grenzen zu halten. Dies führt auf die Forderung einer meßgerechten Gestaltung der Konstruktionen, indem die Orte für den Einbau oder das Anbringen von Meßgeräten und Meßwertaufnehmern vorgesehen werden. Da nur selten gesonderte Kraftmeßdosen in ein

System eingefügt werden können, müssen die interessierenden Schnittkräfte meist über die elastischen Verformungen der Bauteile an ausgewählten Meßstellen mittels Dehnungsmeßstreifen erfaßt werden; wünschenswert ist, daß diese Meßstellen konstruktiv vorgesehen und maßgenau bearbeitet sind. Zur Planung von Messungen kann auf allgemein verwertbare Empfehlungen verwiesen werden [122], während Einzelheiten mit den zuständigen Fachleuten abgeklärt werden sollten.

3.4 Berechnen der kennzeichnenden Beanspruchung

Als Teilaufgabe 4 sind für den betreffenden Querschnitt die aus den einwirkenden Betriebslasten erzeugten Beanspruchungszustände in einer für die Schwingfestigkeit kennzeichnenden Weise zu errechnen. Dieses Berechnen einer kennzeichnenden Schwingbeanspruchung hat drei Aspekte:

Erstens gilt es, den Einfluß der Bauteilgestalt auf die örtliche Beanspruchungshöhe an der schwingbruchkritischen Stelle in Abhängigkeit von der einwirkenden Belastung zu erfassen. Dies kann geschehen durch das Berechnen

- von Nennspannungen und Formzahlen,
- von Kerbspannungen,
- von Strukturspannungen,
- von Kerbgrundspannungen und -dehnungen oder
- von Spannungsintensitätsfaktoren.

Bei dem zweiten Aspekt geht es um die geeignete Kennzeichnung einer Schwingbeanspruchung, wofür die grundsätzlichen Definitionen und Festlegungen Gültigkeit haben, wie sie zur Beschreibung einer schwingspielweisen Beanspruchung z.B. durch Spannungsamplitude und Mittelspannung, zur Beschreibung einer Betriebsbeanspruchung mittels Beanspruchungskollektiv oder zur Beschreibung eines stochastischen Beanspruchungsvorganges mittels der spektralen Leistungsdichte-Verteilung als zutreffend erachtet werden.

Der dritte Aspekt dieser Teilaufgabe betrifft die Ermittlung und Beschreibung des örtlichen Beanspruchungsgeschehens aus mehreren einwirkenden Belastungsabläufen und die daraus entstehenden Probleme insbesondere bei einer komplex-mehrachsigen Beanspruchung.

In aller Regel herrscht in der Praxis auch heute noch die einfache Berechnung anhand von Nennspannungen vor, Abschnitt 3.4.1. Die Berechnung auf der Grundlage von Kerbspannungen bietet sich insbesondere an, wenn ein örtlich mehrachsiger Spannungszustand vorliegt, Abschnitt 3.4.3. Eine Berechnung auf der Grundlage von Kerbspannungen oder eine Berechnung auf der Grundlage von Strukturspannungen kommt in Verbindung mit einer Beanspruchungsanalyse nach der Finite- oder Boundary-Element-Methode in Betracht, Abschnitt 3.4.2. Verfahren der experimentellen Spannungsanalyse können in sinnvoller Weise mit den rechnerischen Verfahren kombiniert werden, um einen Überblick über die Spannungsverteilung und den zeitlichen Spannungsablauf in Bauteilen und interessierenden Bauteilbereichen zu gewinnen. Die Berechnung mittels Kerbgrundspannungen und -dehnungen ermöglicht, die Spannungsumlagerungen bei plastischer Verformung des Kerbgrundes zu berücksichtigen, doch setzt auch sie die Kenntnis der Kerbspannung als Nennspannung mal Formzahl oder als Ergebnis einer Finite- oder Boundary-Element-Berechnung voraus. Die Berechnung von Spannungsintensitätsfaktoren dient der bruchmechanischen Ermittlung des Rißfortschritts.

Die unter diesen Berechnungsweisen zu treffende Wahl wird heute weit weniger als früher durch die Berechnungsmöglichkeiten als vielmehr dadurch bestimmt, in welcher Form die Daten über ertragbare bzw. zulässige Beanspruchungswerte gegeben sind, Abschnitt 3.5. Bezüglich weiterer Einzelheiten zu den genannten und insbesondere zu den beiden letztgenannten Berechnungsweisen sei auf die diesbezüglichen Abhandlungen in [1] verwiesen.

3.4.1 Nennspannung, Formzahl, Spannungsgefälle

Die Spannungsberechnung und Festigkeitsbeurteilung auf der Grundlage von Nennspannungen und Formzahlen ist jedem Ingenieur aufgrund seiner Ausbildung geläufig und sie ist sowohl im einschlägigen Schrifttum wie auch in maßgebenden Regelwerken die bei weitem vorherrschende Betrachtungsweise.

Die Nennspannung als Normalspannung S oder als Schubspannung T berechnet sich nach einfachen Formeln für einen näher zu bezeichnenden Nennquerschnitt. Wie der Nennquerschnitt im Einzelfall anzusetzen ist, liegt weitgehend durch Konvention fest und ist aus dem Fachschrifttum zu ersehen, z.B. [20,31,123,124].

Die Nennspannung als Maß der auftretenden Beanspruchung bietet den unbestreitbaren Vorteil, daß sie ohne großen Rechenaufwand zu bestimmen ist. Als eine elementare, nach stark vereinfachten Gleichgewichtsbetrachtungen über den Nennquerschnitt gemittelte, gleichmäßig oder linear verteilte Spannung weicht sie jedoch teils wenig, teils erheblich von der tatsächlich vorliegenden Spannungsverteilung ab, die sich bei der vorliegenden Bauteilgestalt unter der einwirkenden Belastung einstellt. Gründe für eine derartige Abweichung sind mannigfacher Art und selbst schon in glatten Querschnitten gegeben, beispielsweise weil die Außermittigkeit einer Axialkraft und die daraus entstehende Zusatzbiegung unbeachtet bleibt, Bild 3.11, oder weil der betreffende Querschnitt nicht als Stab oder Balken, sondern als Scheibe, Platte oder Schale hätte berechnet werden müssen. Ein beanspruchungsgerecht gestaltetes Bauteil zeichnet sich dadurch aus, daß die tatsächliche Spannungsverteilung nur wenig von der (sinnvoll berechneten) Nennspannung abweicht.

Insbesondere wird die Nennspannung aber an jeder Art von Kerbstelle durch eine von der Bauteilgestalt und der Beanspruchungsart abhängige Kerbspannungsspitze überschritten. In welchem Verhältnis die Kerbspannung σ_{max} unter der Voraussetzung eines rein elastischen Werkstoffverhaltens die Nennspannung S übersteigt, wird durch die Formzahl α_k beschrieben, Bild 3.12. Quantitativ sind Formzahlen aus analytischen Lösungen, aus Formzahldiagrammen, aus Approximationsformeln, durch numerische Berechnung oder nach experimentellen Verfahren zu gewinnen.

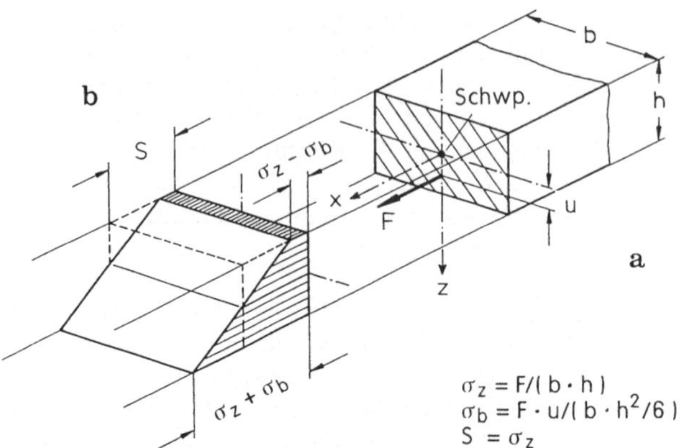

Bild 3.11: Außermittiger Kraftangriff an einem axial- belasteten Flachstab (a) und dadurch hervorgerufene Spannungsverteilung über den Querschnitt (b).

Wegen des unterstellten elastischen Werkstoffverhaltens ist die Formzahl unabhängig vom Werkstoff und allein von der Bauteilgestalt bestimmt, dabei aber abhängig von der Beanspruchungsart. Zudem ist sie abhängig von der Art, wie die Nennspannung berechnet bzw. wie der Nennquerschnitt definiert wird [1]. In jedem Fall und insbesondere bei möglichen Unklarheiten sollte deshalb zu jeder Formzahlangabe auch der gewählte Nennquerschnitt und die Art der Nennspannungsberechnung explizit bezeichnet sein. Prinzipielle Schwierigkeiten mit Nennspannungen und Formzahlen ergeben sich, wenn eine sinnvolle Definition des Nennquerschnitts nicht vorzunehmen ist, wie z.B. bei flächigen Strukturen. Kerbstellen können einen mehrachsigen Spannungszustand bedingen; ihm wird dadurch Rechnung getragen, daß die Kerbspannung σ_{max} als Vergleichsspannung in die Formzahl eingeht.

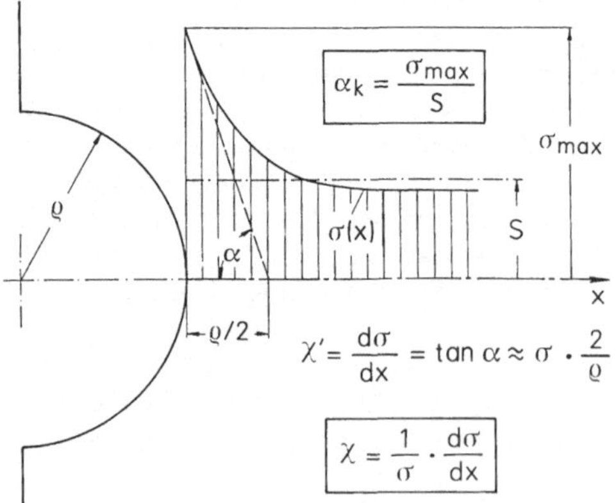

Bild 3.12: Zur Definition der Formzahl α_k und des bezogenen Spannungsgefälles χ.

Formzahlen für Bauteile mit spezieller Gestalt und Beanspruchung sind heute unschwer durch numerische Berechnung der Kerbspannung nach der Finite-Element- oder nach der Boundary-Element-Methode zu erhalten. Es drängt sich jedoch die Frage auf, ob es dann nicht sinnvoller ist, mit der errechneten Kerbspannung nach dem Kerbspannungskonzept weiterzuverfahren, statt auf eine Nennspannung und Formzahl zurückzurechnen.

Geometrisch ähnliche Bauteile haben die gleiche Formzahl. Im Zusammenhang mit der Bauteilgröße stellt das bezogene Spannungsgefälle χ eine weitere Kenngröße des Kerbeinflusses dar [125], Bild 3.12. Sie kann abhängig vom Kerbradius ρ und vom Gradienten der Nennspannung abgeschätzt werden und ist vor allem bei kleinen Kerbradien, bei extrem dünnen Querschnitten oder bei verfestigten Randschichten von Einfluß auf die ertragbare Beanspruchungshöhe.

Im Sinne der Betriebsfestigkeit gilt es, Formzahlen durch eine beanspruchungsgerechte Gestaltung der Bauteile so niedrig wie möglich zu halten, während es dem Bestreben nach Leichtbau entspricht, die Nennspannung so weit als möglich an die maximal zulässige Spannung anzuheben. In etwa kann man bei Formzahlen $\alpha_k < 2{,}5$ von günstig und bei Formzahlen $\alpha_k > 5$ von ungünstig gestalteten Bauteilen sprechen, d.h. für das Ausrundungsverhältnis, Bild 3.13, sollten Werte $\rho/b < 0{,}1$ möglichst vermieden werden.

Eine Problematik des Kerbeinflusses ist in der Weise zu verzeichnen, daß sich die spannungstheoretische Formzahl α_k bei kleinem Kerbradius ρ bzw. bei steilem bezogenen Spannungsgefälle χ nicht voll schwingfestigkeitsmindernd auswirkt. Die Abminderung erfolgt lediglich im Verhältnis einer Kerbwirkungszahl $\beta_k < \alpha_k$ [20,31,123-129,136]. Für einen Kerbradius $\rho = 2$mm, d.h. $\chi = 1$ mm^{-1}, läßt sich beispielsweise aus Bild 3.14 entnehmen, daß die Stützziffer für weiche Stähle etwa

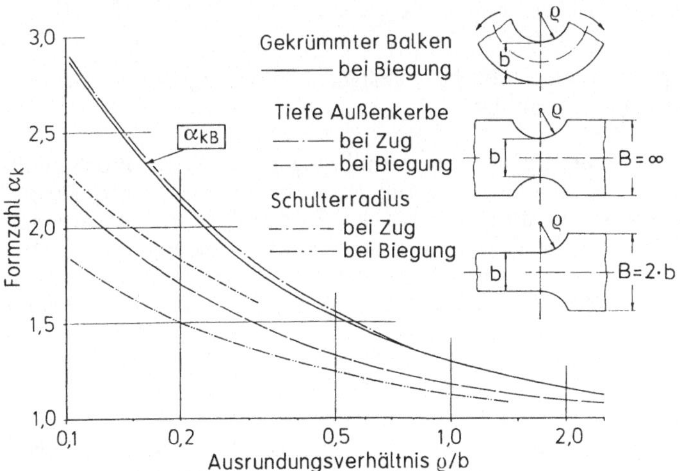

Bild 3.13: Formzahlen α_k einiger ebener Kerbformen, aufgetragen in Abhängigkeit vom Ausrundungsverhältnis ρ/b [1].

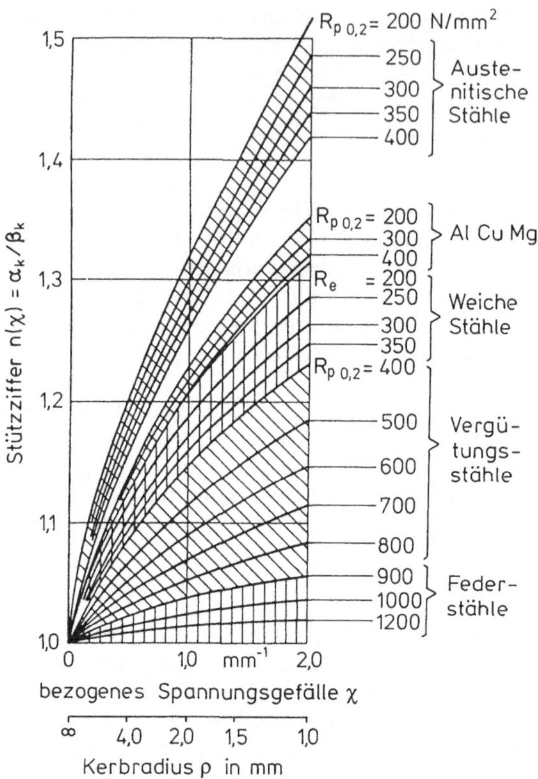

Bild 3.14: Stützziffern n(χ) für metallische Werkstoffe, aus [124].

n(χ)=1,2 und für Vergütungsstähle üblicher Festigkeit etwa n(χ)=1,1 oder für austenitische Stähle etwa n(χ)=1,3 beträgt.

Im Grunde könnte deshalb hier auf weitere Ausführungen zu dieser Problematik verzichtet werden. Denn ein Kerbradius ρ<2 mm ist, wenn überhaupt geometrisch exakt, dann aber wohl nur so zu fertigen, daß der Kerbgrund beim Verwenden eines Profilstahles aufgerauht oder gedrückt wird, oder daß bei einem Profilschleifen Schleifeigenspannungen oder bei einem Rollprofilieren Druck-Eigenspannungen entstehen. Bei Einflüssen solcher Art scheidet aber jede elementare Kerbtheorie aus. Die Unsicherheiten der Berechnung und die Unsicherheiten, mit denen die im Schrifttum angegebenen Schätzformeln für Stützziffern behaften sind, erweisen sich in jedem Fall größer als der vermutete Einfluß [128].

Als Folgerung aus diesen Überlegungen muß dem Praktiker für eine Berechnung auf der sicheren Seite nachdrücklich empfohlen werden, auf den Ansatz einer Stützziffer zu verzichten. Dies kommt einer zusätzlichen Sicherheitszahl zum Abdecken etwaiger nachteiliger Einflüsse beim Fertigen kleiner Radien gleich und schließt aus, daß hohe Stützziffern zum Konstruieren mit (zu) kleinen Kerbradien verleiten, wie sie z.B. als Mindestwerte in Kugellagerkatalogen für Lagersitze genannt sind. Denn erfahrungsgemäß erweisen sich kleine Radien als besonders schwingbruchgefährdet: ein sehr kleiner Kerbradius ist einem konstruktiv eingebrachten Schwinganriß vergleichbar.

Soll die Gestaltfestigkeit eines Bauteils auch bei kleinen Kerbradien voll ausgeschöpft werden, so kann nur geraten werden, die Fertigungsbedingungen fest vorzugeben und zu überwachen, und für diese Bedingungen die Schwingfestigkeit des Bauteils experimentell zu bestimmen. Doch dieses Vorgehen lohnt wohl nur für Serienteile.

Konkrete Bedeutung für das Berechnen der Bauteile hat der Ansatz einer Stützziffer jedoch dann, wenn Schwingfestigkeitswerte an kleinen Probestäben mit dementsprechend kleinen Kerbradien von $\rho=0,1$ bis 5 mm gewonnen wurden und beabsichtigt ist, diese Werte auf größere Bauteile mit vergleichbarer Formzahl anzuwenden. Denn in diesem Fall sollten die experimentell gewonnenen Werte um die Stützziffer des kleinen Kerbradius erniedrigt werden. Die bis Bruch ertragenen Schwingspielzahlen der kleinen Kerbstäbe können dann in der Anwendung auf große Bauteile als Schwingspielzahlen bis Anriß interpretiert werden.

3.4.2 Finite- oder Boundary-Element-Berechnungen

Bisherige Vorschriften und Berechnungsvorschläge sind mit der stark vereinfachenden Berechnung von Nennspannungen auf Konstruktionen mit vorwiegend stabartigen Traggliedern abgestellt. Heute geht die Entwicklung hingegen zu flächig tragenden Strukturen, die als Blech-, Schweiß- oder Gußkonstruktionen ausgeführt sein können. Ihre Auslegung erfordert verfeinerte Methoden zur Berechnung der aus den einwirkenden Kräften entstehenden Spannungen, Dehnungen und Verformungen, insbesondere an Lasteinleitungsstellen. Diese verfeinerten Berechnungsmethoden bieten sich mit der Finite- oder der Boundary-Element-Methode ganz allgemein auch für Betriebsfestigkeits-Untersuchungen an.

Der Anwendungsvorteil der Boundary-Element-Methode ist dort zu sehen, wo nur Oberflächen- bzw. Randwerte des Spannungszustandes gefragt sind, also insbesondere bei Kerbspannungsproblemen, wo der Kerbspannungshöchstwert an der Kerboberfläche bzw. am Kerbrand auftritt. Eine Formzahl bestimmter Genauigkeit wird nach der Boundary-Element-Methode, speziell bei räumlichen Kerbspannungsproblemen, mit wesentlich geringerem Zeit- und Kostenaufwand erzielt als nach der Finite-Element-Methode [130]. Die Finite-Element-Methode ist u.a. dann angebracht, wenn auch die Spannungsverteilung im Inneren des Bauteils interessiert.

Wenig Anleitung und Unterstützung wird dem Anwender bislang geboten, wenn es um die Konzeption und die Auswertung von Finite- oder Boundary-Element-Berechnungen für Betriebsfestigkeits-Untersuchungen geht. Die meisten Vorschriften und Richtlinien sagen hierzu wenig oder gar nichts aus. Praktisch gilt es, bei vertretbarem Aufwand und unter Beachtung der verfahrensspezifischen Grundsätze eine zweckdienliche Konzeption der Berechnung zu entwickeln, die den Kriterien einer nachfolgenden Bewertung der Ergebnisse im Sinne der Betriebsfestigkeit gerecht wird.

Bei Finite- oder Boundary-Element-Berechnungen geht es vorrangig um eine Ermittlung und Bewertung der Beanspruchungshöhe abhängig von Einflüssen aus
der Bauteilgestalt und der einwirkenden Belastung. Die Bewertung im Sinne der
Betriebsfestigkeit gilt aber nicht allein der Höhe der errechneten Beanspruchung,
sondern vor allem ihrer Schwingbreite und Häufigkeit. Die Berechnung einer einzigen Lastsituation reicht dazu zwar aus, wenn eine lineare Umrechnung des zeitlichen Lastablaufs in den Beanspruchungsablauf zutrifft. Ist die lineare Umrechnung
nicht möglich, wie z.B. für die Beanspruchung in der Scheibe eines umlaufenden
Zahnrades aus einer raumfesten Zahnkraft, so muß u.U. der Beanspruchungsablauf
in mehreren markanten Punkten berechnet werden. Häufig sind in einer Berechnung mehrere Lastfälle zu berücksichtigen. Dazu kann empfohlen werden, unterschiedliche Lastfälle zunächst gesondert durchzurechnen und zu bewerten, und ihr
Zusammenwirken im Hinblick auf die örtliche Beanspruchungshöhe und den zeitlichen Beanspruchungsablauf erst in einer zweiten Stufe abzuhandeln.

Von grundsätzlicher Bedeutung ist eine vorab zu treffende Entscheidung, ob die
errechnete Beanspruchungshöhe lediglich einen Einfluß der Grobgestalt oder (auch)
einen Einfluß der Feingestalt aufzeigen soll. Abhängig davon ergibt sich die erforderliche Feinheit der Element-Struktur und das weitere Vorgehen, das entweder in
bekannter Weise auf eine Bewertung von Kerbspannungen ausgerichtet sein kann,
oder auf eine Bewertung von Strukturspannungen.

Um größere Bereiche einer Struktur mit vertretbarem Aufwand nach der Finite-
Element-Methode zu berechnen, wird zwangsläufig eine gröbere Elementierung
vorgesehen. Wahlweise ist dabei ein Rechnen mit Strukturspannungen oder auch
mit Strukturdehnungen gebräuchlich. Strukturspannungen bzw. -dehnungen sind
gewissermaßen als verfeinerte Nennspannungen bzw. Nenndehnungen zu verstehen
und mit eigens abgeleiteten zulässigen Spannungen zu beurteilen. Ein typischer
Anwendungsfall für Strukturspannungen oder -dehnungen ist die Berechnung
geschweißter Rohrknoten für Offshore-Konstruktionen.

Mit der gröberen Elementstruktur sind aber Kerbspannungen im Schweißnaht-
bereich der Rohrknoten oder Kerbspannungen, wie sie beispielsweise an dem Fahr-
zeugrahmen nach Bild 3.15 an den Nietstößen und in Profilecken auftreten, nicht
mehr korrekt erfaßbar. Wohl aber werden die aus der jeweiligen Gestalt bei Last-
übertragung und Verformung entstehenden Strukturspannungen erfaßt. Sie können
nach der Substrukturtechnik als Eingangsgrößen für eine ausführliche Berechnung
örtlicher Kerbbereiche dienen. Oder die Strukturspannungen werden einer unmittelbaren Beurteilung zugeführt, was jedoch eine strengere Festlegung darüber voraus-
setzt, wie Strukturspannungen zu definieren und zu berechnen sind. Im Sinne einer
solchen Definition sollen Strukturspannungen mit einem über die Dicke des
Balken-, Platten- oder Schalenquerschnitts linearen Spannungsansatz für die Bauteiloberfläche sowie unter Vernachlässigung von Kerbeinflüssen berechnet werden, ähnlich wie es für die Spannungen nach den technischen Tragwerkstheorien gilt [29].

Für das Strukturspannungskonzept spricht nicht zuletzt eine in der Regel gute
Übereinstimmung zwischen den errechneten und den mittels Dehnungsmeßstreifen
oder auch spannungsoptisch zu messenden Spannungen oder Dehnungen. Somit
können also die in der Konstruktionsphase berechneten Strukturspannungen oder
-dehnungen problemlos einer nachträglichen experimentellen Überprüfung unter-

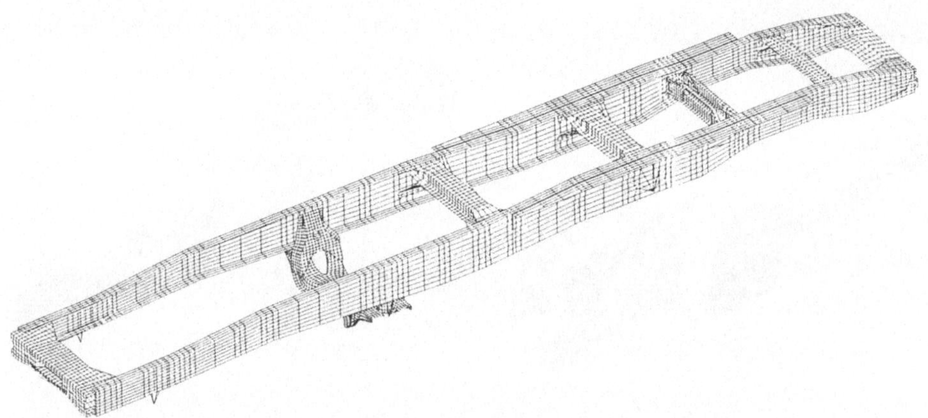

Bild 3.15:   Finite-Element-Struktur für die Festigkeitsberechnung eines Lastkraftwagenrahmens [29].

zogen werden, eine Möglichkeit, die für Kerbspannungen oft nur mit meßtechnischen Schwierigkeiten und für stark vereinfachend berechnete Nennspannungen nur mit wesentlichen Einschränkungen gegeben ist.

Meist wird es von erkennbarem Vorteil sein, einer quantitativen Betrachtung der sich örtlich abzeichnenden maximalen Beanspruchungshöhe zunächst eine Bewertung des sich insgesamt ergebenden Spannungsfeldes voranzustellen. Diese Bewertung kann in qualitativer Weise geschehen mit dem Ziel, in den erfaßten Elementen und Bereichen der Struktur auf eine ausgewogene Spannungsverteilung innerhalb zulässiger Spannungshöchstwerte hinzuwirken.

Linien gleicher Vergleichsspannungshöhe, wie sie von Postprozessoren gezeichnet werden, Bild 3.16, lassen z.B. auffallend hoch oder niedrig beanspruchte Bereiche der Struktur an Kerb- oder Krafteinleitungsstellen erkennen. Es sind dies Bereiche, in denen auf konstruktivem Wege durch Spannungsabminderung eine örtliche Überbeanspruchung vermieden bzw. durch Materialabspeckung eine insgesamt bessere Werkstoffausnutzung angestrebt werden sollte. Durch farbliche Unterscheidung der verschieden hoch beanspruchten Bauteilbereiche gewinnen solche Darstellungen eine besondere Anschaulichkeit.

Zu beachten ist aber, daß eine Vergleichsspannung, z.B. nach der Gestaltänderungsenergie-Hypothese, sich sowohl richtungs- wie vorzeichenneutral darbieten. Insofern können sie nur als Maximal- oder Oberspannungen bewertet werden. Über Größe, Richtung und Vorzeichen der Hauptspannungen bleibt gesondert abzuprüfen, welche Schwingbreiten der Beanspruchung aus dem Lastablauf, aus dem Zusammenfassen von Lastfällen oder aus der zeitlichen Aufeinanderfolge von Lastfällen entstehen.

Um Kerbspannungen mit ausreichender numerischer Genauigkeit zu erhalten, ist eine hinreichend feine Elementierung des Kerbgrundes vorzusehen. Mit einer verfeinerten Elementstruktur steigt aber auch der Rechenaufwand, insbesondere bei räumlichen Strukturen. Kerbspannungen werden deshalb vorzugsweise für Substruk-

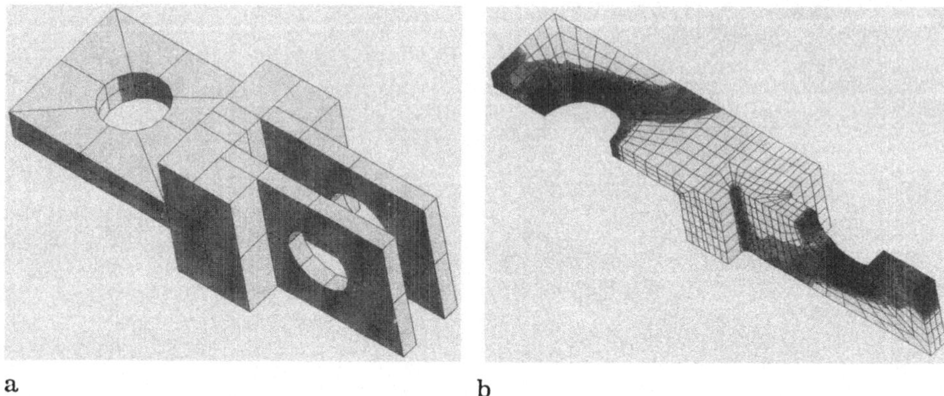

Bild 3.16:   Volumenmodell eines axial belasteten Kreuzgelenkstücks (a) mit abgegrenzten Linien gleicher Vergleichsspannung und daraus erkennbare Bereiche mit hoher bzw. niedriger Beanspruchung (b).

turen errechnet, für deren Berandung die Spannungen vorgegeben werden, denen sie in der Gesamtstruktur ausgesetzt sind, Bild 3.17.

Bei hoch ausgelasteten Bauteilen und bei realem Werkstoffverhalten werden Kerbspannungen in aller Regel die Elastizitätsgrenze des Werkstoffs übersteigen. Auch dieser Sachverhalt könnte in einer Finite-Element-Berechnung erfaßt werden. Doch wird den Erfordernissen des Betriebsfestigkeits-Nachweises durchaus auch mit Kerbspannungsberechnungen für das elastische Kontinuum entsprochen.

Bei einem Bewerten errechneter Kerbspannungen sollte der Umstand bedacht werden, daß die Berechnung in aller Regel von der zeichnerischen Idealform des Bauteils ausgeht. Ihr gegenüber kann die Realform des Bauteils u.U. merklich abweichen, so z.B. bei Bauteilen mit Schmiedeoberfläche, bei unbearbeiteten Gußstücken, bei Blechkonstruktionen und insbesondere bei Schweißkonstruktionen infolge von Verzug und Versatz an den Schweißstößen. Solche geometrischen Imperfektionen können die aus der Idealform errechnete Spannungsverteilung erheblich verfälschen. Treten sie in systematischer Weise auf, dann sind sie auch rechnerisch erfaßbar; sind sie von Bauteil zu Bauteil unterschiedlich ausgeprägt, so können sie nur in ihrer statistischen Natur zu berücksichtigt werden.

Extrem scharfe Kerben können einen ungewöhnlichen Rechenaufwand bedingen, insbesondere wenn neben der Formzahl auch noch das bezogene Spannungsgefälle errechnet werden soll, um die Kerbwirkungszahl zu bestimmen. Extrem scharfe Kerben sind z.B. am Wurzelspalt von Schweißverbindungen gegeben; ihre Berechnung und Bewertung stößt zudem noch auf die Schwierigkeit, daß die Kerbform zufolge der unregelmäßigen Feinform einer Schweißnaht nicht eindeutig bestimmbar ist. Kerbspannungen bei Schweißverbindungen lassen sich deshalb nur für ein idealisiertes Nahtprofil mit definierten Kerbradien errechnen. Entsprechend eingeschränkt ist eine absolute Bewertung solcher Kerbspannungen. Zweckdienlich

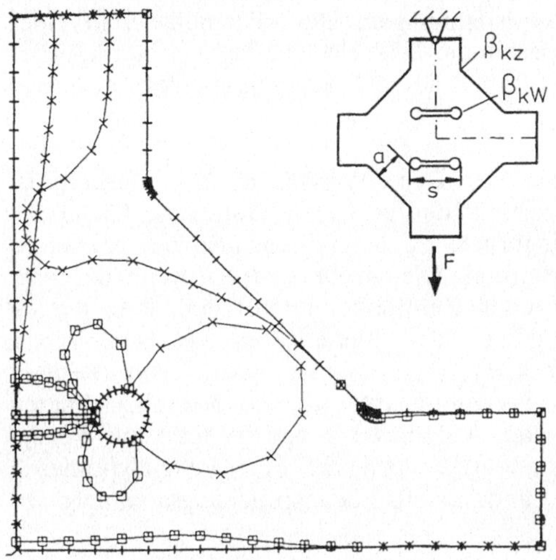

Bild 3.17: Boundary-Element-Struktur mit vergrößerten Kerbradien ρ_f und damit errechnete Rand-spannungen und Kerbwirkungszahlen β_k am zugbeanspruchten Kreuzstoß (Symmetrieviertel) [132].

kann jedoch eine relative Bewertung der Kerbspannungen sein, um den Einfluß der Grob- und Feingestalt auf die Höhe der auftretenden Spannung zu erkennen [131,132].

Eine Möglichkeit der Bewertung, die sich bei problematisch scharfen Kerben und insbesondere bei Schweißverbindungen anbietet, wurde von Radaj vorgeschlagen und dargestellt [133]. Der Grundgedanke dabei ist, die bei kleinen Kerbradien ange-zeigte Abminderung der Formzahl auf eine Kerbwirkungszahl dadurch zu ersetzen, daß nach Neuber [129] der tatsächliche Kerbradius um eine vom Werkstoff und der Beanspruchungsart abhängige Ersatzstrukturlänge vergrößert wird. Mit diesem vergrößerten Kerbradius wird eine Formzahl errechnet, die, als Kerbwirkungszahl angesetzt, die tatsächliche Schwingfestigkeitsminderung der Kerbe wiedergibt, Bild 3.17.

3.4.3 Mehrachsige Schwingbeanspruchung

Nicht selten erfahren Bauteile eine Beanspruchung aus mehreren Kräften bzw. Momenten, die sich in ihrer Größe unabhängig voneinander schwingend verändern und damit eine mehrachsige Beanspruchung des schwingbruchkritischen Bauteil-querschnitts erzeugen.

Eine mehrachsige Schwingbeanspruchung kann recht verschiedenartige und überaus komplexe Erscheinungsformen zeigen, aber bislang ist dazu selbst für den Fall eines isotropen Werkstoffs noch kein allgemeingültiges Berechnungsverfahren bekannt. Verfügbare Rechenverfahren sind vielmehr in ihrer Anwendbarkeit auf bestimmte Sonderfälle der mehrachsigen Schwingbeanspruchung beschränkt; ihre Unterschei-dung ergibt sich aus einer Betrachtung der sich unter Schwingbeanspruchung einstellenden Größe und Richtung der Hauptspannungen. Der allgemeine Fall einer mehrachsig-stochastischen Schwingbeanspruchung läßt sich derzeit in verläßlicher Form nur experimentell abhandeln. Einen Überblick des Kenntnisstandes vermitteln u.a. die Veröffentlichungen [134-136].

Ein Schwingbruch geht im Regelfall von der Bauteiloberfläche aus. Deshalb ist vornehmlich der zweiachsige Spannungszustand der lastfreien Bauteiloberfläche am mutmaßlichen Ausgangspunkt des Schwingbruchs zu betrachten, also bei gekerbten Bauteilen der Spannungszustand im Kerbgrund. Die Größe und Richtung der dort wirkenden Kerbspannungen ist zwar für jeden Zeitpunkt und für den dann gerade vorliegenden Belastungszustand eindeutig aus der Bauteilgeometrie bestimmbar, wobei zumeist elastisches Werkstoffverhalten vorausgesetzt wird. Weit weniger eindeutig ist vorhersagbar, wie sich der Werkstoff unter der so gekennzeichneten mehrachsigen Schwingbeanspruchung verhält. Mit dieser Frage ist man auf Festigkeits-Hypothesen angewiesen. Die Anwendungsgrenzen der Festigkeits-Hypothesen sind einerseits werkstoffabhängig und andererseits beanspruchungsabhängig zu betrachten.

Die bekannten Festigkeits-Hypothesen wurden ursprünglich für den Fall der zügigen Beanspruchung erstellt und experimentell bestätigt. In der Praxis finden die Normalspannungs-Hypothese auf das Bauteilversagen durch Sprödbruch, die Schubspannungs- oder die Gestaltänderungsenergie-Hypothese auf Bauteilversagen durch Fließen oder Schubbruch Anwendung. Die betreffenden Vergleichsspannungen errechnen sich nach bekannten Formeln [20,31,32,123,124,134-136].

Eine mehrachsiale Einwirkung von Schwinglasten muß nicht zwangsläufig auf eine mehrachsige Beanspruchung führen. Als Beispiel sind im Bild 3.18a für den Punkt A die aus F_x und F_y entstehenden Biegespannungen für jeden Zeitpunkt lediglich additiv zu überlagern, um die maßgebliche Beanspruchungs-Zeit-Funktion zu erhalten.

Selbst Bauteile, die aus einer einzelnen Kraft, einem einzelnen Moment oder allein aus Innendruck schwingend beansprucht sind, können im schwingbruchkritischen Querschnitt einer mehrachsigen Schwingbeanspruchung unterliegen. Beispiele sind der Querschnitt mit umlaufender Kerbe bei einem zylindrischen Zugstab, die Wand eines Behälters unter Innendruck, oder der Einspannquerschnitt eines außermittig beanspruchten Kragarms, Bild 3.18b. Eine proportionale Beanspruchung liegt auch dann vor, wenn zwar mehrere Kräfte oder Momente einwirken, diese sich aber streng synchron und stets in gleichem Verhältnis ändern, denn solche Kräfte und Momente könnten zu einer resultierenden Einzelkraft zusammengefaßt werden.

In all diesen Fällen einer proportionalen Beanspruchung ist der mehrachsige Beanspruchungszustand dadurch gekennzeichnet, daß die Hauptspannungen zu jedem Zeitpunkt der Schwingbeanspruchung in ihrer Richtung körperfest und in ihrer Größe verhältnisgleich sind. Die Schwingbeanspruchung kann entweder konstante oder stochastisch veränderliche Amplituden aufweisen, was für ihre rechnerische Behandlung keinen grundsätzlichen Unterschied ausmacht. Die Erfahrung lehrt, daß die klassischen Festigkeits-Hypothesen mit ausreichender Genauigkeit auf den Fall der proportionalen Schwingbeanspruchung anwendbar sind.

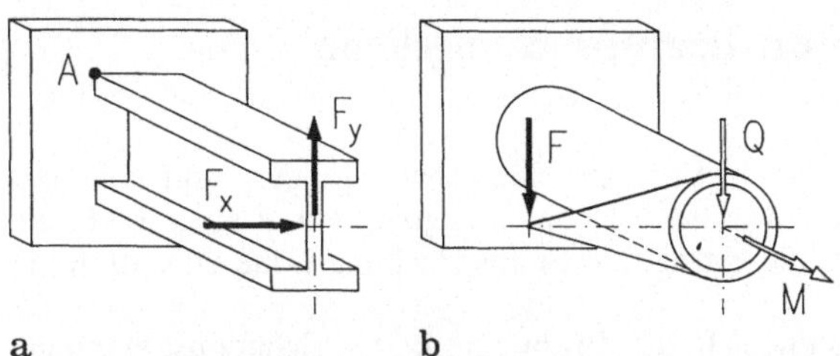

Bild 3.18: (a) Mehrachsial unabhängig schwingende Kräfte F_x und F_y an einem Biegeträger und additive Überlagerung der daraus im Punkt A entstehenden Biegespannungen. (b) Außermittige Beanspruchung eines Kragarmes durch Einzelkraft F oder gleichwertige, proportionale Beanspruchung durch Querkraft Q und Drehmoment M.

Schwierigere und heute noch keineswegs allgemein gelöste Probleme ergeben sich, wenn die Komponenten der mehrachsigen Beanspruchung phasenverschoben schwingen, wenn sie mit unterschiedlichen Mittelspannungen behaftet sind, wenn sie unterschiedliche Frequenzen aufweisen, oder wenn sie unterschiedlich mit jeweils veränderlichen Amplituden schwingen [134-142].

Diese Fälle einer komplex-mehrachsigen Schwingbeanspruchung sind gekennzeichnet durch einen Beanspruchungszustand, der als Tensor beschrieben, auch in seiner Richtung relativ zum körperfesten Achsensystem schwingt. Lösungsansätze sind bislang nur für Sonderfälle bekannt. Sie wurden bislang mit der Methode der kritischen Schnittebene [137,138] oder mit der Schubspannungsintensitäts-Hypothese [139,140] aufgezeigt. Ein Lösungsansatz auf der Basis von Invarianten wird für die Neuausgabe der VDI 2226 [141] erarbeitet. Ein weiterer vielversprechender Lösungsansatz ergibt sich nach dem Kerbgrund-Konzept [142].

Eine Empfehlungen für das praktische Vorgehen läßt sich wie folgt geben: Für eine Beurteilung anhand von ertragbaren oder zulässigen Spannungswerten ist es ein bewährter Grundsatz, die einzelnen Komponenten einer mehrachsigen Beanspruchung zunächst jeweils gesondert für sich abzuhandeln. Bei stochastischer Schwingbeanspruchung wird dazu für den jeweiligen zeitlichen Beanspruchungsablauf eine Schädigungsrechnung durchgeführt. Denn sollte schon eine der Komponenten für sich alleine eine unzulässige Höhe erreichen, würde sich jede weitere Rechnung erübrigen.

In jedem Fall und unabhängig von der Art des zeitlichen Beanspruchungsablaufs und seiner zeitlichen Zuordnung zum Beanspruchungsablauf der übrigen Komponenten wird aus dieser Einzelbetrachtung ersichtlich, welche Komponente der Beanspruchung den vorherrschenden Schädigungsanteil liefert. Entsprechend wird bei vorherrschender Schubbeanspruchung zweckmäßig auch mit einer Vergleichs-Schubspannung und mit einer Wöhler- oder Gaßnerlinie der ertragbaren Schubspannung weitergerechnet, wie umgekehrt bei vorherrschender Normalspannung auch die weitere Berechnung auf der Grundlage von Normalspannungen geschieht. Durch dieses Vorgehen werden nachteilige Einflüsse aus einer oft nur vereinfachend zutreffenden Festigkeits-Hypothese vermindert.

3.5 Ermitteln der ertragbaren Beanspruchungshöhe

Als Teilaufgabe 5 ist für die bezeichneten Beanspruchungsbedingungen, und abhängig von den vorliegenden konstruktiven, werkstofflichen, fertigungstechnischen und umgebungsbestimmten Gegebenheiten, die ertragbare Beanspruchungshöhe zu ermitteln.

Unter dieser Teilaufgabe verknüpfen sich die Problematik der Schadensakkumulation und die Problematik der Gestaltfestigkeit zu einer stufenweise abarbeitbaren Lösung der Gesamtproblematik, Bild 3.19: Ziel (Z) ist das Ermitteln einer Gaßnerlinie, die für das betrachtete Bauteil die Höhe der ertragbaren Beanspruchung unter den genannten Bedingungen bezeichnet. Der Ausgangspunkt in diesem Stufenschema wird durch die verfügbaren Betriebsfestigkeitsdaten bestimmt.

Im ungünstigsten Fall liegen nur werkstoffspezifische Schwingfestigkeitswerte aus Wöhler-Versuchen an glatten Stäben vor (A). Aus ihnen muß dann nach bekannten Methoden, Abschnitt 3.5.3 die Wöhlerlinie des Bauteils mit Hilfe der Formzahl

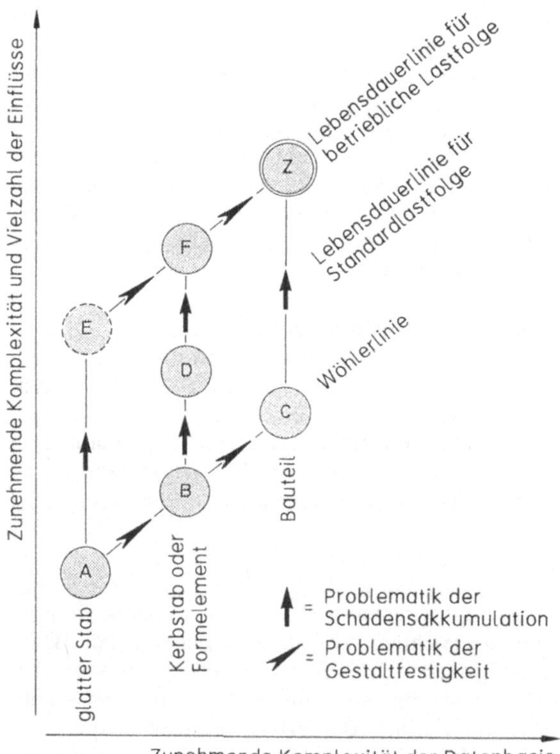

Bild 3.19: Problematik der Gestaltfestigkeit und Problematik der Schadensakkumulation, verknüpft in einem Stufenschema zur Ermittlung der ertragbaren Beanspruchungshöhe.

(Schritt A-B) und unter Berücksichtigung des Größeneinflusses, des Oberflächeneinflusses usw. (Schritt B-C) abgeschätzt werden. Diese Bauteil-Wöhlerlinie dient sodann als Grundlage für die Schadensakkumulations-Rechnung (Schritt C-Z), um die Gaßnerlinie des Bauteils zu erhalten.

Ähnlich kann auch die Lebensdauer eines Kerbstabes anhand der Kerbgrundbeanspruchung [1] aus der Dehnungs-Wöhlerlinie des glatten Stabes berechnet werden (Schritt A-E-F), wenngleich ohne Einbeziehung der Größen- und Oberflächeneinflüsse, die der anschließenden Umrechnung vom Kerbstab auf das Bauteil vorbehalten bleiben (Schritt F-Z). Eine ähnliche Konzeption gilt auch für die Berechnung der Lebensdauer unter Rißfortschritt anhand werkstoffspezifischer Rißfortschrittsdaten [1].

Es ist ohne weiteres einsichtig, daß einer solchen von (A) nach (Z) gehenden Ermittlung der Lebensdauer die vergleichsweise größten Unsicherheiten der Übertragbarkeit anhaften. Als Vorteil wird dem entgegengehalten, daß mit den Schwingfestigkeitsdaten für glatte Stäbe nur ein Minimum an werkstoffspezifischen Ausgangsdaten bereitgestellt werden muß.

Eine hinsichtlich der Übertragbarkeit günstigere Ausgangsbasis dürfte mit den Wöhlerlinien für Kerbstäbe oder Formelemente (z.B. Schweißverbindungen) gegeben sein (B), die bei neuzeitlicher Aufbereitung zudem noch in der Form normierter Wöhlerlinien vorliegen. Es kann daraus zunächst die Wöhlerlinie des Bauteils (Schritt B-C) und danach die Gaßnerlinie des Bauteils (Schritt C-Z) abgeleitet werden.

Die Problematik der Schadensakkumulations-Rechnung (Schritt C-Z) kann zu einem wesentlichen Teil entschärft werden, wenn die Ausgangsdaten als Gaßnerlinien (D) für eine komplexe Lastfolge, z.B. für die Standard-Lastfolge Twist, für ein Formelement mit verwickeltem Beanspruchungsmechanismus, z.B. für eine Nietverbindung, oder für spezielle Umgebungsbedingungen, z.B. für Meerwasserkorrosion, zur Verfügung stehen, Abschnitt 3.5.4. Es bedarf dann nur noch der weniger problematischen Umrechnung auf die aktuelle Kollektivform (Schritt D-F) und der Umrechnung auf den Bauteilmaßstab (Schritt F-Z).

Das praktische Vorgehen beim Abarbeiten der Teilaufgabe 5 mit dem Ziel, die ertragbare Beanspruchungshöhe (a) für das betrachtete Bauteil und (b) als Gaßnerlinie für die anzusetzende betriebliche Lastfolge, d.h. für den Zielpunkt Z im Bild 3.19, zu ermitteln, kann mithin in recht verschiedener Weise gestaltet werden. Ausschlaggebend ist dabei, welche Art von abgesicherten Schwingfestigkeitsdaten im Einzelfall entweder

- durch Versuche eigens geschaffen werden,
- durch Normen, Vorschriften oder Richtlinien gegeben sind,
- aus einer vorhandenen Datenbasis übernommen werden, oder
- auf anderem Wege rechnerisch gewonnen werden können.

In Ergänzung sind dementsprechend mehr oder weniger weitgehende rechnerische Abschätzungen zur Schadensakkumulation und Gestaltfestigkeit erforderlich.

3.5.1 Experimentelle Ermittlung im Einzelfall

Um die ertragbare Beanspruchungshöhe in Form der Gaßnerlinie unter einer vorgegebenen betrieblichen Beanspruchungs-Zeit-Funktion, d.h. unter der Fragestellung der Schadensakkumulation, experimentell zu ermitteln, kommen der Gaßnersche Blockprogramm-Versuch, Abschnitt 2.2, verschiedene Varianten des Zufallslasten-Versuchs, Abschnitt 2.3, sowie Versuche mit speziellen Lastfolgen, Abschnitt 2.4, in Betracht; für den einfachen Fall einer betrieblichen Beanspruchungs-Zeit-Funktion mit konstanter Amplitude (Einstufen-Beanspruchung) natürlich auch der Wöhler-Versuch, Abschnitt 2.1. Nicht auszuschließen ist dabei, daß die untersuchten Einflüsse der Schadensakkumulation wechselseitig von Einflüssen der Gestaltfestigkeit mitbestimmt werden.

Die Einflüsse aus dem Werkstoff und seiner Wärmebehandlung, aus der Bauweise, aus der Bauteilgestalt, aus der Fertigung und aus den Umgebungsbedingungen, d.h. Fragestellungen der Gestaltfestigkeit, sind ihrerseits letztlich verbindlich nur durch Versuche an Originalbauteilen oder an bauteilähnlichen Prüfkörpern zu erfassen. Die Versuche müssen sich zudem noch durch den Ansatz möglichst betriebsgleicher Beanspruchungsbedingungen auszeichnen; nur mit Einschränkung kommen auch Wöhler-Versuche oder Versuche an stark verkleinerten Modellen in Betracht.

3.5.2 Ertragbare Nennspannungen nach verfügbaren Unterlagen

Die im Einzelfall für einen Bauteilquerschnitt als ertragbar anzusetzende Nennspannung ergibt sich entweder aus geltenden Normen, Vorschriften, Richtlinien oder Empfehlungen, oder sie kann aus vorliegenden Versuchsdaten, aus datenbankweise gespeicherten Versuchsdaten [143], oder aus einer rechnerischen Abschätzung gewonnen werden. Diese Reihenfolge der Nennung sollte auch die Präferenzen des Anwenders bestimmen.

Die einfache Berechnung der Nennspannung hat dabei ihren Preis: Denn die mehr oder weniger große Abweichung der tatsächlichen Spannungsverteilung von der errechneten Nennspannung bedingt, daß die dauer- oder zeitfest ertragbare bzw. zulässige Nennspannung nicht nur vom Werkstoff, sondern auch ganz entscheidend von der Bauteilgestalt und der Beanspruchungsart abhängt, was eine nahezu unbegrenzte Vielfalt einer entsprechenden Datenbasis bedingt.

Wesentlich ist, daß Angaben über ertragbare Spannungen anhand von Gaßnerlinien stets nur in Bezug auf eine näher zu bezeichnende Kollektivform möglich sind; in der Regel handelt es sich um Gaßnerlinien für typisierte Einheitskollektive oder standardisierte Beanspruchungsfolgen. Gegebenenfalls muß also noch auf die konkret interessierende Kollektivform umgerechnet werden, was zweckmäßig nach der Relativen Miner-Regel geschieht, wozu aber neben der Gaßnerlinie auch noch die betreffende Wöhlerlinie (zumindest näherungsweise) bekannt sein muß, Abschnitt 2.6.2. Alternativ bleibt eine rechnerische Abschätzung der Gaßnerlinie ausgehend von der Wöhlerlinie, Abschnitt 3.5.4.

DIN 15 018 [32] sowie die ihr verwandte DASt-Richtlinie 011 [33] sind Beispiele für die wenigen Normen, Vorschriften, Richtlinien oder Empfehlungen, die mit

Daten von Gaßnerlinien konkrete Angaben über die unter einem Kollektiv als ertragbar bzw. zulässig anzusetzenden Spannungen machen. Nach der Systematik der p-Wert-Kollektive findet man dort die zulässigen Spannungen für ungeschweißte und geschweißte Bauteile aus Stahl St 37, St 52, St 460 und St 690 beziffert für die Kollektive S0 mit $p=0$, S1 mit $p=1/3$, S2 mit $p=2/3$ und S3 (Wöhlerlinie) mit $p=1$ Gewisse Einschränkungen ergeben sich jedoch aus neueren Auffassungen zum Einfluß von Mittel- und Eigenspannungen bei Schweißverbindungen, s. unten. Die meisten anderen und neueren Regelwerke, so z.B. auch der Eurocode 3 [36], beschränken sich auf die Angabe von Wöhlerlinien in Verbindung mit der Miner-Regel.

Gaßnerlinien für Werkstoffe und Bauelemente des Flugzeugbaus sind im Handbuch Strukturberechnung [21] enthalten. Eine Vielzahl von Gaßnerlinien findet man z.B. in zusammenfassenden Auswertungen [1,97,100-108] bzw. in dem dort angegebenen Schrifttum sowie in [26,143].

Als Beispiel für die durch Normen, Vorschriften oder Richtlinien vorgegebenen Wöhlerlinien seien hier die Wöhlerlinien für Schweißverbindungen aus Baustahl nach einer international erarbeiteten Empfehlung eines Ausschusses der Europäischen Konvention für Stahlbau (EKS) [35] angeführt; sie liegen auch dem Eurocode 3 [36] zugrunde.

Die EKS-Empfehlung beschreibt ein Schema paralleler Wöhlerlinien der Neigung $m \triangleq k=3$, die durch die Schwingfestigkeitskennwerte $\Delta S_R = 2 \cdot S_A$ als Schwingbreiten für $N_A = 2 \cdot 10^6$ Schwingspiele bestimmt sind. Die Schwingfestigkeitskennwerte ΔS_R sind nach der Normzahlreihe R20 abgestuft und bezeichnen zugleich die Kategorien (oder Kerbfälle), denen die stahlbautypischen Formen von Schweißverbindungen zugeordnet sind. Bei der vorgegebenen Kerbfallzuordnung sollen die Wöhlerlinien als Linien für eine Überlebenswahrscheinlichkeit $P_ü = 97,7\%$ (Mittelwert minus zwei Standardabweichungen) verstanden werden. Eine Angabe über den zugehörigen Mittelwert oder über den Wert der zugrunde gelegten Standardabweichung wird bedauerlicherweise vermißt. Unter Anziehung anderer Quellen läßt sich aber eine dem Linienschema der EKS-Empfehlung entsprechende normierte Wöhlerlinie etwa nach Bild 2.8b angeben [1]. Zum Vergleich ist ihr mit Bild 2.8a die bisherige Form der normierten Wöhlerlinie für Schweißverbindungen aus Baustahl [49,50] gegenübergestellt. Die zu verzeichnenden Unterschiede halten sich in relativ engen Grenzen, so daß für beide Darstellungsformen weitgehend die gleichen Schwingfestigkeitswerte $\Delta S_R = 2 \cdot S_A$ als zutreffend gelten können.

Beachtenswerte Unterschiede gegenüber der DIN 15 018 und den ihr verwandten Normen bestehen vor allem in drei Punkten: Zum einen unterscheidet sich die vorgenommene Kerbfallzuordnung einiger Verbindungsformen. Zum anderen bestehen Unterschiede im Verlauf der Wöhlerlinien, die sich nach DIN 15 018 (Kollektiv S3) mit einer Neigung $k=3,5$ und einem Abknickpunkt bei $N_D = 2 \cdot 10^6$ hingegen nach der EKS-Empfehlung aufgrund bruchmechanischer Überlegungen mit einer steileren Neigung $k=3$ und einem Abknickpunkt bei $N_D = 5 \cdot 10^6$ darstellen. Und drittens sind, mit dem Hinweis auf die in geschweißten Bauteilen zu unterstellenden ungünstigen Schweißeigenspannungen, bei der EKS-Empfehlung die als zulässig ausgewiesenen Schwingbreiten der Spannungen ΔS_R (bzw. $\Delta \epsilon_R$) im Bereich der Druckschwell- und Wechselbeanspruchung $-1 < R < 0$ aus erkannter Notwendigkeit z.T. erheblich gegenüber denen der DIN 15 018 erniedrigt. Entsprechend Bild 3.20, Kurve C, sind sie

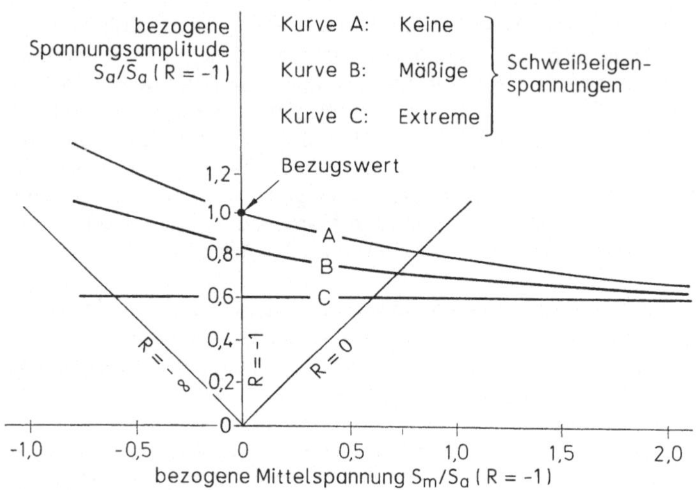

Bild 3.20:   Mittelspannungsabhängigkeit der ertragbaren Spannungsamplituden von Schweißverbindungen aus Baustahl nach bisheriger Auffassung und Regelung (Kurve A oder B) sowie nach neuer Regelung entsprechend dem $\Delta\sigma$-Konzept (Kurve C).

nunmehr in ihrer Höhe unabhängig vom Spannungsverhältnis R angesetzt, womit sich die Berechnung, nach dem sog. $\Delta\sigma$-Konzept [35,36], allein auf die Schwingbreite der Spannung beschränken darf.

Folgerichtig muß aber auch vorgesehen werden, daß die im Wechselbereich deutlich höheren zulässigen Spannungen nach Bild 3.20, Kurve A, dann in Ansatz gebracht werden dürfen, wenn verfahrensbedingt, wie beispielsweise bei einem abbrennstumpfgeschweißten Rohrstoß, oder nachweislich, z.B. aufgrund der Bauteilform und Schweißfolge oder weil ein Spannungsarmglühen vorgesehen wird, nur sehr geringe Schweißeigenspannungen vorliegen können.

Als weitere, insbesondere für gekerbte Bauelemente und Bauteile verfügbare Datenquellen sind wiederum die bereits für Gaßnerlinien genannten Veröffentlichungen [1,26,97,100-108] zu nennen, zusätzlich jedoch noch die Auswertungen in [50-57,126,127] und das dort jeweils angegebene Schrifttum sowie [143]. Sofern eine dem Schrifttum zu entnehmende Wöhlerlinie nicht schon als normierte Wöhlerlinie angegeben ist, empfiehlt es sich, eine solche erneute, normierte Auswertung vorzunehmen.

3.5.3 Rechnerische Abschätzung der Bauteilwöhlerlinie

Bei der rechnerischen Abschätzung einer Bauteilwöhlerlinie wird davon ausgegangen, daß sich ihre kennzeichnende Form und die ertragbare Beanspruchungshöhe abhängig erweisen

- von dem Werkstoff und seiner Wärmebehandlung,
- von der Bauteilgestalt und der Bauteilgröße,

- von den Eigenschaften der Bauteiloberfläche,
- von den Umgebungsbedingungen und
- von der Beanspruchungsart.

Die Wöhlerlinien geschweißter Bauteile sind, in sachlicher Übereinstimmung mit der EKS-Empfehlung [35] bzw. Eurocode 3 [36], anhand der normierten Wöhlerlinie nach Bild 2.8 abschätzbar, wenn dazu der Schwingfestigkeitskennwert ΔS_R bzw. $S_A = \Delta S_R/2$ für die vorliegende Bauteilgestalt und ihre Beanspruchungsbedingungen in zutreffender Weise bestimmt wird. Dies kann selbst für eine verwickelte Bauteilgestalt und für komplexe Beanspruchungsbedingungen geschehen durch Berechnen der Strukturdehnung $\epsilon_{örtl}$, Abschnitt 3.4.2, und unter Ansatz eines entsprechenden Schwingfestigkeitskennwertes, der nach heutigem Erkenntnisstand etwa mit $\epsilon_{A,örtl} = 0,315\%$ für $N = 2 \cdot 10^6$ und $P_ü = 50\%$ beziffert werden kann [49]. Weiterführende Arbeiten zum Strukturspannungskonzept sind derzeit im Gange [144].

Um die Dauerfestigkeit oder die vollständige Wöhlerlinie eines gekerbten Bauteils aus allgemeinen Kennwerten des betreffenden Werkstoffs bei gegebener Kerbwirkung und Oberflächenbeschaffenheit abzuschätzen, gibt es im Schrifttum zahlreiche Vorschläge, z.B. [22,31,123-129]. Alle Vorschläge beruhen auf einem empirisch gewonnenen Zusammenhang, wonach die Zug-Druck-Dauerwechselfestigkeit oder die Biege-Dauerwechselfestigkeit einer ungekerbten Probe korreliert mit der Zugfestigkeit, mit der Streckgrenze oder mit einer arithmetischen Kombination von Zugfestigkeit und Streckgrenze, u.U. auch noch unter Hinzunahme der Bruchdehnung und Einschnürung. Davon ausgehend wird die vorliegende Beanspruchungsart, die Kerbwirkung, der Größeneinfluß, der Oberflächeneinfluß und der Mittelspannungseinfluß über Beiwerte in Ansatz gebracht. Sodann ist gegebenenfalls über die Neigung der Zeitfestigkeitslinie und die Lage des Abknickpunktes sowie über die anzusetzende Sicherheitszahl zu entscheiden. Die praktische Anwendung wird sich wohl stets auf ein entsprechendes Rechnerprogramm abstützen [37].

Aufgrund des in [1] aufgezeigten Erkenntnisstandes ist es angezeigt, diese Vorschläge in einen neuen Vorschlag wie folgt fortzuschreiben:

Eine wesentliche Veränderung bei dem neuen Vorschlag besteht in der Handhabung des Kerbeinflusses: Wie im Abschnitt 3.4.1 und in [1] begründet, wird der Ansatz einer Kerbwirkungszahl $ß_k$ gleich der Formzahl α_k empfohlen; unbeschadet dessen bleibt natürlich der Ansatz einer Kerbwirkungszahl $ß_k < \alpha_k$ freigestellt.

Weiterhin sollte der Mittelspannungseinfluß mit dem neu vorgestellten Formelansatz (2.21) bzw. (2.22), Abschnitt 2.1, berücksichtigt werden, weil dieser die Mittelspannungsabhängigkeit der ertragbaren Spannungsamplituden in weit besserer Übereinstimmung mit gut belegten Haigh-Schaubildern beschreibt, als beispielsweise die Goodman-Gerade in der TGL 19 340 oder im Vorschlag von Lang oder der Formelansatz nach Troost und El-Magd im Vorschlag von Hück, Thrainer und Schütz. Auch kann damit die Auswirkung extremer Zug- oder Druck-Eigenspannungen auf Wöhlerlinien abgeschätzt werden, indem die Ober- bzw. Unterspannung in Höhe der Streckgrenze angesetzt wird. Eine Begrenzung der Oberspannung in Höhe der Streckgrenze oder der Zugfestigkeit über das Haigh-Schaubild entfällt jedoch, da sie sich aus dem Maximalspannungs-Nachweis, z.B. nach (2.18), ergeben muß.

Und schließlich sollte die Neigung der Zeitfestigkeitslinie nach den Gesetzmäßigkeiten normierter Wöhlerlinien werkstoffspezifisch, aber unabhängig von der Formzahl vorgegeben und der Abknickpunkt nach bruchmechanischen Überlegungen in Abhängigkeit von der Rauhtiefe der Oberfläche und dem technologischen Größeneinfluß angesetzt werden.

In Tabelle 3.1 sind mit den Varianten a), b) und c) für Bauteile aus Stahl die nach TGL 19 340 [31] bzw. nach Hück, Thrainer und Schütz [127] abgeschätzten Dauerfestigkeitswerte zusammengestellt; der Vorschlag von Lang [126] ist bei dem vorliegenden, breiten Parameterfeld nicht geeignet.

Die genannten Varianten unterscheiden sich nicht nur in der Form des Rechenganges sondern auch dahingehend, wie die Einflüsse des Werkstoffs, der Kerbwirkung, der Oberflächenbeschaffenheit, der Mittelspannung, und der Bauteilgröße zahlenmäßig und vor allem in ihrer Interaktion bewertet werden. Bei einer Variationsbreite vergleichbarer Werte bis 1:2 ergeben sich nicht nur Widersprüche der Varianten untereinander sondern auch zu vorliegenden Erkenntnissen. Die TGL 19 340 hat anerkannterweise den höchsten Entwicklungsstand, unterbewertet aber den Mittelspannungseinfluß nach Bild 2.16. Der Vorschlag von Hück, Thrainer und Schütz weist keinen technologischen Größeneinfluß aus. Bemerkenswert ist auch die recht verschiedene, formzahlabhängige Bewertung der Oberflächenrauhigkeit.

Für die TGL 19 340 [31] wird angegeben, daß sie eine Abschätzung für $C=90\%$ Vertrauenswahrscheinlichkeit liefert. Im Gegensatz dazu basierten die früheren Vorschläge auf einer Abschätzung für 50% Vertrauenswahrscheinlichkeit. Für die abgeschätzten Dauerfestigkeitswerte von Stahl werden von Lang sowie von Hück, Thrainer und Schütz praktisch übereinstimmend eine Standardabweichung von rund 15% des jeweiligen Wertes ausgewiesen. Dieser Sachverhalt ist nach Abschnitt 3.6 gleichbedeutend mit einer anzusetzenden Streuspanne $T_S=1{:}1{,}4$. Für eine verläßliche Bauteilauslegung ist er (außer bei der TGL 19 340) dahingehend zu berücksichtigen, daß mit einer Sicherheitszahl $j_C=1{,}2$ auf einen Mittelwert umgerechnet wird, der mit einer Vertrauenswahrscheinlichkeit $C=90\%$ als ertragbar angesehen werden darf. Aus Gründen der Vergleichbarkeit wurde bei Tabelle 3.1 einheitlich mit $\sigma_W=0{,}36\cdot R_m$, d.h. im Fall c) mit etwa $j_C=1{,}25$ gerechnet.

Wird die so für $C=90\%$ abgeschätzte Wöhlerlinie einer anschließenden Schadensakkumulations-Rechnung zugrunde gelegt, so sollten dabei dann Werte D_B bzw. Q_0 für $C=50\%$ in Ansatz kommen, Abschnitt 2.6.2, weil eine zweifache Umrechnung auf $C=90\%$ kaum gerechtfertigt erscheint.

Um für Bemessungszwecke von einer als ertragbar abgeschätzten Spannung auf die zulässige Spannung umzurechnen, muß zusätzlich die statistisch begründete Sicherheitszahl j_S nach Abschnitt 3.6 in Ansatz kommen.

In gleicher Weise wie für die rechnerische Abschätzung einer Wöhlerlinie eignen sich die genannten Vorschläge auch, um von einer verfügbaren, aber nicht ganz zutreffenden Wöhlerlinie auf die Wöhlerlinie für die interessierende Bauteilsituation (Werkstoff, Formzahl, Mittelspannung, Größeneinfluß, Oberflächenbeschaffenheit) umzurechnen. In Verbindung mit entsprechenden werkstoffspezifischen Daten erscheint eine solche Art der Abschätzung nicht nur für Bauteile aus Stahl, sondern auch aus anderen Werkstoffen anwendbar.

Tabelle 3.1: Dauerfestigkeitswerte für Bauteile aus Stahl, abgeschätzt a) nach TGL 19 340 / 03 [31] mit Kerbwirkungszahlen n. Kogaev u. Serensen b) nach TGL 19 340 / 03 [31] mit Kerbwirkungszahlen n. Stieler und c) nach Hück, Thrainer und Schütz [127], jeweils für verschiedene Zugfestigkeiten R_m, Formzahlen α_k, Bauteilgrößen d, Oberflächenrauhigkeiten R_z (μm) und Spannungsverhältnisse R.

$\alpha_k =$	1	1	1	1	1	1	2	2	2	2	2	2	4	4	4	4	4	4
$R_z =$	1	1	20	20	200	200	1	1	20	20	200	200	1	1	20	20	200	200
$R =$	-1	0	-1	0	-1	0	-1	0	-1	0	-1	0	-1	0	-1	0	-1	0

Werte S_D in N/mm^2 für Stahl mit R_m = 400 N/mm^2 $R_{p0,2}$ = 269 N/mm^2

a) d=7,5 mm	144	118	132	110	122	103	82	74	78	70	74	68	50	47	48	45	47	44
b) d=7,5 mm	144	118	132	110	122	103	88	78	83	74	79	71	57	53	55	51	53	50
c) d=7,5 mm	144	138	121	116	104	100	107	103	96	92	87	84	67	65	64	62	62	59
a) d=75 mm	116	99	106	92	99	86	47	44	45	43	44	41	27	26	26	25	26	25
b) d=75 mm	116	99	106	92	99	86	62	57	59	55	57	33	34	33	34	32	33	31
c) d=75 mm	144	138	121	116	104	100	89	86	83	80	77	74	52	50	50	48	49	47
a) d=750 mm	108	93	99	87	92	81	35	33	34	32	33	32	19	18	19	18	18	18
b) d=750 mm	108	93	99	87	92	81	55	51	53	49	51	47	29	28	28	27	27	26
c) d=750 mm	144	138	121	116	104	100	72	69	69	66	65	63	36	35	36	34	35	34

Werte S_D in N/mm^2 für Stahl mit R_m = 800 N/mm^2 $R_{p0,2}$ = 547 N/mm^2

a) d=7,5 mm	288	236	238	203	200	175	159	143	142	130	128	118	91	86	85	81	80	76
b) d=7,5 mm	288	236	238	203	200	175	157	141	141	128	127	117	89	84	84	79	79	75
c) d=7,5 mm	288	244	219	186	176	149	213	181	180	153	154	130	135	114	125	106	115	98
a) d=75 mm	233	199	193	169	162	145	98	92	90	85	83	79	55	53	52	50	50	48
b) d=75 mm	233	199	193	169	162	145	120	111	108	101	98	92	63	60	59	57	56	54
c) d=75 mm	288	244	219	186	176	149	179	151	158	134	139	118	103	88	99	84	94	79
a) d=750 mm	216	187	179	159	150	136	76	72	70	67	65	63	41	40	39	38	38	37
b) d=750 mm	216	187	179	159	150	136	109	102	99	93	89	84	55	53	52	51	50	48
c) d=750 mm	288	244	219	186	176	149	144	122	133	112	121	102	72	61	70	60	68	58

Werte S_D in N/mm^2 für Stahl mit R_m = 1200 N/mm^2 $R_{p0,2}$ = 835 N/mm^2

a) d=7,5 mm	432	354	336	289	262	233	230	208	200	183	171	159	126	119	116	110	106	101
b) d=7,5 mm	432	354	336	289	262	233	224	203	195	179	167	156	118	112	110	105	100	96
c) d=7,5 mm	432	327	309	234	236	178	320	242	259	196	211	160	202	153	184	139	164	124
a) d=75 mm	349	298	271	241	212	193	156	145	138	130	121	115	84	81	78	76	72	70
b) d=75 mm	349	298	271	241	212	193	176	163	154	144	133	125	90	86	84	81	77	75
c) d=75 mm	432	327	309	234	236	178	268	203	229	174	194	147	155	118	146	111	136	103
a) d=750 mm	324	280	252	225	196	180	125	118	112	107	100	96	66	64	63	61	58	57
b) d=750 mm	324	280	252	225	196	180	163	152	142	134	123	116	82	79	76	74	70	68
c) d=750 mm	432	327	309	234	236	178	216	164	194	147	171	130	108	82	105	79	101	76

Werte S_D in N/mm^2 für Stahl mit R_m = 1600 N/mm^2 $R_{p0,2}$ = 1133 N/mm^2

a) d=7,5 mm	576	472	427	370	313	282	297	270	252	232	207	194	155	147	142	135	126	121
b) d=7,5 mm	576	472	427	370	313	282	292	265	248	229	205	191	149	142	137	131	122	118
c) d=7,5 mm	576	395	393	270	287	197	426	292	334	229	261	179	269	184	241	165	209	143
a) d=75 mm	465	398	345	308	253	233	219	204	188	177	157	149	114	110	105	101	94	92
b) d=75 mm	465	398	345	308	253	233	234	217	199	186	164	156	118	113	108	104	97	94
c) d=75 mm	576	395	393	270	287	197	357	245	298	204	243	166	207	142	193	132	175	120
a) d=750 mm	432	374	320	288	235	217	187	176	163	155	137	131	97	94	90	87	82	79
b) d=750 mm	432	374	320	288	235	217	216	202	184	174	152	145	108	105	100	97	89	87
c) d=750 mm	576	395	393	270	287	197	288	197	254	174	217	149	144	99	139	95	132	90

Die rechnerische Abschätzung einer Bauteil-Wöhlerlinie anhand von Kerbspannungen verläuft praktisch wie die Abschätzung anhand von Nennspannungen, zumal sich die Wöhlerlinien oder Gaßnerlinien der ertragbaren Kerbspannung einfach aus der Umrechnung mit der Formzahl ergeben. Ähnliches gilt auch für eine Bauteil-Wöhlerlinie anhand von Strukturspannungen; zur Frage der ertragbaren bzw. zulässigen Höhe der Strukturspannungen für gekerbte Bauteile sind aber z.Zt. noch fallweise gesonderte Überlegungen erforderlich. Da Kerbspannungen in aller Regel, und meist auch Strukturspannungen, die Streckgrenze des Werkstoffs übersteigen und auch übersteigen dürfen, verlangt die Begrenzung der Maximalspannung durch die Formdehngrenze beim Rechnen mit Kerbspannungen eine besondere Beachtung. Bei einem Rechnen mit der elastisch-plastischen Kerbgrundbeanspruchung [1] wird dieser Umstand explizit berücksichtigt.

Die Nennspannungs-Wöhlerlinie eines rißbehafteten Bauteils läßt sich bei vorgegebener Größe des Anrisses bruchmechanisch durch Integration der Rißfortschritts-gleichung errechnen [1], wenn dazu die an der Rißspitze wirksame Beanspruchung durch den Spannungsintensitätsfaktor gekennzeichnet wird. Die Bauteil- und die Rißgeometrie sowie die einwirkende Belastung werden dabei über den analytisch zu bestimmenden Spannungsintensitätsfaktor berücksichtigt, der Werkstoffeinfluß über die in Ansatz kommenden Rißfortschrittsdaten.

3.5.4 Rechnerische Abschätzung der Gaßnerlinie

Für rechnerische Abschätzungen von Gaßnerlinien sind die in Betracht kommenden Verfahren der Schadensakkumulations-Rechnung mit der elementaren, der modifizierten und der konsequenten Form der Miner-Regel im Abschnitt 2.5 abgehandelt. Entsprechend den mit Bild 3.19 aufgezeigten Situationen geht es im Anwendungsfall entweder

- um die Berechnung der Gaßnerlinie für die betriebliche Lastfolge ausgehend von der verfügbaren Wöhlerlinie des Bauteils,
- um die Berechnung der Gaßnerlinie für die betriebliche Lastfolge ausgehend von der verfügbaren Wöhlerlinie eines bauteilähnlichen Kerbstabes oder Formelementes, oder
- um die Berechnung der Gaßnerlinie für die betriebliche Lastfolge ausgehend von der verfügbaren und für ein Einheitskollektiv ermittelten Gaßnerlinie eines bauteilähnlichen Kerbstabs oder Formelementes und seiner Wöhlerlinie.

Die zur Schadensakkumulations-Rechnung benötigte Bauteil-Wöhlerlinie ergibt sich entweder aus Normen, Vorschriften, Richtlinien oder Empfehlungen, aus Versuchsdaten oder ihrerseits aus einer rechnerischen Abschätzung, Abschnitt 3.5.3. Auch bei einer Umrechnung von der bekannten Gaßnerlinie für ein Einheitskollektiv muß die jeweils zutreffende Wöhlerlinie bekannt sein; insofern ist das Bestimmen der Wöhlerlinie als ein wesentlicher und unverzichtbarer Arbeitsschritt bei einer experimentellen Betriebsfestigkeits-Untersuchung mittels Einheitskollektiv oder Standard-Lastfolge anzusehen.

3.6 Ableiten der angemessenen Sicherheitszahl

Als Teilaufgabe 6 gilt es, aus einer Betrachtung der verschiedenartigen Streueinflüsse eine jeweils angemessene Sicherheitszahl für den Vergleich der einwirkenden und der ertragbaren Beanspruchung abzuleiten. Diese Teilaufgabe entspringt der Erkenntnis, daß sowohl die Höhe der einwirkenden Betriebsbeanspruchung wie auch die Höhe der ertragbaren Schwingbeanspruchung einer meist beträchtlichen Streuung unterliegen. Eine sinnvolle Aussage über die Lebensdauer eines schwingbeanspruchten Bauteils ist deshalb nur auf statistischer Grundlage möglich, indem die Lebensdauerangabe verknüpft wird mit einer Angabe der zugehörigen Ausfallwahrscheinlichkeit [1,145].

Die Ausfallwahrscheinlichkeit des Bauteils, die sich dabei für das Ende der verlangten oder voraussehbaren Nutzungsdauer ergibt, stellt ein Maß seiner Zuverlässigkeit dar. Welche Werte der Ausfallwahrscheinlichkeit technisch und wirtschaftlich vertretbar sind, richtet sich danach, wie die Folgen eines denkbaren Bauteilversagens einzuschätzen sind:

- Für Konstruktionen oder Bauteile, durch deren Versagen Menschenleben gefährdet oder großer wirtschaftlicher Schaden verursacht werden kann, ist nur eine extrem niedrige Ausfallwahrscheinlichkeit vertretbar. Für Konstruktionen und Bauteile, deren Versagen kein derartiges Sicherheitsrisiko beinhaltet, wird möglicherweise eine geforderte hohe Verfügbarkeit der betreffenden Einrichtung für die niedrige vertretbare Ausfallwahrscheinlichkeit bestimmend.

- Für Konstruktionen oder Bauteile, die im betrieblichen Einsatz für eine regelmäßige Prüfung nicht oder nur sehr schwer zugänglich sind, ist die vertretbare Ausfallwahrscheinlichkeit niedriger zu veranschlagen als für Konstruktionen oder Bauteile, die solche regelmäßigen Prüfungen erfahren.

- Statisch bestimmte und alle sonstigen Konstruktionen oder Bauteile, bei denen ein Schwingbruch katastrophale Folgen hätte, sind nach dem Prinzip des "sicheren Bestehens" auszulegen (Englisch: safe life design). Sie dürfen deshalb nur eine sehr geringe Ausfallwahrscheinlichkeit, etwa von der Größenordnung 10^{-4} bis 10^{-7}, besitzen.

- Mehrfach statisch unbestimmte und sonstige Konstruktionen, bei denen die Funktion eines angerissenen oder gebrochenen Teiles bis zur Entdeckung und Behebung des Schadens von parallelgeschalteten Teilen erfahrungsgemäß oder nachweislich übernommen wird, entsprechen dem Prinzip des "beschränkten Versagens" (Englisch: fail safe design). Sie erlauben für das Einzelteil eine etwas höhere Ausfallwahrscheinlichkeit, etwa von der Größenordnung 10^{-2} bis 10^{-5}.

- Für Bauteile, die in großen Stückzahlen gefertigt werden, wird ein oberer Grenzwert der Ausfallwahrscheinlichkeit unter Umständen allein durch die absolute Zahl der Ausfälle bestimmt, die im statistischen Mittel zu erwarten wären bzw. die technisch wie wirtschaftlich und unternehmerisch als hinnehmbar erachtet werden.

Unabdingbare Voraussetzungen für die Zulässigkeit derartiger Überlegungen und Entscheidungen sind jedoch, daß den im Abschnitt 3.6.5 angesprochenen Erfordernissen der Qualitätssicherung entsprochen wird und daß darüber hinaus ein "schadenstolerantes Bauteilverhalten" (Englisch: damage tolerance) unterstellt werden darf. Für dieses schadenstolerante Bauteilverhalten muß durch eine geeignete Werkstoffwahl und durch eine geeignete Bauweise sichergestellt sein, daß ein vorhandener oder entstandener Anriß sich nur langsam vergrößert und daß bis zur Entdeckung des Risses bzw. bis zum Ende der Nutzungsdauer jederzeit noch eine ausreichende Restfestigkeit gegeben ist.

Eine statistische Belegung von Wöhler- und Gaßnerlinien ist heute für jede qualifizierte Betriebsfestigkeits-Untersuchung selbstverständlich, Kapitel 2 und Abschnitt 3.6.2. Daneben sind aber auch die durch Rechnung, Simulation oder Messung bestimmten Betriebsbeanspruchungen mit ihrer statistischen Streuung bzw. mit ihrer statistischen Unsicherheit in Ansatz zu bringen, Abschnitt 3.6.1.

Anstelle einer herkömmlichen, meist empirisch abgeleiteten Sicherheitszahl läßt sich sodann, abgestimmt auf die Streuung der einwirkenden und auf die Streuung der ertragbaren Beanspruchung, die in einem Betriebsfestigkeits-Nachweis anzusetzende Sicherheitszahl statistisch begründet und fallbezogen in Abhängigkeit von dem als vertretbar angesehenen Wert der Ausfallwahrscheinlichkeit ableiten. Nach Abschnitt 3.6.5 kann sie als eine spannungsbezogene Sicherheitszahl j_S oder als eine lebensdauerbezogene Sicherheitszahl j_L definiert werden.

Diese statistisch begründete Sicherheitszahl ist als eine Mindest-Sicherheitszahl anzusehen. Sofern ihrer Ableitung die tatsächliche, aus einer Messung nach Mittelwert und Streubreite bestimmte Betriebsbeanspruchung zugrunde liegt und die ertragbare Spannungsamplitude in Betriebsfestigkeits-Versuchen mit dem Originalbauteil für das betreffende Beanspruchungskollektiv auf statistisch verläßliche Weise bestimmt ist, bedarf es im Grunde keiner weiteren Sicherheitszuschläge. Eine systematische Fehleinschätzung von Einflußgrößen wird verständlicherweise von einer statistisch begründeten Mindest-Sicherheitszahl nicht abgedeckt; zusätzliche Sicherheitszuschläge müssen dazu in einer angemessenen Größe in Ansatz kommen.

Zur Ableitung der statistisch begründeten Sicherheitszahl wird mit den nachstehenden Ausführungen eine in sich geschlossene und praktisch bewährte Konzeption mit Hinweis auf ihre statistischen Grundlagen dargestellt. Sie erweist sich in bester Übereinstimmung mit den Grundsätzen eines ingenieurmäßigen Sicherheitsdenkens.

3.6.1 Streuung der einwirkenden Betriebsbeanspruchung

Die Vorstellungen, die sich über die Streubreite der einwirkenden Betriebsbeanspruchung herausgebildet haben, beruhen auf entsprechenden Beanspruchungsmessungen oder auf nachträglichen statistischen Analysen von Betriebsbrüchen, wenn diese an Serienteilen in größerer Zahl aufgetreten sind. Denn in Umkehr der Betrachtung, die mit den nachstehenden Bildern 3.25 und 3.26 dargestellt ist, kann rückwirkend aus der Streuverteilung der erhaltenen Lebensdauerwerte zusammen mit der (bekannten) Streubreite der ertragbaren Schwingbeanspruchung auch die Streubreite der einwirkenden Betriebsbeanspruchung abgeschätzt werden.

Erwartungsgemäß stellt sich heraus, daß beispielsweise bei Verkehrsflugzeugen, Fahrzeugen oder Maschinen, die weitgehend einheitlich eingesetzt sind, auch mit recht einheitlichen Betriebsbeanspruchungen gerechnet werden darf. Hingegen können sich für Fahrzeuge oder Maschinen, die von ihren privaten Eigentümern in unterschiedlicher Weise eingesetzt werden, unter Umständen beachtlich streuende Betriebsbeanspruchungen ergeben, wobei dann außer dem Kollektivhöchstwert auch noch die Kollektivform und der Kollektivumfang fallweise unterschiedlich sein mag.

Im Schrifttum gibt es aber kaum Abhandlungen über Messungen, die konzipiert wurden, um die Streuverteilung der Betriebsbeanspruchungen zu erfassen. Eines der wenigen Beispiele ist ein von Wimmer beschriebenes Meßprogramm zur Ermittlung der Bremsdruck-Kollektive für drei Typen von Personenwagen [146].

Dazu waren möglichst viele Messungen auf öffentlichen Straßen mit Kunden als Fahrer durchzuführen. Mit jedem der drei Fahrzeugtypen fuhren 100 Kunden, sowohl Frauen wie Männer, die diesen Typ auch privat benutzten. Die befahrene Strecke umfaßte ca. 80 km Autobahn, ca. 100 km Landstraße, ca. 22 km Stadtverkehr und 9 km Schlechtwegstrecke. Der Bremsdruck wurde gemessen und nach dem Klassendurchgangs-Verfahren klassiert. Er ist sowohl der Dehnung an der Bremsfaust proportional, wie auch - bis zur Rutschgrenze - der Dehnung am Bremshalter. Unter Ansatz einer fiktiven Wöhlerlinie wurde für jede Meßfahrt eine Schädigungssumme nach der Miner-Regel errechnet. Im Wahrscheinlichkeitsnetz aufgetragen, Bild 3.21, lassen sich die erhaltenen Schädigungssummen in guter Annäherung durch eine logarithmisch normale Streuverteilung mit einer Streuspanne $T_D = 1:8$ beschreiben.

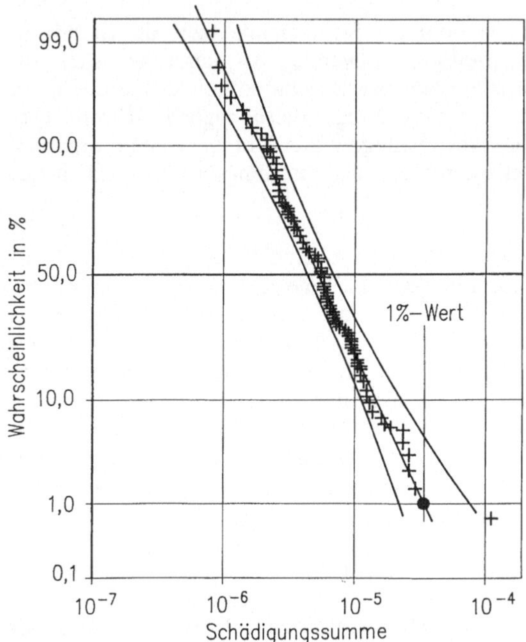

Bild 3.21: Streuverteilung der Schädigungssummen für Bremsenteile, ermittelt aus den gemessenen Bremsdruck-Kollektiven von 100 Kunden [146].

Da die Schädigungssumme und die Lebensdauer einander umgekehrt proportional sind, folgt aus Bild 3.21 auch eine logarithmisch normale Streuung der Lebensdauer mit der beachtlichen Streuspanne von $T_L=1{:}8$, die insoweit allein aus der streuenden Betriebsbeanspruchung entsteht. Mit einer Neigung der Gaßnerlinie $\bar{k}=5$ umgerechnet, ergibt sich daraus eine Streuspanne der Beanspruchungshöhe $T_{S,B}=1{:}1{,}5$. Entsprechend unterschiedlich und wenig repräsentativ sind die im einzelnen gemessenen Bremsdruck-Kollektive.

Die aufgetragenen Schädigungssummen in Verbindung mit den gemessenen Extremwerten ermöglichten des weiteren, das Bremsdruck-Kollektiv für den sogenannten 1%-Kunden zu ermitteln. Seiner Ableitung gemäß gilt es für 300 000 km repräsentativ gemischte Fahrstrecke und mit einer Auftretenswahrscheinlichkeit von $P_e=1\%$, d.h. für denjenigen unter 100 Kunden, bei dessen Fahrweise das am stärksten schädigende Kollektiv entsteht. In diesem Mischkollektiv lieferten die Stadtfahrt und die Landstraße die dominierenden Kollektivanteile.

3.6.2 Streuung der ertragbaren Schwingbeanspruchung

Angaben über die ertragbare Schwingbeanspruchung eines Bauteils stützen sich normalerweise auf Daten aus Wöhler- oder Betriebsfestigkeits-Versuchen. Bei einer neuzeitlichen statistischen Planung solcher Versuche, Abschnitte 2.1 bis 2.4, wird daraus auch Aufschluß über die Streubreite der ertragbaren Schwingbeanspruchung erhalten.

Ist mangels Versuchsdaten eine Annahme über die Streuspanne bzw. die Standardabweichung der anzusetzenden Streuverteilung notwendig, so kann sie sich auf gewisse Erfahrungswerte abstützen, die sich nach der Beschaffenheit des Bauteils im Bruchquerschnitt richten. Tabelle 3.2 vermittelt einige diesbezügliche Erfahrungswerte, die sich bei zusammenfassenden Auswertungen aus Versuchsdaten ergaben, wenn allein Werkstoff- und Oberflächeneinflüsse als streuungsbestimmend angesehen werden dürfen.

Außer durch Werkstoff- und Oberflächeneinflüsse kann eine Streuspanne auch entscheidend durch fertigungsbedingte Streueinflüsse auf die Bauteilgestalt bestimmt oder mitbestimmt sein. Bild 3.22 [147] gibt das Ergebnis einer Untersuchung wieder, für die 130 geschmiedete Lenkhebel über eine Produktionszeit von 2 Jahren mit 2 Stücken pro Woche wahllos der Großserien-Fertigung entnommen wurden. In dieser Zeitspanne wurden 45 Stahlchargen verarbeitet und 53 Gesenkwechseln vorgenommen. Den Betriebsfestigkeits-Versuchen lag die Normverteilung zugrunde. Mit der eingeprägten Prüfkraft aufgetragen, zeigt sich zwischen dem Kleinstwert und dem Größtwert der Lebensdauer eine Streubreite von 1:50 und in den Grenzen $P_{\ddot{u}}=90\%$ und 10% eine Streuspanne $T_N=1{:}5{,}5$.

Die beachtliche Streubreite der Lebensdauerwerte erwies sich durch schwankende Abmaße des Bruchquerschnitts bedingt, sowie durch eine uneinheitliche Kerbform am Übergang zum maßgleich bearbeiteten Schraubenbuzzen. Diese Streuung der Bauteilgestalt war durch Abnutzung und Wechsel des Gesenks begründet. Wurden die tatsächlichen Querschnittsmaße berücksichtigt und die Lebensdauer auf die damit zu errechnende Nennspannung bezogen, dann reduzierte sich die Streubreite

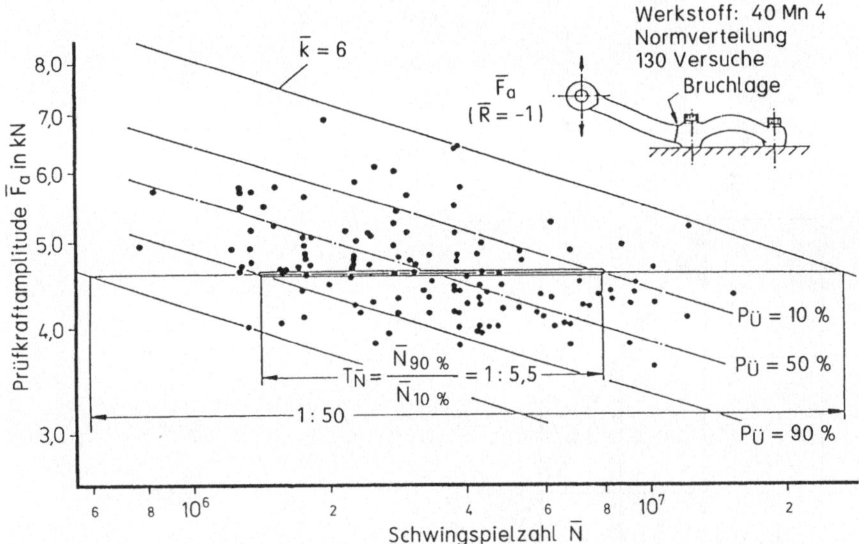

Bild 3.22:   Lebensdauerstreuung von 130 der Serienfertigung entnommenen Lenkhebeln in Betriebsfestigkeits-Versuchen, im Netz der Gaßnerlinie aufgetragen mit der Prüfkraftamplitude $\overline{F}_a$ [147].

auf 1:20 und die Streuspanne auf $T_N = 1{:}4{,}1$, Bild 3.23. Für maßgenau spanabhebend bearbeitete Proben aus dem Lenkhebelschaft ergab sich bei 75 Betriebsfestigkeits-Versuchen eine Streubreite von 1:7,5 und eine Streuspanne $T_N = 1{:}3{,}6$. Dieser Wert ist trotz des darin enthaltenen Chargen- und Wärmebehandlungseinflusses nur geringfügig höher als der Erfahrungswert für spanabhebend bearbeitete Bauteile aus einem einzigen Fertigungslos, Tabelle 3.2.

Weitere fertigungsbedingte Streueinflüsse auf die Bauteileigenschaften sind auch immer dann zu bedenken, wenn über das angewandte Herstellungsverfahren auf die Schwingfestigkeitseigenschaften des Bauteils Einfluß genommen wird. Dieser Einfluß kann gewollt oder auch zwangsläufig sein. Gewollt ist er bei den Verfahren zur Schwingfestigkeits-Steigerung [148], z.B. durch Kugelstrahlen, Rollverdichten, Nitrieren, Induktionshärten oder Einsatzhärten. Abweichungen von den vorgegebenen, möglichst optimalen Verfahrensbedingungen schlagen dabei als Streueinfluß mehr oder weniger stark auf die Schwingfestigkeitseigenschaften durch.

Zwangsläufig ist ein Herstelleinfluß auf die Schwingfestigkeitseigenschaften und deren Streuung z.B. beim Gießen oder Schweißen gegeben. Sowohl die kontrollierten wie auch weitere, nicht kontrollierte Verfahrensparameter sind dabei von Bedeutung.

Die Auswirkung nicht kontrollierter Verfahrensparameter zeigte sich z.B. bei einer Untersuchung der Schwingfestigkeitseigenschaften von Schwarzem Temperguß [149]. Bei ihr wurden Kerbstäbe aus quasirealen, kastenförmigen Gußstücken entnommen, die von drei Gießereien mit dem gleichen Modell bei freigestellter Anschnitt-Technik unter nominell gleichen Bedingungen aus den Werkstoffen GTS-35, GTS-55

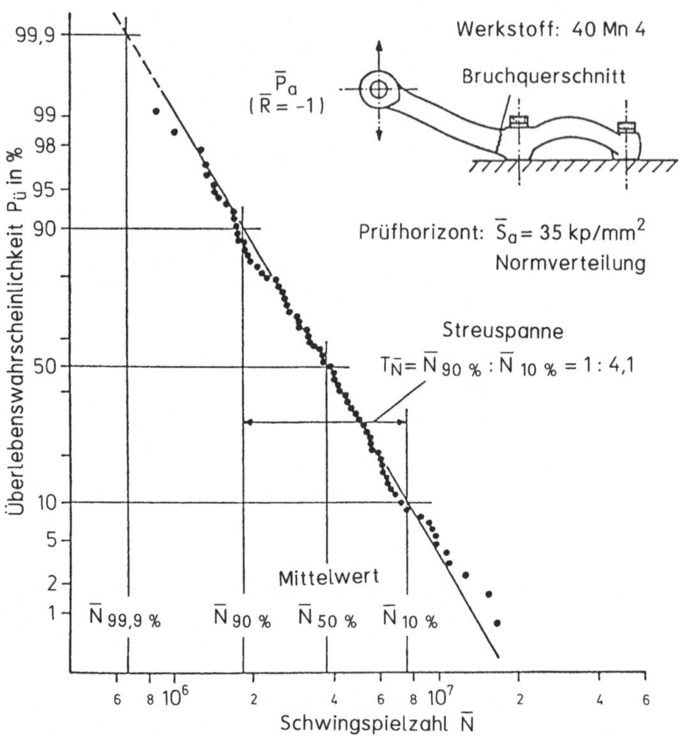

Bild 3.23: Lebensdauerstreuung der Versuche mit Lenkhebeln, ausgewertet mit der aus den Ist-Maßen des Bruchquerschnitts berechneten Spannungsamplitude $\overline{S}_a$ [147].

und GTS-70 hergestellt waren. Die Ergebnisse ließen statistisch signifikante Herstellereinflüsse erkennen. Nach einer metallographischen Untersuchung bestand eine eindeutige Zuordnung zur Zahl und Form der Temperkohleknoten. Bleiben diese Herstellereinflüsse unberücksichtigt, so führt eine pauschalierende Auswertung für die vorliegenden Zeitfestigkeitsversuche auf unverhältnismäßig große Streuspannen T_N=1:4,5 bis 1:9,5. Die den einzelnen Herstellervarianten zuzuordnenden Streuspannen sind hingegen annähernd gleich und mit T_N=1:2,0 bis 1:3,0 zu beziffern.

Streueinflüsse auf die Schwingfestigkeitseigenschaften von Schweißverbindungen aus den hochfesten Feinkornbaustählen StE355 und StE470 wurden mit einer Gemeinschaftsuntersuchung aufgezeigt, an der sich sieben Laboratorien aus fünf Ländern der Europäischen Gemeinschaft beteiligten [150]. Angesichts sehr detailliert vorgegebener Schweiß- und Versuchsbedingungen wurde bei dieser Gemeinschaftsuntersuchung aber nur ein Teil der Einflüsse erfaßt, die bei einer vergleichenden Auswertung der im Schrifttum mitgeteilten Versuchsergebnisse als Unterschiede der ertragbaren Spannungen für nominell gleichartige Schweißverbindungen zutage treten. Mit Bild 3.24 sind aus dem Wöhlerlinien-Katalog von Olivier und Ritter [50] die im Wahrscheinlichkeitsnetz aufgetragenen Schwingfestigkeitskennwerte gezeigt,

Tabelle 3.2: Einige Erfahrungswerte über Streuspannen T_N bzw. T_S.

Werkstoff, maßgebende Bauteilgestalt und berücksichtigte Streueinflüsse	T_N / s_N	T_S / s_S
Spanabhebend bearbeitete Kerbstäbe aus Stahl, unter überwachten Bedingungen gefertigt:	1 : 2,5 / 0,1554	1 : 1,20 / 0,0309
Spanabhebend bearbeitete Bauteile aus Stahl, mit mäßiger bis mittlerer Kerbwirkung:	1 : 3,2 / 0,1973	1 : 1,26 / 0,0392
Spanabhebend bearbeitete Bauteile aus Eisengußwerkstoffen, gekerbt, ohne Chargeneinflüsse:	1 : 4,0 / 0,2352	1 : 1,26 / 0,0392
Geschmiedete und vergütete Bauteile aus Stahl, belassene Schmiedeoberfläche, ohne Querschnittseinfluß:	1 : 4,5 / 0,255	1 : 1.30 / 0,0445
Geschmiedete und vergütete Bauteile wie vor, doch mit Querschnittsstreuung durch Gesenkabnutzung:	1 : 5,5 / 0,2892	1 : 1,33 / 0,04838
Fachgerechte Schweißverbindungen aus Baustahl, unter einheitlichen Bedingungen ausgeführt:	1 : 2,5 / 0,1554	1 : 1,30 / 0,04451
Fachgerechte Schweißverbindungen aus Baustahl, unter betriebsüblichen Bedingungen ausgeführt:	1 : 3,0 / 0,2220	1 : 1,45 / 0,06303
Fachgerechte Schweißverbindungen aus Al-Legierungen, unter betriebsüblichen Bedingungen ausgeführt:	1 : 5,0 / 0,2730	1 : 1,45 / 0,06303

die sich bei einer einheitlichen, normierten Auswertung der im Schrifttum mitgeteilten Versuchsreihen für Quersteifen mit nicht-kraftübertragenden Kehlnähten ergeben: Sie variieren in den Grenzen von $S_A = 42$ und 135 N/mm^2.

Die grundsätzliche Frage zu den dargelegten Streueinflüssen und ihrer Berücksichtigung geht dahin,

- welche der erkannten Einflüsse als systematisch erfaßbar durch eine entsprechende Wahl des Mittelwertes der ertragbaren Spannungsamplitude in Ansatz gebracht werden sollen oder dürfen und
- welche Einflüsse als allein statistisch erfaßbar über die dem Mittelwert zugeordnete Streuspanne abgedeckt werden müssen.

Zu dieser Frage läßt sich keine allgemeinverbindliche Antwort geben. Aber die zu treffende Entscheidung kann aber von erheblicher Auswirkung auf das Ergebnis eines Betriebsfestigkeits-Nachweises sein: Ein zu hoch angesetzter Mittelwert und eine dementsprechend große Streuspanne kann bei der Extrapolation auf niedrige Ausfallwahrscheinlichkeiten unter Umständen auf unrealistisch niedrige zulässige Spannungen führen. Günstiger ist es im allgemeinen, mit einem Mittelwert an der unteren Grenze und der kleineren Streuspanne für einheitliche Herstellungsbedingungen zu rechnen.

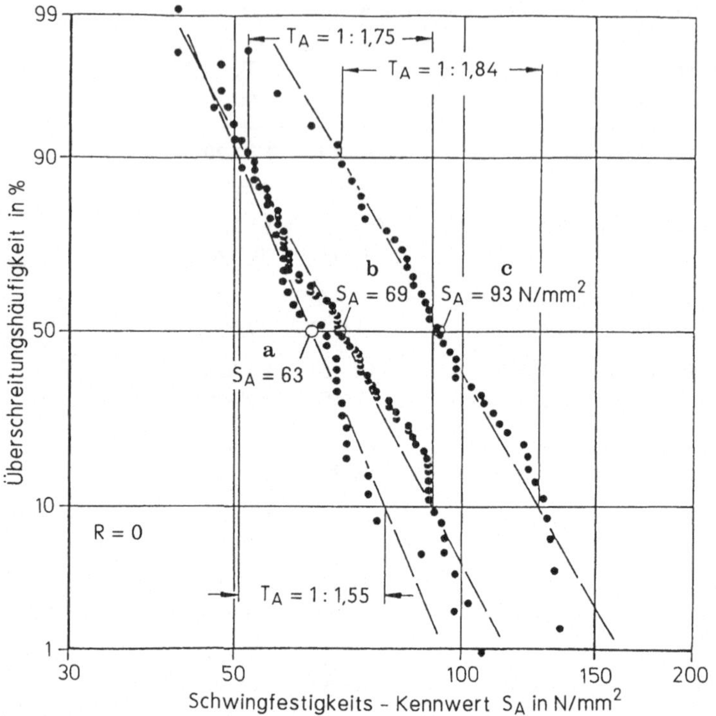

Bild 3.24:   Streuung der Schwingfestigkeitskennwerte bei den im Schrifttum mitgeteilten Versuchsreihen für Quersteifen mit nicht-kraftübertragenden Kehlnähten nach den normierten Auswertungen von Olivier und Ritter [50]; (a) 32 Versuchsreihen mit bauteilähnlichen Prüfkörpern im Schweißzustand, (b) 71 Versuchsreihen mit stabartigen Prüfkörpern im Schweißzustand, (c) 42 Versuchsreihen mit stabartigen Prüfkörpern im nachbehandelten Zustand.

3.6.3 Abdecken der Zufälligkeiten weniger Einzelversuche

Werden gleichartige Stichproben in häufiger Wiederholung aus einer Grundgesamtheit entnommen, so streuen die jeweils erhaltenen Stichproben-Mittelwerte m nach einer Gaußschen Normalverteilung um den wahren Mittelwert μ [40-43]. Wird der Mittelwert m einer beliebigen Stichprobe unmittelbar als Schätzwert für den wahren Mittelwert μ betrachtet, so besteht eine Wahrscheinlichkeit von 50%, den wahren Sachverhalt aufgrund von zufällig sehr günstigen Versuchsergebnissen mit einem zu günstigen Mittelwert m zu überschätzen. Dieser Umstand führt auf die Frage, wie das Risiko einer zu günstigen Ausdeutung einiger weniger zufälliger Versuchsergebnisse beim Betriebsfestigkeits-Nachweis verringert werden kann.

Die aus dieser Fragestellung entwickelte Vorgehensweise [1,151] beruht auf der statistisch abhandelbaren Voraussetzung, daß der mit der Stichprobe aus n Einzelversuchen gefundene und nach (2.12) errechnete Mittelwert der Lebensdauer bzw. der Schwingspielzahl $N_{50\%,n}$ zufallsbedingt einen überdurchschnittlichen Stichprobenmittelwert an der oberen Grenze des Vertrauensbereichs darstellt. Durch Division mit einem Risikofaktor $j_{C,n}$ ist daraus für den Betriebsfestigkeits-Nachweis die mit einer Vertrauenswahrscheinlichkeit C=90 % anzusetzende ertragbare Schwingspielzahl $N_{50\%,C}$ zu erhalten als

$$N_{50\%,C} = N_{50\%,n} / j_{C,n} . \tag{3.1}$$

Abhängig von der unterstellten Streuspanne T_N und von der Anzahl n der vorliegenden Einzelversuche, kann der Risikofaktor $j_{C,n}$ für eine vorgegebene Vertrauenswahrscheinlichkeit C=90% zu

$$j_{C,n} = (1/T_N)^{0,5/\sqrt{n}} \tag{3.2}$$

errechnet oder aus Tabelle 3.3 entnommen werden.

Das Arbeiten mit den angegebenen, einfachen Beziehungen unterliegt jedoch der Einschränkung, daß die wahre Streuspanne T_N der Einzelwerte zumindest als Erfahrungswert bekannt sein muß, Tabelle 3.2. Erforderlichenfalls ist ein Wert T_N durch gesonderte Versuche zu ermitteln, wobei aber vereinfachte Versuchsbedingungen und verbilligte Versuchsstücke gewählt werden können, wenn mit ihnen die Verhältnisse im schwingbruchkritischen Querschnitt, die die Streubreite bestimmen, zutreffend darstellbar sind.

Tabelle 3.3: Risikofaktoren $j_{C,n}$ für C=90% Vertrauenswahrscheinlichkeit in Abhängigkeit von der Streuspanne T und der Anzahl n der Einzelversuche.

Streuspanne T	Risikofaktoren $j_{C,n}$ für C=90% bei n Einzelversuchen											
	n=1	n=2	n=3	n=4	n=5	n=6	n=7	n=8	n=9	n=10	n=20	n=50	n=∞
1:1,15	1,07	1,05	1,04	1,04	1,03	1,03	1,03	1,03	1,02	1,02	1,02	1,01	1,00
1:1,20	1,10	1,07	1,05	1,05	1,04	1,04	1,04	1,03	1,03	1,03	1,02	1,01	1,00
1:1,25	1,12	1,08	1,07	1,06	1,05	1,05	1,04	1,04	1,04	1,04	1,03	1,02	1,00
1:1,30	1,14	1,10	1,08	1,07	1,06	1,06	1,05	1,05	1,04	1,04	1,03	1,02	1,00
1:1,40	1,18	1,13	1,10	1,09	1,08	1,07	1,07	1,06	1,06	1,05	1,04	1,02	1,00
1:1,50	1,22	1,15	1,12	1,11	1,09	1,09	1,08	1,07	1,07	1,07	1,05	1,03	1,00
1:1,60	1,26	1,18	1,15	1,12	1,11	1,10	1,09	1,09	1,08	1,08	1,05	1,03	1,00
1:1,80	1,34	1,23	1,18	1,16	1,14	1,13	1,12	1,11	1,10	1,10	1,07	1,04	1,00
1:2,00	1,41	1,28	1,22	1,19	1,17	1,15	1,14	1,13	1,12	1,12	1,08	1,05	1,00
1:2,50	1,58	1,38	1,30	1,26	1,23	1,21	1,19	1,18	1,16	1,16	1,11	1,07	1,00
1:3,00	1,73	1,47	1,37	1,32	1,28	1,25	1,23	1,21	1,20	1,19	1,13	1,08	1,00
1:4,00	2,00	1,63	1,49	1,41	1,36	1,33	1,30	1,28	1,26	1,25	1,17	1,10	1,00
1:5,00	2,24	1,77	1,59	1,50	1,43	1,39	1,36	1,33	1,31	1,29	1,20	1,12	1,00
1:7,00	2,65	1,99	1,75	1,63	1,55	1,49	1,44	1,41	1,38	1,36	1,24	1,15	1,00
1:8,50	2,92	2,13	1,85	1,71	1,61	1,55	1,50	1,46	1,43	1,40	1,27	1,16	1,00
1:10,0	3,16	2,26	1,94	1,78	1,67	1,60	1,55	1,50	1,47	1,44	1,29	1,18	1,00

Damit ist die hier beschriebene Vorgehensweise auch dann noch anwendbar, wenn wegen einer sehr aufwendigen Versuchsdurchführung nur ein einziger Versuchswert vorliegt. Dabei wird dieser Versuchswert $\bar{N}_1$ so gewertet, als läge er an der oberen Streugrenze auf der Gaßnerlinie für $P_{\ddot{u}}=10\%$. Doch gesetzt den Fall, der einzige Versuchswert $\bar{N}_1$ liegt in Wirklichkeit nicht an der oberen Streugrenze, sondern es handelt sich dabei um einen Versuchswert an der unteren Streugrenze, so bedeutet der bei $n=1$ und $C=90\%$ einzuhaltende Risikofaktor $j_{C,1}=(1/T_N)^{0,5}$ eine sicherlich beachtliche Härte, zumal wenn allein aus diesem zufallsbestimmten Grund der geforderte Lebensdauer-Nachweis dann nicht mehr erbracht werden kann.

Zwei Möglichkeiten der Entscheidung stehen in diesem Fall zur Wahl: Entweder Maßnahmen zur Steigerung der Schwingfestigkeit im maßgebenden Bauteilquerschnitt zu ergreifen, oder einen zweiten Versuch durchzuführen. Letzteres in der Erwartung, daß das zweite Ergebnis günstiger ausfallen wird und daß mit diesem günstigeren zweiten Ergebnis nach den vorstehenden Beziehungen eine reale Chance zu errechnen ist, den geforderten Nachweis dann auch erbringen zu können. Denn mit einem zweiten, günstigeren Ergebnis würde sich der Mittelwert verbessern und zudem mit $N=2$ der Risikofaktor vermindern.

3.6.4 Lebensdauer, Ausfallwahrscheinlichkeit und Sicherheitszahl

Zwischen der Lebensdauer eines Bauteils, seiner Ausfallwahrscheinlichkeit und der aus den Streueinflüssen statistisch begründbaren Sicherheitszahl besteht eine zumindest qualitativ aus Erfahrung allgemein bekannte Beziehung. Sie wird mit einem Vergleich der ertragbaren und der auftretenden Beanspruchung im Netz der Gaßnerlinie veranschaulicht und auch quantitativ faßbar [1,145]:

Bild 3.25 enthält dazu in der üblichen Darstellung das mit zunehmender Lebensdauer abfallende Gaßnerstreuband. Es ist bezeichnet durch die Linien der als Kollektivhöchstwert ertragbaren Beanspruchung $\bar{S}_{a,\Gamma}$ für die Überlebenswahrscheinlichkeiten $P_{\ddot{u}}=90\%$, 50% und 10%.

Dem Gaßnerstreuband gegenübergestellt ist die auftretende Beanspruchung mit einem von der Lebensdauer bzw. Schwingspielzahl unabhängigen, horizontalen Streuband. Es ist bestimmt durch die Kollektivhöchstwerte $\bar{S}_{a,B}$, die sich mit den Wahrscheinlichkeiten $P_e=90\%$, 50% und 10% im Betrieb einstellen.

Dieses horizontale Streuband der im Betrieb auftretenden Spannungsamplitude überschneidet und überschreitet das mit zunehmender Lebensdauer abfallende Streuband der ertragbaren Spannungsamplitude. Diese Überschneidung besagt anschaulich, daß in einem statistischen Auswahlprozeß die auftretende Beanspruchung bei einer gewissen Anzahl von Bauteilen deren individuelle Schwingfestigkeit übersteigt, so daß es zu Schwingbrüchen kommt.

Wird zunächst der Einfachheit halber angenommen, daß die Streuverteilungen der auftretenden Spannungsamplituden $\bar{S}_{a,B}$ und der ertragbaren Spannungsamplituden $\bar{S}_{a,\Gamma}$ beide der Logarithmischen Normalverteilung folgen, so läßt sich die Ausfallwahrscheinlichkeit P_A für jeden Lebensdauerwert aus dem Mittenabstand und den Standardabweichungen dieser beiden Streuverteilungen berechnen [1]. Der Rech-

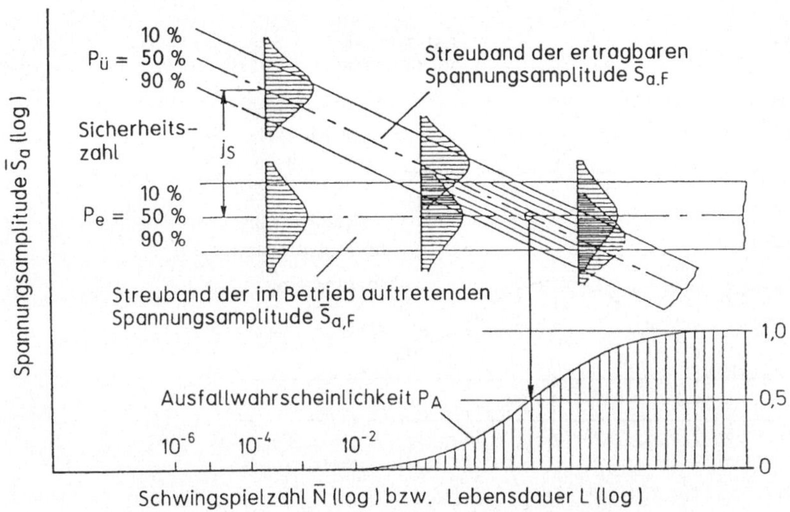

Bild 3.25: Ausfallwahrscheinlichkeit eines schwingbeanspruchten Bauteils in Abhängigkeit von der geforderten Lebensdauer, hergeleitet aus den sich überschneidenden Streubereichen der ertragbaren und der im Betrieb auftretenden Spannungsamplituden [145].

nungsgang ist im Bild 3.26 veranschaulicht, und zwar anhand der transformierten Merkmalsgrößen der Beanspruchung

$$x_B = \lg \bar{S}_{a,B} \qquad \text{und} \qquad x_F = \lg \bar{S}_{a,F}, \tag{3.3}$$

$$m_B = \lg \bar{S}_{a,B}(P_e=50\%) \qquad \text{und} \qquad m_F = \lg \bar{S}_{a,F}(P_{\ddot{u}}=50\%), \tag{3.4}$$

$$s_B = (1/1{,}26)\cdot\lg(1/T_{S,B}) \quad \text{und} \quad s_F = (1/1{,}26)\cdot\lg(1/T_{S,F}). \tag{3.5}$$

Bei konstanter Streubreite und bei einem im doppellogarithmischen Netz linearen Verlauf des Streubandes der ertragbaren Spannungsamplitude steigt demnach die Ausfallwahrscheinlichkeit P_A, wie im Bild 3.25 angegeben, nach einer Gaußschen Summenkurve über dem logarithmisch geteilten Lebensdauermaßstab an.

Bei nicht linearem Verlauf oder nicht konstanter Streubreite des Streubandes für $\bar{S}_{a,F}$ weicht die Form der Ausfallverteilung von der Gaußschen Summenkurve ab; sie muß dann punktweise berechnet werden [1,145]. Das gleiche gilt für Streuverteilungen, die von der Logarithmischen Normalverteilung abweichen.

Um die Ausfallwahrscheinlichkeit auf einen gewünschten Wert zu begrenzen, darf bei den festgestellten Streuverhältnissen ein bestimmter Mittenabstand der Streuverteilungen von $\bar{S}_{a,F}$ und $\bar{S}_{a,B}$ nicht unterschritten werden. Diese Forderung entspricht der Gepflogenheit, im Versuch ermittelte Festigkeitswerte um eine Sicherheitszahl zu erniedrigen, um die als zulässig anzusetzende Betriebsbeanspruchung zu erhalten.

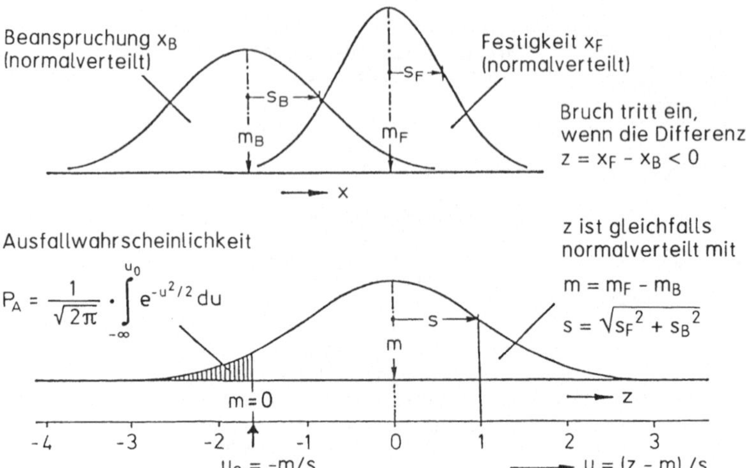

Bild 3.26: Berechnung der Ausfallwahrscheinlichkeit bei logarithmisch normalen Streuverteilungen der ertragbaren Spannungsamplituden (Index F =Festigkeit) und der im Betrieb auftretenden Spannungsamplituden (Index B =Beanspruchung).

Wird die Sicherheitszahl j_S definiert als das Verhältnis der 50%-Werte von ertragbarer zu auftretender Spannungsamplitude

$$j_S = \bar{S}_{a,F}(P_{\ddot{u}}=50\%) \,/\, \bar{S}_{a,B}(P_e=50\%), \tag{3.6}$$

dann stellt sich dieses Verhältnis im Bild 3.25 bei dem gewählten logarithmischen Spannungsmaßstab als Abstand der 50%-Werte dar. Bei einer Sicherheitszahl $j_S=1$ am Schnittpunkt der 50%-Linien ergibt sich mit dieser Definition der Sicherheitszahl eine Ausfallwahrscheinlichkeit $P_A=50\%$. Sicherheitszahlen $j_S>1$ verringern die Ausfallwahrscheinlichkeit in klar überschaubarer Weise, indem sie den Mittenabstand der beiden Streuverteilungen vergrößern.

In dieser neuzeitlichen Betrachtungsweise erscheint die herkömmliche, zumeist empirisch festgelegte Sicherheitszahl nunmehr als eine statistisch begründete Sicherheitsspanne: Für einen vorgegebenen oder als vertretbar erachteten Wert der Ausfallwahrscheinlichkeit P_A folgt

$$j_S = (1/T_{S,F})^{(-u_0/2,56)\cdot\sqrt{1+v^2}}, \tag{3.7}$$

mit $u_A=(-u_0/2{,}56)$ als Funktion von P_A nach Tabelle 3.4 bzw. u_0 aus einer Tafel der Normalverteilung [20,40-43] und

$$v = (\lg T_{S,B} \,/\, \lg T_{S,F}), \quad \text{d.h.} \quad T_{S,B} = T_{S,F}^{\,v}. \tag{3.8}$$

Die Streuspanne $T_{S,F}$ läßt sich dazu nach den Erfahrungswerten wie in Tabelle 3.2 oder z.B. aus Auftragungen ähnlich Bild 3.22, die Streuspanne $T_{S,B}$ z.B. aus Auftragungen ähnlich Bild 3.21 bestimmen. Werden die Streuspannen $T_{S,F}$ und $T_{S,B}$

Tabelle 3.4: Werte u_A zum Berechnen von Sicherheitszahlen nach der Logarithmischen Normalverteilung bzw. der Weibull-Verteilung als $j_X = (1/T_{X,res})^{u_A}$.

Ausfall-wahrschein-lichkeit P_A	Werte u_A Logarithmische Normal-verteilung	Werte u_A Weibull-Verteilung mit $X_{0\%}/X_{50\%}=$			
		0,000	$T_{X,res}^{1,56}$ $(-4\cdot s)$	$T_{X,res}^{1,17}$ $(-3\cdot s)$	$T_{X,res}^{0,78}$ $(-2\cdot s)$
0,50	0,000	−0,068	−0,052	−0,045	−0,007
10^{-1}	0,500	0,556*	0,535*	0,521*	0,489
10^{-2}	0,908	1,330*	1,090*	0,993	0,719
10^{-3}	1,206	2,092*	1,386*	1,104	0,771
10^{-4}	1,451	2,852*	1,504	1,154	0,778
10^{-5}	1,664	3,611*	1,545	1,167	0,780
10^{-6}	1,854	4,358*	1,557	1,171	0,781
0	∞	∞	1,561	1,172	0,781

* = Sicherheitszahlen größer als nach der Logarithmischen Normalverteilung.

mittels v nach (3.8) zu einer resultierenden Streuspanne

$$T_{S,res} = (1/T_{S,F})^{\sqrt{1+v^2}}, \tag{3.9}$$

zusammengefaßt, so gilt mit den wie oben bestimmten Werten u_A bzw. u_0

$$j_S = (1/T_{S,res})^{u_A} = (1/T_{S,res})^{(-u_0/2,56)}, \tag{3.10}$$

Damit beispielsweise die Ausfallwahrscheinlichkeit auf einen Wert $P_A=10^{-4}$ begrenzt ist, d.h. $u_A=-u_0/2,56=1,4509$, müssen bei angenommenen Streuspannen $T_{S,F}=1{:}1,2$ (bzw.$=1{:}1,5$) und $T_{S,B}=1{:}1,1$ (bzw.$=1{:}1,2$) entsprechend den Werten $T_{S,res}=1{:}1,23$ (bzw.$=1{:}1,56$) die Sicherheitszahlen $j_S=1,35$ (bzw. $j_S=1,91$) eingehalten werden.

Praktische Schwierigkeiten entstehen daraus, daß brauchbare Anhaltswerte über die Streubreite $T_{S,B}$ der Betriebsbeanspruchung zumeist fehlen, weil im allgemeinen nur eine einzelne Langzeitmessung durchgeführt wird. Ein Ausweg aus diesen Schwierigkeiten ist dann zu sehen, wenn diese einzelne Langzeitmessung auf einen verhältnismäßig ungünstigen Beanspruchungswert $\overline{S}_{a,B}$ führt, der nur selten erreicht wird und demgemäß mit einer Wahrscheinlichkeit von beispielsweise $P_e=1\%$ angesetzt werden darf [1,145], Bild 3.23.

In vereinfachender Weise lassen sich dann Ausfallwahrscheinlichkeiten P_A^* bzw. Sicherheitszahlen j_S^* bestimmen, die sich allein aus der Streuverteilung der ertragbaren Schwingspielzahlen $T_{S,F}$ ergeben:

$$j_S^* = \overline{S}_{a,F}(P_{\ddot{u}}=50\%) \, / \, \overline{S}_{a,B}(P_e<50\%), \tag{3.11}$$

$$j_{S^*} = (1/T_{S,F})^{u_A} = (1/T_{S,F})^{(-u_0/2,56)}, \tag{3.12}$$

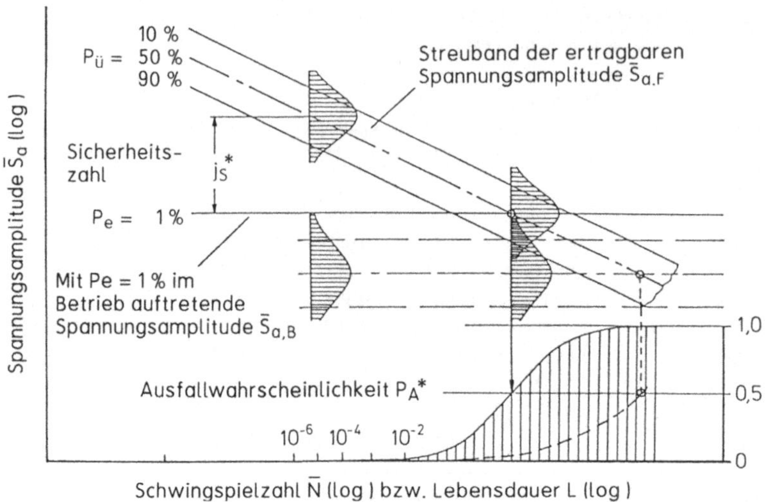

Bild 3.27:   Vereinfachend bestimmte Ausfallwahrscheinlichkeit P_A^* bei Ansatz eines ungünstigen Beanspruchungswertes , der nur mit einer geringen Wahrscheinlichkeit P_e erreicht oder überschritten wird [145].

Durch eine Gegenüberstellung der echten Ausfallwahrscheinlichkeiten P_A nach Bild 3.25 und der vereinfachend bestimmten Ausfallwahrscheinlichkeiten P_A^* nach Bild 3.27 läßt sich zeigen, unter welchen Bedingungen die vereinfachend berechneten Ausfallwahrscheinlichkeiten P_A^* einen sicheren Schätzwert für die echten Ausfallwahrscheinlichkeiten P_A darstellen.

Aus den Bildern 3.28a bis d ist dieser Zusammenhang zu ersehen, wenn der angesetzte, ungünstige Beanspruchungswert $\bar{S}_{a,B}(P_e)$ gemäß der eigentlich geltenden Streuverteilung der Betriebsbeanspruchung $\bar{S}_{a,B}$ mit einer Wahrscheinlichkeit $P_e=0,1\%$, 1% oder 10% erreicht wird. Außerdem ist der Fall aufgeführt, daß es sich nur vermeintlich um einen ungünstigen Beanspruchungswert handelt, der in Wirklichkeit jedoch mit $P_e=50\%$ auftritt.

Daraus wird erkennbar, daß die echte Ausfallwahrscheinlichkeit P_A so lange kleiner P_A^* bleibt, wie die vereinfachend bestimmte Ausfallwahrscheinlichkeit P_A^* den Wert P_e nicht unterschreitet. Wird jedoch eine Ausfallwahrscheinlichkeit P_A kleiner P_e gefordert, wie es in der Regel der Fall sein dürfte, so stellt die vereinfachend bestimmte Ausfallwahrscheinlichkeit P_A^* nur dann einen sicheren Schätzwert für die echte Ausfallwahrscheinlichkeit P_A dar, wenn die Auftretenswahrscheinlichkeit der angesetzten Betriebsbeanspruchung P_e hinreichend klein ist und das Streuverhältnis v bzw. das Verhältnis $T_{S,B}/T_{S,F}$ einen bestimmten Grenzwert nicht übersteigt.

Die Grenzwerte v_G, bei denen sich $P_A=P_A^*$ ergibt, sind als schraffierte Grenzkurven in den Bildern 3.28a bis d für die jeweils gewählten Werte von P_e zu ersehen. Insbesondere wird aus Bild 3.28d ersichtlich, daß die vereinfachende Bestimmung der Ausfallwahrscheinlichkeit mit $P_e=50\%$, d.h. mit einem mittleren bzw.

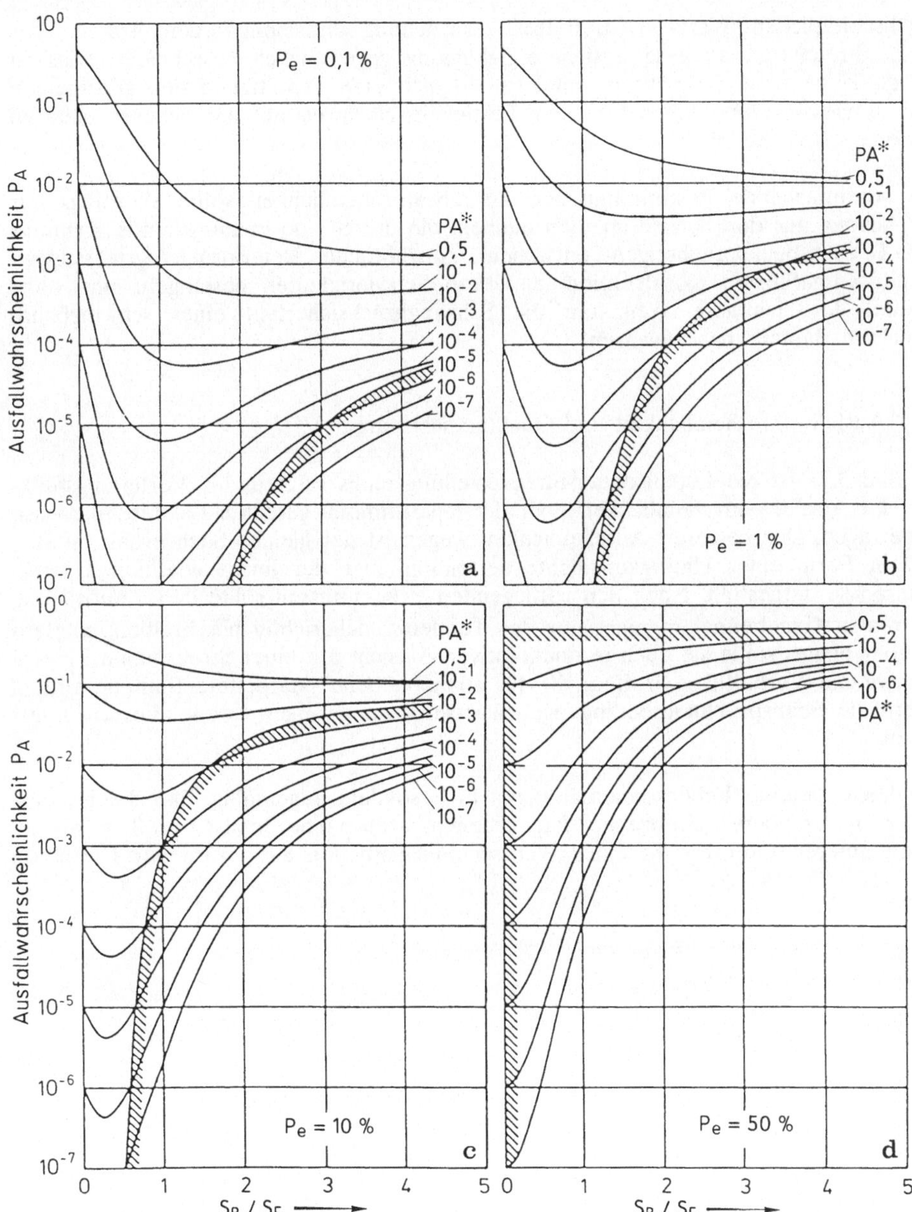

Bild 3.28: Echte Ausfallwahrscheinlichkeit P_A im Vergleich zur vereinfachend bestimmten Ausfallwahrscheinlichkeit P_A^* in Abhängigkeit vom Verhältnis der Standardabweichungen s_B/s_F bei Ansatz eines Beanspruchungswertes, der mit der Wahrscheinlichkeit (a) P_e=0,1%, (b) P_e=1%, (c) P_e=10%, (d) P_e=50% erreicht oder überschritten wird; rechts unterhalb der schraffierten Grenzkurven wird $P_A > P_A^*$ [145].

durchschnittlichen Wert der Betriebsbeanspruchung und ohne jeden Anhalt über deren Streubreite, als eine unsichere Schätzung grundsätzlich ausscheidet. Dies ist jedoch keine neue Erkenntnis, sondern lediglich eine Bestätigung des allgemeinen Grundsatzes, Lastannahmen für einen Festigkeits-Nachweis auf der sicheren Seite zu treffen.

Die vereinfachende Bestimmung der Ausfallwahrscheinlichkeit sollte allerdings nur ein Ausweg aus den Schwierigkeiten bleiben, die durch eine unzureichende Kenntnis der Betriebsbeanspruchungen entstehen. Ausführliche Beanspruchungsmessungen an der ausgeführten Konstruktion, die diese Schwierigkeiten beseitigen, sind ohne Zweifel der richtigere Weg, um die Schwingbruchsicherheit eines schwingbeanspruchten Bauteils nachzuweisen.

3.6.5 Ausfallwahrscheinlichkeit und Qualitätssicherung

Im Bild 3.25 ist die Lebensdauer-Streuverteilung eines Bauteils als Verteilungsfunktion der Ausfallwahrscheinlichkeit über der logarithmisch geteilten Lebensdauerachse aufgetragen. Der besseren Anschaulichkeit wegen ist der gleiche Sachverhalt im Bild 3.29 in Form einer Häufigkeitsdichte-Verteilung über der linear geteilten Lebensdauerachse dargestellt. Nach den vorliegenden Erkenntnissen sollte diese Auftragung die realen Gegebenheiten nicht nur der Tendenz nach richtig beschreiben, sondern darüber hinaus sollte sie auch in quantitativer Hinsicht mit einer Streuspanne $T_L = 1{:}3$ in etwa die Verhältnisse treffen, die für spanabhebend bearbeitete Bauteile gelten, sofern die Beanspruchungsbedingungen ihrerseits nur geringen Streueinflüssen unterliegen.

Die linear geteilte Lebensdauerachse macht besonders augenfällig, daß die Lebensdauer an der oberen Grenze der angegebenen Streuspanne 3mal so groß ist wie an deren unteren Grenze. Mit einer Wahrscheinlichkeit von 80% wäre per Definition

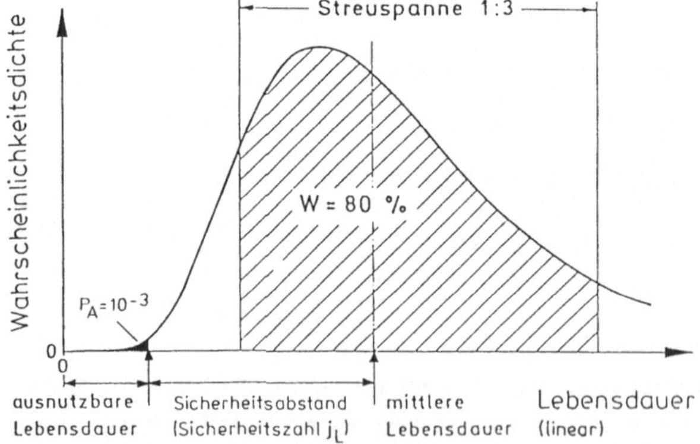

Bild 3.29:   Die Lebensdauer-Streuverteilung als Häufigkeitsdichte-Verteilung über der linearen Lebensdauerachse aufgetragen, um die ausnutzbare Lebensdauer als Bruchteil der mittleren Lebensdauer zu veranschaulichen.

ein Lebensdauerwert innerhalb der angegebenen Grenzen der Streuspanne zu erwarten. Mit einer Wahrscheinlichkeit von 10% könnte ein Lebensdauerwert oberhalb wie auch mit einer Wahrscheinlichkeit von 10% unterhalb der angegebenen Streugrenzen liegen.

Die Ausfallwahrscheinlichkeit P_A stellt sich dar als die integrale Fläche unter der Lebensdauer-Streuverteilung zwischen dem Ursprungspunkt und dem vorgegebenen Lebensdauerwert. Je höher dieser Lebensdauerwert, desto höher ist die ihm zugeordnete Ausfallwahrscheinlichkeit. Bei dem eingezeichneten mittleren Lebensdauerwert ist die Ausfallwahrscheinlichkeit per Definition auf $P_A=50\%$ angewachsen.

Um die Ausfallwahrscheinlichkeit auf einen technisch wie wirtschaftlich vertretbaren Wert in der Größenordnung von beispielsweise 10^{-3}, 10^{-4} oder 10^{-5} zu begrenzen, muß zwischen der mittleren Lebensdauer und der ausnutzbaren Lebensdauer ein beachtlicher Sicherheitsabstand eingehalten werden. Die praktisch ausnutzbare Lebensdauer ist dadurch auf einen Bruchteil der mittleren Lebensdauer vermindert.

Die Sicherheitsspanne zwischen der mittleren und der ausnutzbaren Lebensdauer ist einer lebensdauerbezogenen Sicherheitszahl j_L gleichbedeutend und definiert als

$$j_L = \bar{N}(P_A=50\%) \,/\, \bar{N}(P_A<50\%). \tag{3.13}$$

Aus den im Bild 3.29 dargestellten Verhältnissen wird gerade mit der gewählten linearen Teilung der Lebensdauerachse verdeutlicht, welche enorme Lebensdauer-Reserve für die Mehrzahl der Einzelstücke in einer Bauserie hingenommen werden muß, um die allein durch die unteren Extremwerte der Streuverteilung bestimmte Ausfallwahrscheinlichkeit auf ein vertretbares Maß zu beschränken.

Die Problematik, die die Gewinnung von qualifizierten Aussagen zur Schwingbruchsicherheit ausmacht, entsteht aus dem Umstand, daß die Ausfallwahrscheinlichkeit durch die unteren Extremwerte der Lebensdauer-Streuverteilung bestimmt wird. Während demnach unser vorrangiges Interesse diesen unteren Extremwerten gelten muß, ist in aller Regel nur der zentrale Teil dieser Streuverteilung einer experimentellen Ermittlung zugänglich: Selbst wenn für eine diesbezügliche Auswertung einige hundert Versuchswerte verfügbar wären, so würde von ihnen die Streuverteilung nicht einmal bis zu dem Lebensdauerwert belegt, dem eine Ausfallwahrscheinlichkeit $P_A=10^{-3}$ zuzuordnen ist. Es wäre eine Selbsttäuschung, wollte man aus den üblicherweise weit kleineren Stichproben einen irgendwie gearteten Kennwert ableiten, der die Form der Streuverteilung im Bereich ihrer Extremwerte bezeichnet [152]. Letztlich muß also über den Charakter der Streuverteilung eine Annahme getroffen werden. Aus theoretischer Sicht erscheint in diesem Punkt die Annahme der Weibull-Verteilung, d.h. einer 3-parametrigen Verteilungsfunktion, besser gerechtfertigt als die einer Logarithmischen Normalverteilung [20,42,153,154].

Besondere Bedeutung gewinnt die Frage nach der zutreffenden Verteilungsfunktion im Zusammenhang mit qualitätssichernden Maßnahmen, die auf eine Vermeidung oder auf eine rechtzeitige Aussonderung derjenigen Einzelstücke abzielen, die die unteren Extremwerte der Streuverteilung belegen. Daß auf diesem Wege eine überaus durchgreifende Erhöhung der Schwingbruchsicherheit erreicht werden kann, ist aufgrund der im Bild 3.29 dargestellten Verhältnisse einsichtig. Um den Erfolg derartiger Maßnahmen bei einer zahlenmäßigen Angabe zur Ausfallwahrscheinlichkeit berücksichtigen zu können, muß eine zusätzliche Information dazu dienen, die Lebensdauer-Streuverteilung im Bereich ihrer unteren Extremwerte den Gegebenheiten entsprechend anzupassen.

Die Weibull-Verteilung ist die bekannteste Verteilungsfunktion, die diese Anpassungsmöglichkeit dadurch bietet, daß ein sicherer Lebensdauerwert $L_{0\%}$ vorgegeben werden kann, der mit einer Ausfallwahrscheinlichkeit $P_A=0\%$ von allen Bauteilen der betrachteten Serie erreicht wird. Als Wert $L_{0\%}$ darf dabei die Rißfortschritts-Lebensdauer gelten, die sich bruchmechanisch für das Bauteil mit dem denkbar größten Defekt im kritischen Querschnitt unter Ansatz des denkbar ungünstigsten Beanspruchungskollektivs verläßlich errechnen läßt [1].

Sofern keinerlei Maßnahmen zur Qualitätssicherung durchgeführt werden, müßte selbst bei einem fabrikneuen Teil eine völlige Querschnitts-Trennung, z.B. als Folge eines unerkannten Härterisses, als denkbar gelten, was einen Wert $L_{0\%}=0$ bedeutet. Aber auch bei vorgesehenen Maßnahmen zur Qualitätssicherung bleiben gewisse Defekte unentdeckt; entscheidend für eine Ermittlung von $L_{0\%}$ ist dann der größte Defekt, der im ungünstigsten Falle unentdeckt bleiben könnte.

Mit der Vorgabe eines sicheren Lebensdauerwertes $L_{0\%}$ werden aus der Weibull-Verteilung Sicherheitszahlen ableitbar, die sich insbesondere bei der Extrapolation auf geringe Ausfallwahrscheinlichkeit von denen unterscheiden, die sich aus der Logarithmischen Normalverteilung ableiten.

Um diesen Sachverhalt zu verdeutlichen, sind in Tabelle 3.5 die Sicherheitszahlen j_L für unterschiedliche Werte der Ausfallwahrscheinlichkeit P_A zusammengestellt, die sich bei einer Streuspanne $T_L=1{:}3$ einmal aus der Logarithmischen Normalverteilung und zum anderen aus der Weibull-Verteilung für verschiedene Werte $L_{0\%}$ errechnen. $L_{0\%}$ ist dabei auf die mittlere Lebensdauer $L_{50\%}$ bezogen. Entsprechende

Tabelle 3.5: Sicherheitszahlen j_L bei einer Streuspanne $T_L=1{:}3$ ($s_L=0{,}186$) in Abhängigkeit von der zugrunde gelegten Verteilungsfunktion.

Ausfall-wahrschein-lichkeit P_A	Sicherheitszahl j_L Logarithmische Normal-verteilung	Sicherheitszahlen j_L Weibull-Verteilung mit $L_{0\%}/L_{50\%}=$			
		0,000	0,180	0,276 $(-4 \cdot s_L)$	0,424 $(-3 \cdot s_L)$	$(-2 \cdot s_L)$
0,50	1,00	0,93	0,95	0,96	1,00
10-1	1,73	1,84 *	1,79 *	1,76 *	1,70
10-2	2,71	4,31 *	3,21 *	2,75 *	2,19
10-3	3,77	9,96 *	4,41 *	3,30	2,32
10-4	4,93	22,95 *	5,09 *	3,52	2,35
10-5	6,24	52,81 *	5,38	3,59	2,36
10-6	7,69	120,09 *	5,50	3,61	2,36
0	∞	∞	5,55	3,62	2,36

* = Sicherheitszahlen größer als nach der Logarithmischen Normalverteilung.

Sicherheitszahlen für andere Streuspannen lassen sich mit $j_X=j_L$ und $T_X=T_L$ oder mit $j_X=j_S$ und $T_X=T_{S,res}$ nach (3.9) anhand der Werte u_A nach Tabelle 3.6 errechnen als

$$j_X = (1/T_X)^{u_A}. \tag{3.14}$$

Die Sicherheitszahlen nach der Weibull-Verteilung für $L_{0\%}=0$ sind in allen Fällen beachtlich größer als nach der Logarithmischen Normalverteilung, andererseits dabei von einer solchen Größe, daß sie wohl kaum die wirtschaftliche Auslegung eines schwingbruchsicheren Bauteils zulassen. Das heißt mit anderen Worten, daß zum einen geeignete Maßnahmen zur Qualitätssicherung bei schwingbruchsicher auszulegenden Bauteilen unverzichtbar sind [155], und daß es zum anderen nur in Verbindung mit griffigen qualitätssichernden Maßnahmen gerechtfertigt ist, mit einem sicheren Lebensdauerwert $L_{0\%}>0$ zu rechnen [1,155], Abschnitt 6.2.

Tabelle 3.6: Sicherheitszahlen j_S bei einer Streuspanne $T_S=1:1,5$ ($s_S=0,038$) in Abhängigkeit von der zugrunde gelegten Verteilungsfunktion.

Ausfall-wahrschein-lichkeit P_A	Sicherheitszahl j_S Logarithmische Normal-verteilung	Sicherheitszahlen j_S Weibull-Verteilung mit $S_{0\%}/S_{50\%}=$			
		0,000	0,180	0,276 $(-4 \cdot s_S)$	0,424 $(-3 \cdot s_S)$ $(-2 \cdot s_S)$
0,50	1,00	0,98	0,99	1,00	1,01
10^{-1}	1,12	1,13 *	1,12 *	1,12 *	1,11
10^{-2}	1,22	1,35 *	1,24 *	1,21	1,17
10^{-3}	1,31	1,59 *	1,31 *	1,26	1,18
10^{-4}	1,38	1,89 *	1,36	1,28	1,19
10^{-5}	1,45	2,24 *	1,38	1,29	1,19
10^{-6}	1,51	2,64 *	1,40	1,29	1,19
0	∞	∞	1,42	1,30	1,19

* = Sicherheitszahlen größer als nach der Logarithmischen Normalverteilung.

Für Werte $L_{0\%}>0$ und niedrige Werte der Ausfallwahrscheinlichkeit P_A sind dementsprechend die Sicherheitszahlen nach der Weibull-Verteilung kleiner als nach der Logarithmischen Normalverteilung. Für $P_A=0\%$ ergibt sich ein jeweils oberer Grenzwert der Sicherheitszahl j_L aus dem Verhältnis $L_{50\%}/L_{0\%}$.

3.6.6 Lebensdauer- oder spannungsbezogene Sicherheitszahl

Unter der Bedingung einer im doppellogarithmischen Netz linear verlaufenden Gaßner- bzw. Wöhlerlinie läßt sich zwischen der spannungsbezogenen Sicherheitszahl j_S und der lebensdauerbezogenen Sicherheitszahl j_L wie folgt umrechnen:

$$j_L = j_S^{\bar{k}} \quad \text{bzw.} \quad j_L = j_S^{k}, \tag{3.15}$$

$$j_S = j_L^{1/\bar{k}} \quad \text{bzw.} \quad j_S = j_L^{1/k}, \tag{3.16}$$

wobei sich der Exponent $\bar{k}$ nach (2.24) bzw. k nach (2.16) oder (2.19) aus der (mittleren) Neigung der Gaßner- bzw. Wöhlerlinie für $P_{\ddot{u}}=50\%$ bzw. $P_A=50\%$ bestimmt. Mithin sind auch die Überlegungen anhand der Weibull-Verteilung in gleicher Weise für die lebensdauerbezogene Sicherheitszahl j_L und für die spannungsbezogene Sicherheitszahl j_S gültig. Für eine spannungsbezogene Sicherheitszahl j_S ist dabei sinngemäß von der Streuspanne $T_{S,res}$ (statt $T_{L,res}$), von der mittleren ertragbaren Spannungsamplitude $\bar{S}_{a,F}(P_A=50\%)=\bar{S}_{a,50\%}$ (statt $L_{50\%}$) und von der sicher ertragbaren Spannungsamplitude $\bar{S}_{a,F}(P_A=0\%)=\bar{S}_{a,0\%}$ (statt $L_{0\%}$) auszugehen.

Bei einer nicht linear verlaufenden Gaßnerlinie erweist sich der Neigungsexponent $\bar{k}$ als von dem jeweils betrachteten Lebensdauerwert $L_{50\%}$ abhängig. Mit einem solchen, im interessierenden Punkt der Gaßnerlinie bei $L_{50\%}$ bestimmten Neigungsexponenten hat die vorstehende Umrechnung aber generelle Gültigkeit. Die Erfahrung zeigt, daß sich die Streuspanne T_L und damit auch die Sicherheitszahl j_L mit flacherer Neigung $\bar{k}$ der Gaßnerlinie lebensdauerabhängig vergrößert, wohingegen die Streuspanne $T_{S,F}$ bzw. $T_{S,res}$ und damit die Sicherheitszahl j_S von der Lebensdauer unabhängig annähernd gleich bleiben.

3.7 Erstellen und Beurteilen des Nachweises

Als Teilaufgabe 7 ist damit der Betriebsfestigkeits-Nachweis zu erstellen, gemäß den Anforderungen zu beurteilen, sofern gefordert, experimentell zu bestätigen, und erforderlichenfalls ist über Möglichkeiten einer Verbesserung oder Optimierung zu befinden.

Der Betriebsfestigkeits-Nachweis sollte vorzugsweise als Spannungs-Nachweis mit einer spannungsbezogenen Sicherheitszahl j_S nach (3.6) oder (3.10) bzw. j_S^* nach (3.11) entsprechend Bild 3.30 geführt werden. Dies geschieht in folgender Form:

$$\bar{S}_{a,B} \leq \text{zul } \bar{S}_a(\bar{N}_{Ford}; \text{zul} P_A), \tag{3.17}$$

$$\text{zul } \bar{S}_a(\bar{N}_{Ford}; \text{zul} P_A) = \text{ertr } \bar{S}_a(\bar{N}_{Ford}; P_A=50\%) \, / \, j_S. \tag{3.18}$$

Oder in Worten:

- die betriebliche Beanspruchungshöhe $\bar{S}_{a,B}$ ist unkritisch im Vergleich zur zulässigen Beanspruchungshöhe zul $\bar{S}_a(\bar{N}_{Ford}; \text{zul} P_A)$, die sich für die geforderte Lebensdauer $\bar{N}_{Ford}$ und bei der noch als vertretbar erachteten Ausfallwahrscheinlichkeit zul P_A ergibt, und
- die zulässige Beanspruchungshöhe zul $\bar{S}_a(\bar{N}_{Ford}; \text{zul} P_A)$ errechnet sich aus der mittleren ertragbaren Beanspruchungshöhe ertr $\bar{S}_a(\bar{N}_{Ford}; P_A=50\%)$, dividiert durch die Sicherheitszahl j_S.

Unter der Voraussetzung, daß das Gaßnerstreuband im doppellogarithmischen Netz geradlinig mit der Neigung $\bar{k}$ verläuft, kann der Betriebsfestigkeits-Nachweis auch

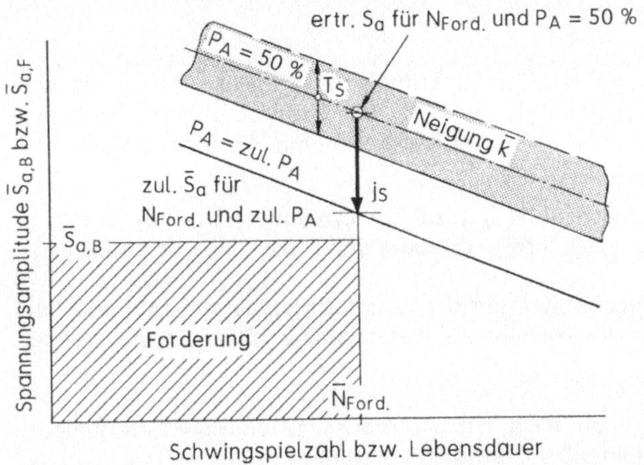

Bild 3.30: Veranschaulichung des Betriebsfestigkeits-Nachweises anhand der Lebensdauerforderung und des Gaßnerstreubandes, angelegt als Spannungs-Nachweis.

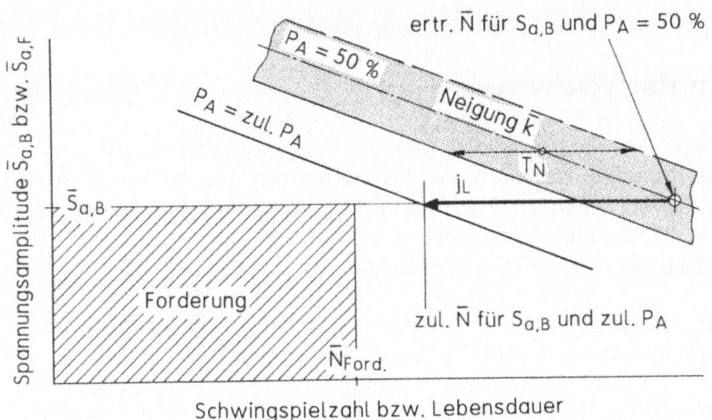

Bild 3.31: Veranschaulichung des Betriebsfestigkeits-Nachweises anhand der Lebensdauerforderung und des Gaßnerstreubandes, angelegt als Lebensdauer-Nachweis.

als Lebensdauer-Nachweis mit der lebensdauerbezogenen Sicherheitszahl j_L nach (3.13) entsprechend Bild 3.31 wie folgt geführt werden:

$$\bar{N}_{Ford} \leq \text{zul } \bar{N}(\bar{S}_{a,B}; \text{zul } P_A), \tag{3.19}$$

$$\text{zul } \bar{N}(\bar{S}_{a,B}; \text{zul } P_A) = \text{ertr } \bar{N}(\bar{S}_{a,B}; P_A=50\%) \,/\, j_L. \tag{3.20}$$

Oder in Worten:

- die geforderte Nutzungsdauer $\bar{N}_{\text{Ford}}$ ist unkritisch im Vergleich zur nachgewiesenen Lebensdauer zul $\bar{N}(\bar{S}_{a,B}; \text{zul}\,P_A)$, die sich für die betriebliche Beanspruchungshöhe $\bar{S}_{a,B}$ und bei der noch als vertretbar erachteten Ausfallwahrscheinlichkeit zul P_A ergibt, und

- die nachgewiesene Lebensdauer zul $\bar{N}(\bar{S}_{a,B}; \text{zul}\,P_A)$ errechnet sich aus der mittleren Lebensdauer ertr $\bar{N}(\bar{S}_{a,B}; P_A=50\%)$, dividiert durch die Sicherheitszahl j_L.

Sofern sich das Ergebnis des Nachweises positiv darstellt, mag es von Interesse sein zu fragen, in welchen Schritten des Nachweises Ansatzpunkte für Optimierungsmaßnahmen erkennbar werden.

Weiterhin stellt sich die Frage, ob nach der Anforderungsliste oder aus anderen Gründen auch noch ein experimenteller Nachweis vorzusehen ist.

Sofern sich das Ergebnis des Nachweises als unbefriedigend darstellt, müßte nach Abschnitt 4.1 über mögliche Verbesserungen befunden werden.

3.8 Dokumentieren des Nachweises

Als Teilaufgabe 8 ist der erstellte Nachweis zu dokumentieren, die zu seiner Absicherung einzuhaltenden Bedingungen sind in den Fertigungsunterlagen zu vermerken, notwendig erachtete Maßnahmen der Fertigungskontrolle oder einer späteren Überwachung im praktischen Betrieb sind zu bezeichnen.

Die Erfordernisse einer ordnungsgemäßen Dokumentation des Betriebsfestigkeits-Nachweises dürften heute unbestritten sein. Weniger befriedigend geregelt sind die Grundsätze, wie sich die zu seiner Absicherung einzuhaltenden Bedingungen in den Fertigungsunterlagen niederschlagen; zu diesem Punkte fehlen geeignete Vorgaben durch die derzeitigen Zeichnungsnormen.

Beim Betriebsfestigkeits-Nachweis vorausgesetzte oder als notwendig angesehene Maßnahmen der Qualitätssicherung sind zu bezeichnen und den zuständigen Abteilungen mitzuteilen. Etwaige Erfordernisse für die Wartung oder für einen präventiven Austausch schwingbruchgefährdeter Bauteile nach einer bestimmten Betriebszeit sind in geeigneter Form der Kundendienstabteilung sowie nicht zuletzt auch an den Betreiber weiterzugeben.

Ganz allgemein ist es sicherlich ein lohnenswertes Tätigkeitsfeld, vorliegende und neu anfallende Ergebnisse und Daten aus Betriebsfestigkeits-Untersuchungen in geeigneter Form aufzubereiten, um sie als Berechnungsunterlagen bereitzustellen. Von Hochschulen und Forschungsinstituten können mit solchen Aktivitäten in der Regel nur allgemein gefaßte Unterlagen erarbeitet werden, die möglicherweise die spartenspezifischen Anforderungen des konkreten Einzelfalles nur mittelbar abdecken.

Aber gerade derartige spartenspezifische Unterlagen können sich als Quelle des firmen-eigenen Know-how für ein Unternehmen von unschätzbarem Wert erweisen. Dieser Gesichtspunkt sollte bei der ohnehin notwendigen Dokumentation der anfallenden Betriebsfestigkeits-Nachweise unter Einsatz fortschrittlicher Dokumentations-Systeme mitverfolgt werden, wenn auch davon ausgegangen werden darf, daß jeder erfahrene Konstrukteur eine derartige Dokumentation seit jeher betreibt.

4 Problemfälle des Betriebsfestigkeits-Nachweises

4.1 Maßnahmen bei unbefriedigendem Ergebnis des Nachweises

Stellt sich das aus einem Betriebsfestigkeits-Nachweis erzielte Ergebnis bei der Beurteilung nach Teilaufgabe 7 als unbefriedigend dar, so sind geeignete Maßnahmen gefragt, mit denen der Nachweis in Übereinstimmung gebracht werden kann mit den Anforderungen, wie sie unter der Teilaufgabe 1 vorgegeben wurden.

Beim Abklären solcher Möglichkeiten wird oft vordergründig etwa an eine Verbesserung durch Verstärkung des kritischen Querschnitts oder durch die Wahl eines höherwertigen Werkstoffs gedacht. Damit wäre jedoch in vielen Fällen weder die wirkungsvollste, noch die wirtschaftlichste, noch eine unbedingt erfolgversprechende Maßnahme gewählt. Erfahrene Konstrukteure werden vielmehr die Gestaltung des fraglichen Bauteils zu verbessern suchen. Aber auch damit sind noch nicht alle bestehenden Möglichkeiten erfaßt. Denn es darf davon ausgegangen werden, daß im Grundsatz jede der im Abschnitt 1.3 aufgelisteten und im Kapitel 3 abgehandelten acht Teilaufgaben auch geeignete Ansatzpunkte für Maßnahmen bietet, um das Ergebnis eines Betriebsfestigkeits-Nachweises zu verbessern. Die bestehenden Möglichkeiten lassen sich entlang der mit den Teilaufgaben gegebenen Leitlinie wie folgt aufzeigen:

Möglichkeiten aus Teilaufgabe 1, "Vorgegebene Anforderungen":

Unter Teilaufgabe 1, Abschnitt 3.1, sind als Anforderungen die nachzuweisende Lebensdauer bei bezifferter Ausfallwahrscheinlichkeit für die gleichfalls vorzugebenden Betriebsbedingungen festgelegt. An diesen Anforderungen wird das Ergebnis des Betriebsfestigkeits-Nachweises gemessen. Bei unbefriedigendem Ergebnis des Nachweises darf deshalb die Frage gestellt werden, ob die Anforderungen in ihrer vorliegenden Form unabdingbar sind.

Beispielsweise könnte die Lebensdauerforderung herabgesetzt werden, eventuell in Verbindung mit der neuen Vorgabe, daß bei Erreichen dieser Lebensdauer ein vorsorglicher Austausch des schwingbruchkritischen Bauteils vorzunehmen ist, oder daß eine zerstörungsfreie Prüfung durchgeführt wird, um dann über eine noch vertretbare weitere Nutzungsdauer zu entscheiden.

Auch die Frage nach den Betriebsbedingungen könnte eine Erleichterung in der Weise bringen, daß beispielsweise unter extrem harten Betriebsbedingungen nur eine verminderte Nutzungsdauer gewährleistet wird, oder daß gewisse Einsatzbedingungen als unzulässig erklärt werden.

In jedem Falle handelt es sich bei diesen Fragen um unternehmerische Entscheidungen, weil mit ihnen entweder kundenspezifische Forderungen oder Wünsche, oder verkaufsrelevante Leistungsmerkmale oder gar zuzusichernde Eigenschaften des Produktes betroffen sind.

Möglichkeiten aus Teilaufgabe 2, "Schwingbruchgefährdete Querschnitte":

Die zweifellos wirkungsvollste und keineswegs triviale Möglichkeit, das Ergebnis des Betriebsfestigkeits-Nachweises zu verbessern, besteht darin, den eigentlich lebensdauerbestimmenden schwingbruchkritischen Querschnitt, Abschnitt 3.2, auf konstruktivem Wege zu eliminieren.

Entsprechende Beispiele sind das Vermeiden eines schwingbruchbestimmenden Konstruktionselementes, z.B. eines Querschnittsüberganges oder einer anderen konstruktiven Kerbe, indem die betreffende konstruktive Funktion auf andere Weise erbracht wird, oder das Vermeiden eines Querschnitts mit Schweißnaht, indem eine andere Gestaltung oder Fertigungsweise vorgesehen wird. Statt des Vermeidens kommt auch ein Verlegen des schwingbruchbestimmenden Konstruktionselementes, z.B. einer Ölbohrung, in einen niedriger beanspruchten Querschnitt oder in einen niedriger beanspruchten Teil des Querschnitts, z.B. nahe der biegeneutralen Faser, in Betracht.

Grundsätzliche Fragen dieser Art sollten keinesfalls im vorhinein als abwegig bezeichnet werden, denn sie können als Schlüsselfragen auf höherwertige Konstruktionen führen und somit ein erforderliches Nachdenken durchaus lohnen.

Möglichkeiten aus Teilaufgabe 3, "Einwirkende Betriebslasten":

Auch die auf einen Querschnitt einwirkenden Betriebslasten, Abschnitt 3.3, sind möglicherweise in ihrer Größe, in ihrer Häufigkeit oder in ihrer Wirkungsrichtung so beeinflußbar, daß sich ein günstigeres Betriebsfestigkeitsverhalten ergibt. Die Auswirkung entsprechender Maßnahmen kann über die damit erzielbare Veränderung des Beanspruchungskollektivs bewertet werden.

Die Größe der Betriebslasten wird fast immer durch dynamische Einflüsse überhöht. Vielleicht läßt sich durch eine bessere Abstimmung des dynamischen Systemverhaltens die Schwingungsneigung des Systems verringern. Oder eine stoßartige Schwingungserregung des Systems kann durch eine größere Elastizität oder durch eine andere Anlaufcharakteristik des Antriebs vermieden werden.

Die Häufigkeit der Belastung wird unter Umständen über eine andere Betriebsweise vermindert, so z.B. wenn bei einem positionierenden Antrieb statt eines Tipp-Betriebs ein Kriechgang vorgesehen wird [120].

Die Wirkungsrichtung der Betriebslasten läßt sich über eine Abwandlung des Tragsystems oder der Kinematik beeinflussen. Bei einer Getriebewelle wird sie möglicherweise durch eine entgegengesetzte Richtung der Schrägverzahnung dahingehend verändert, daß sich im kritischen Wellenquerschnitt ein geringeres Biegemoment einstellt.

In jedem Falle wird man bei Betriebsfestigkeits-Problemen alle im Prinzip vermeidbaren, weil nicht funktionsbedingten Beanspruchungen auszuschließen versuchen. So würde sicherlich kein Konstrukteur eine zum Flattern neigende Fahrzeuglenkung so auslegen, daß sie diese vermeidbaren Belastungen erträgt; in der Regel werden aber die im Prinzip vermeidbaren Belastungen einer Konstruktion weniger augenfällig sein.

Möglichkeiten aus Teilaufgabe 4, "Auftretende Beanspruchung":

Die unter den einwirkenden Betriebslasten im schwingbruchkritischen Querschnitt auftretende Beanspruchung, Abschnitt 3.4, ist durch die Gestaltung des Bauteils gegeben. Maßnahmen zur günstigen Beeinflussung der auftretenden Beanspruchung sind unter dem Begriff des beanspruchungsgerechten Gestaltens der Bauteile bekannt. Sie haben heute breiten Eingang in die Konstruktionspraxis gefunden und sind in einem umfangreichen Schrifttum abgehandelt. Dabei geht es insbesondere um das Vermeiden hoher Kerbspannungen oder Zusatzspannungen, gestützt auf Kraftflußvorstellungen wie auch auf Betrachtungen der Bauteilverformung. Weiterhin gilt es nach Möglichkeit, komplex mehrachsige Beanspruchungszustände zu vermeiden sowie Zwängungsspannungen aus der Montage auszuschließen.

Zum quantitativen Erfassen der betreffenden Einflüsse bieten sich die Verfahren der rechnerischen oder experimentellen Spannungsanalyse an. Die Auswirkung einer veränderten Beanspruchungssituation läßt sich über die Höhe der kennzeichnenden Beanspruchung bewerten, was nach Abschnitt 3.4 auf der Basis von Nennspannungen, von Strukturspannungen, von Kerbspannungen oder von Spannungsintensitätsfaktoren geschehen kann.

Möglichkeiten aus Teilaufgabe 5, "Ertragbare Beanspruchungshöhe":

Die nach Abschnitt 3.5 zu ermittelnde ertragbare Beanspruchungshöhe der Bauteile unterliegt einer Vielzahl von werkstofflichen, fertigungstechnischen und umgebungsbestimmten Einflüssen, die entweder die Schwingfestigkeit günstig oder ungünstig beeinflussen. Um die ertragbare Beanspruchungshöhe anzuheben, sollte das Bestreben dahin gehen, zunächst einmal etwaige schwingfestigkeitsmindernde Einflüsse aufzudecken und ihnen zu begegnen, ehe daran gedacht wird, gesonderte schwingfestigkeitssteigernde Maßnahmen zu ergreifen.

Geeignet erachtete Maßnahmen können in ihrer Auswirkung über die anzusetzende Wöhler- oder Gaßnerlinie beurteilt werden. In Betracht kommen:

- die Verstärkung des schwingbruchkritischen Querschnitts,
- die Verbesserung der Gestaltfestigkeitseigenschaften
- die Verbesserung der Oberflächeneigenschaften,

- die Anwendung randschichtverfestigender Verfahren,
- die Anwendung von Korrosionsschutz-Maßnahmen,
- die Wahl eines geeigneteren Werkstoffs.

Eine Verstärkung des Querschnitts in der Absicht, die Beanspruchungshöhe generell abzumindern, ist nur dann von Erfolg, wenn die Beanspruchung aus der Einwirkung von Kräften und nicht etwa durch Zwangsverformungen entsteht. Eine Verbesserung der Gestaltfestigkeitseigenschaften kann über die rein spannungsmechanisch erfaßbaren Möglichkeiten hinaus bestehen, und sie kann ihrerseits z.B. auf ein verbessertes bzw. vergleichmäßigtes Tragverhalten durch geringere Fertigungstoleranzen, auf ein verbessertes Verformungsverhalten, auf eine gemilderte Kantenpressung und Reibkorrosion, auf geringere Montagespannungen usw. abzielen.

Verbesserte Eigenschaften der Oberfläche sind z.B. durch geringere Rauhigkeiten, durch das Vermeiden ungünstiger Eigenspannungen, durch das Vermeiden einer Randentkohlung oder Randoxidation, durch bessere Schmiede- oder Gußoberflächen usw. zu erzielen. Als randschichtverfestigende Verfahren bieten sich z.B. das Einsatzhärten, Induktionshärten, Nitrieren, Teniferieren, Kugelstrahlen, Festwalzen oder Glattwalzen an. Zum Vermeiden nachteiliger Korrosionseinflüsse kommen unter anderem korrosionsbeständige Werkstoffe, kathodischer Schutz, metallische Überzüge wie z.B. Verzinken, oder Beschichtungen wie z.B. mehrschichtige Anstriche in Betracht [148].

Zur Frage der Werkstoffwahl lassen sich folgende allgemeineren Ausführungen machen: Die verbreitete Ansicht, daß mit dem Einsatz eines höherfesten Werkstoffs gewissermaßen zwangsläufig auch eine höhere Schwingfestigkeit erwartet werden darf, stützt sich vor allem auf Untersuchungen, nach denen die Biege-Dauerwechselfestigkeit (von ungekerbten Proben) bei Stählen proportional mit der Zugfestigkeit ansteigt. Diese Ansicht wurde jedoch durch umfangreiche Untersuchungen, u.a. von Schütz [56,57], zum Kerb-, Mittelspannungs- und Kollektiveinfluß relativiert:

Danach ist die Verwendung eines hochfesten und damit höherwertigen Werkstoffs für eine schwingbruchgefährdete Konstruktion im allgemeinen nur dann gerechtfertigt, wenn zugleich eine hohe Konstruktions- und Fertigungsgüte angestrebt wird, um alle Kerbeinflüsse so weit wie möglich zu mildern. In logischer Umkehr des gleichen Gedankens ergibt sich die Aussage, daß die unzureichende Schwingfestigkeit einer konstruktiv oder fertigungstechnisch schlecht durchgebildeten Konstruktion auch durch einen höherwertigen Werkstoff nicht nennenswert verbessert werden kann, unter Umständen kann sie sogar absinken. Zudem wirkt sich nach Bild 2.16 eine Zugmittelspannung umso nachteiliger auf die ertragbare Spannungsamplitude aus, je höher die Zugfestigkeit des Werkstoffs ist. Gerade bei hochfesten Werkstoffen gilt es deshalb zu beachten, daß Eigen- oder Montagespannungen als zusätzliche und unkontrollierte Zugmittelspannung einen besonders ungünstigen, künstlich aufgebrachte Druck-Eigenspannungen hingegen einen besonders günstigen Einfluß auf die Schwingfestigkeit haben können.

Für Schweißverbindungen wurde auf statistisch gesicherter Grundlage [17,150] der Nachweis erbracht und sodann mit der normierten Auswertung weiterer Datenmaterials aus dem Schrifttum [50] in allgemeinster Form bestätigt, daß für das

Schwingfestigkeitsverhalten von Schweißverbindungen aus den gängigen schweißbaren Baustählen gleiche Gesetzmäßigkeiten gelten, und daß bei Schweißverbindungen aus Baustählen wie St37, St52, StE355, StE460 oder StE690 bei vergleichbarer Verbindungsform auch von den gleichen Dauerfestigkeits-, Zeitfestigkeits- und Betriebsfestigkeitswerten auszugehen ist. Angesichts dieser Sachlage ist es ratsam, bei einem beabsichtigten Übergang auf einen hochfesten Feinkornbaustahl der Schwingfestigkeitsfrage besondere Aufmerksamkeit zu schenken.

Ein Vorteil der hochfesten Baustähle bei Schweißkonstruktionen ist eigentlich nur dann zu sehen, wenn der Maximalspannungs-Nachweises und nicht der Lebensdauer-Nachweis für die Querschnittsbemessung ausschlaggebend ist. In allgemeiner Form läßt sich dazu feststellen [156], daß diese Situation umso eher gegeben ist, je günstiger die Schweißverbindung gestaltet und je sorgfältiger sie hergestellt ist, je günstiger das anzusetzende Beanspruchungskollektiv ist, je höher die Mittelspannung aus den statischen Lastanteilen bzw. je größer das Spannungsverhältnis ist, und je weiter die im ungünstigsten Einzelfall denkbare Maximalbeanspruchung den Höchstwert der regulären Schwingbeanspruchung übersteigt, oder in anderen Worten, je größer das Ausmaß einer denkbaren Überbeanspruchung sein kann.

Mit einem schon häufig angeführten Beispiel veranschaulicht Bild 4.1, in welchem Maße die Lebensdauer eines Achsschenkels bei vorgegebenem Zapfendurchmesser d durch eine höhere Festigkeit des Werkstoffs, durch eine verbesserte Formgebung oder durch eine zusätzliche Oberflächenbehandlung gesteigert werden konnte. Die Möglichkeit, eine Steigerung der Lebensdauer mit höherer Festigkeit des Stahles zu erzielen, nimmt sich vergleichsweise bescheiden aus gegenüber den Steigerungsbeträgen, die sich über eine verbesserte Formgebung oder über eine Oberflächenbehandlung erreichen lassen. Ein anderes Beispiel zeigt Bild 6.1.

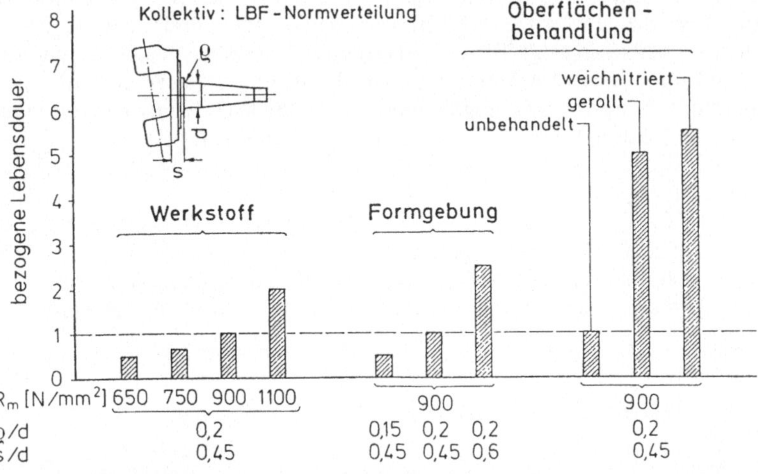

Bild 4.1: Möglichkeiten der Lebensdauersteigerung bei einem Achsschenkel, nach Gaßner und Schütz.

Möglichkeiten aus Teilaufgabe 6, "Abzudeckende Streueinflüsse":

Durch eine günstige Einwirkung auf Streueinflüsse können im Betriebsfestigkeits-Nachweis verminderte Streuspannen und damit kleinere Sicherheitszahlen zugrunde gelegt werden, womit sich für den gleichen Wert der Ausfallwahrscheinlichkeit die ausnutzbare Lebensdauer erhöht, Abschnitt 3.6.

So ist eine verminderte Streuspanne für die Betriebsbeanspruchung beispielsweise dann denkbar, wenn die gleichartigen Fahrzeuge eines städtischen Verkehrsbetriebes in einem planmäßig ausgewogenen Wechsel auf den verschiedenen Linien und für die unterschiedlichen Verkehrszeiten zum Einsatz kommen.

Um eine verminderte Streuspanne der ertragbaren Beanspruchung zu erzielen, sind Maßnahmen zur Qualitätssicherung gefordert. Sie dürfen sich jedoch nicht in der durchaus wünschenswerten Zielvorgabe einer vergleichmäßigt hohen Qualität erschöpfen. Vielmehr müssen sie in erster Linie darauf gerichtet sein, mit großer Verläßlichkeit diejenigen Einzelstücke zu identifizieren und auszusondern, die extrem ungünstige Schwingfestigkeitseigenschaften aufweisen. Denn nach Bild 3.29 und den Ausführungen im Abschnitt 3.6.5 sind es vorrangig die unteren Extremwerte der Streuverteilung, die die ausnutzbare Lebensdauer bzw. die Wahrscheinlichkeit vorzeitiger Ausfälle bestimmen.

Möglichkeiten aus Teilaufgabe 7, "Erzieltes Ergebnis":

Führt die Beurteilung nach Abschnitt 3.7 auf ein unbefriedigendes Ergebnis des Betriebsfestigkeits-Nachweises so kann auch die Frage angebracht sein, ob etwa durch die Anwendung verfeinerter Nachweisverfahren eine Veränderung im positiven Sinne erreicht werden kann, beispielsweise weil der bisherige Nachweis durch die getroffenen Vereinfachungen noch gewisse Reserven beinhaltet.

Auch die Möglichkeit eines ergänzenden experimentellen Nachweises bleibt zu bedenken, wenn über die anzusetzenden Betriebslasten oder über die zugrunde gelegten Schwingfestigkeitswerte größere Unklarheiten bestehen und durch die experimentelle Abprüfung eine Veränderung zum Positiven erwartet werden darf. Welche Möglichkeiten in Betracht gezogen werden, sollte sich letztlich auch nach Gesichtspunkten einer Kosten-Nutzen-Analyse richten, Abschnitt 6.1.

Möglichkeiten aus Teilaufgabe 8, "Erforderliche Dokumentation":

Um Hinweise auf mögliche Verbesserungen der Konstruktion oder des Nachweises zu erhalten, bietet sich nicht zuletzt der Rückgriff auf die Dokumentationen von früher bereits für ähnliche Konstruktionen durchgeführte Betriebsfestigkeits-Nachweise an.

4.2 Analysen und Maßnahmen bei Schwingbrüchen im Betrieb

Letztverbindlicher Prüfstein für einen Betriebsfestigkeits-Nachweis ist die Bewährung des betreffenden Bauteils im betrieblichen Einsatz: Tritt dennoch im betrieblichen Einsatz ein Schwingbruch auf, so stellt sich die Frage, in welchem Punkte die dem Nachweis zugrunde gelegten Bedingungen, oder auch die vorgegebenen Anforderungen, von den tatsächlichen Gegebenheiten abweichen. Bei allen Unannehmlichkeiten, die ein solcher Schadensfall verursachen kann, bietet eine sorgfältige Auswertung der Bruchursache anderweitig wohl kaum zu erhaltende Informationen [2-10]. (Der Begriff Schwingbruch sei hier gleichbedeutend mit Schwinganriß verstanden.)

Bei rein sachlicher Behandlung des Problems, d.h. ohne daß etwaige abzuwägende rechtliche oder taktische Überlegungen für die Schadensregulierung entgegen stehen, sollten mit dem Bekanntwerden eines Betriebsbruchs unverzüglich zwei Maßnahmen veranlaßt werden:

- Sofortmaßnahme 1:
  Sicherstellen des gebrochenen Bauteils und
  Beschaffen erster notwendiger Informationen.

Dazu stellen sich zumindest folgende Fragen:

- Welche Konstruktion (Typ, Baujahr etc.) ist betroffen?
- Welches Bauteil (Zeichnungsnummer, Fertigungsnummer) ist gebrochen?
- Welche Betriebszeit bis zum Bruch (Jahre, Betriebsstunden) wurde erreicht?
- Welche Betriebsbedingungen (eventuell kundenspezifisch) lagen vor?
- Welche besonderen Ereignisse könnten mitbestimmend gewesen sein?
- Welche Anzeichen führten zum Entdecken des Schwingbruchs?
- Welche Gefährdungen und Auswirkungen waren mit dem Schwingbruch verbunden?
- Welche Maßnahmen wurden zwischenzeitlich bereits getroffen?

Mit einer Beantwortung dieser Fragen und mit der Möglichkeit, Untersuchungen an dem gebrochenen Bauteil durchführen zu können, werden wichtige Informationen beschafft, auf die sich eine Schadensanalyse und daraus ableitbare Maßnahmen stützen können.

- Sofortmaßnahme 2:
  Abklären des Risikos ähnlicher Betriebsbrüche und
  erforderlichenfalls Veranlassen von Vorsorgemaßnahmen.

Fragen dazu sind:

- Welche Anzahl vergleichbarer Bauteile wurden gefertigt?
- Welche Kunden erhielten diese Bauteile?
- Welche Erfahrungen liegen bei diesen Kunden vor?

- Welche Prüfungen können Klarheit über sich anbahnende Schäden schaffen?
- Welche Maßnahmen zur Abwendung weiterer Schadensfälle sind angezeigt?
- Welche Konsequenzen könnten sich ergeben?

Erfahrungsgemäß darf in der Mehrzahl der Fälle davon ausgegangen werden, daß an gleichartigen oder vergleichbaren Bauteilen ebenfalls schon der Ansatz zu einem Schwingbruch-Schaden feststellbar ist, oder daß er nicht mehr lange auf sich warten läßt.

Ziel einer anschließend durchzuführenden Schadensanalyse muß es sein, die für den Schwingbruch entscheidende(n) Ursache(n) zweifelsfrei festzustellen, weil nur so Gewißheit zu erlangen ist, daß eine richtige Entscheidung über Abhilfemaßnahmen getroffen wird.

Für das Durchführen einer Schadensanalyse gibt es allgemein gehaltene Empfehlungen und Beispiele [2-10,157-160]. Auch darf davon ausgegangen werden, daß im Grundsatz wiederum jede der im Abschnitt 1.3 aufgelisteten Teilaufgaben geeignete Ansatzpunkte bietet, um die Ursachen aufgetretener Schwingbrüche methodisch zu ergründen. Die nachstehenden Hinweise folgen wiederum dieser Leitlinie:

Hinweise aus Teilaufgabe 1, "Vorgegebene Anforderungen":

Anhand der eingeholten ersten Informationen und etwaiger ergänzender Erkundigungen läßt sich abprüfen, wie die in Erfahrung gebrachten Betriebsbedingungen mit den Vorgaben übereinstimmen, die mit der Anforderungsliste für den Betriebsfestigkeits-Nachweis zugrunde gelegt wurden, Abschnitt 3.1. Erforderlichenfalls müssen die Anforderungen nach den neu vorliegenden Erkenntnissen verändert und die sich damit ergebenden Folgerungen für den Betriebsfestigkeits-Nachweis bedacht werden.

Hinweise aus Teilaufgabe 2, "Schwingbruchgefährdete Querschnitte":

Durch die Lage des Bruchquerschnitts bzw. durch den aus der Bruchflächenstruktur zu ersehenden Ausgangspunkt des Schwingbruchs wird der schwingbruchkritische Querschnitt des Bauteils mitsamt seinem schwingbruchbestimmenden Konstruktionsdetail eindeutig bezeichnet. Sofern er nicht übereinstimmt mit einem der schwingbruchkritischen Querschnitte, die dem Betriebsfestigkeits-Nachweis zugrunde lagen, stellt sich die Frage nach dem Warum.

Denkbare Gründe für eine von der Erwartung abweichende Ausprägung oder Lage des Schwingbruchs sind ein Fertigungsfehler, eine Beschädigung durch äußere Einwirkung, eine Reibkorrosions- oder Freßstelle, ein (lokaler) korrosiver Angriff oder auch die Beanspruchung aus einem nicht bedachten Lastfall. Weitere Überlegungen ergeben sich aus den Ausführungen zur Teilaufgabe 2 in den Abschnitten 3.2 und 4.1.

Hinweise aus Teilaufgabe 3, "Einwirkende Betriebslasten":

Die Struktur einer Bruchfläche [2], Bild 1.2, läßt recht eindeutige Rückschlüsse zu auf die Art und Höhe der Belastung, die den Bruch herbeigeführt hat. So läßt sich das Bruchbild eines Gewaltbruchs oder eines Schwingbruchs anhand der Bruchflächenstruktur unterscheiden. Auch kann auf eine Schwingbelastung wenig oder weit oberhalb der Dauerfestigkeit, auf eine wechselnde oder eine schwellende Belastung, auf eine Biege- oder eine Verdrehbelastung, oder auf eine Belastung mit konstanter oder mit veränderlicher Amplitude geschlossen werden.

Damit ergeben sich Hinweise, welche schwingbruchbestimmenden Belastungen im Betrieb vorgeherrscht haben mögen, ob demnach die beim Betriebsfestigkeits-Nachweis zugrunde gelegten Belastungen zutreffen, oder ob ein bisher nicht bedachter Lastfall in Erwägung zu ziehen ist, Abschnitt 3.3.

Eine Erklärung für den aufgetretenen Schwingbruch folgt möglicherweise auch aus Fragen nach bisher unberücksichtigten Belastungen, beispielsweise ob die Größe der rechnerisch angesetzten Betriebslasten durch dynamische Einflüsse überhöht sein kann, ob eine Schwingungserregung der Struktur vorliegt, ob stoßartige Belastungen auftreten oder ob Zusatzbeanspruchungen aus der Art des Antriebs, aus seinem Anlaufverhalten oder aus seinem nicht optimierten Regelverhalten entstehen. Weiterhin interessiert, welche Häufigkeit und Kollektivform der Belastung zu veranschlagen ist.

Die als Sofortmaßnahme empfohlene Sicherstellung des gebrochenen Bauteils unterstreicht folgendes Beispiel: Die Bruchfläche einer Welle zeigte etwa 32 abzählbare, auffallend regelmäßige Rastlinien-Markierungen. Diese Zahl stimmte überein mit der Zahl der jeweils einwöchigen Betriebsperioden bis zum Bruch, was darauf hindeutete, daß überhöhte Beanspruchungen beim wöchentlichen Anlauf der Anlage schwingbruchbestimmend waren.

Sofern durch derartige Betrachtungen keine hinreichende Klarheit über die tatsächlich auftretende Belastung zu gewinnen ist, sollte eine entsprechend angelegte Messung der Betriebsbelastung erwogen werden.

Hinweise aus Teilaufgabe 4, "Auftretende Beanspruchung":

Ausgangspunkt und Verlauf des aufgetretenen Schwingbruchs gestatten auch einen Vergleich mit der Spannungsverteilung im Bruchquerschnitt, die für den Betriebsfestigkeits-Nachweis errechnet wurde, Abschnitt 3.4.

Ist der Ausgangspunkt des Schwingbruchs durch eine Kerbstelle gegeben, liegt es auf der Hand, diese Kerbstelle zu entschärfen. Doch muß dabei bedacht werden, daß eine benachbarte Kerbstelle bei nur wenig verbesserter Lebensdauer sich als die dann schwingbruchbestimmende erweisen kann, weil die Kerbspannung dort nur unwesentlich niedriger ist als an der bisherigen Bruchausgangsstelle. Diese Situation, die mit dem Begriff der "konkurrierenden Kerben" belegt ist, besteht insbesondere bei hochausgelasteten Konstruktionen, die eine gut ausgewogene Detailgestaltung der verschiedenen Kerbstellen aufweisen.

Hinweise aus Teilaufgabe 5, "Ertragbare Beanspruchungshöhe":

Unter diese Teilaufgabe fällt die Frage, ob der Werkstoff, die Form und die Abmessungen, der Oberflächenzustand und andere Merkmale des gebrochenen Bauteils den Zeichnungs- und Qualitätsanforderungen entsprechen. Weiterhin die Frage, ob etwa schwingfestigkeitsmindernde Einflüsse, wie z.B. Reibkorrosion, Spannungsrißkorrosion, Schwingungsrißkorrosion, ein Oberflächenfehler oder ein Härteriß vorgelegen haben. Eine Beantwortung auch dieser Fragen ist nur aus Untersuchungen am Bauteil oder daraus entnommenen Proben zu erwarten.

Führt die Schadensanalyse zu dem Schluß, daß die Schwingfestigkeit des Bauteils in einem bestimmten Verhältnis gesteigert werden muß, so bieten sich dazu vornehmlich diejenigen der im Abschnitt 4.1 unter der Teilaufgabe 5 erörterten Maßnahmen an, die sich ohne Veränderung der Einbaumaße verwirklichen lassen.

Die Möglichkeit eines ergänzenden experimentellen Nachweises sollte zum einen in Betracht gezogen werden, wenn über die anzusetzenden Schwingfestigkeitswerte größere Unklarheiten bestehen. Zum anderen sind sie angezeigt um nachzuweisen, daß die vorgesehenen Maßnahmen zur Steigerung der Schwingfestigkeit den gewünschten Erfolg haben, was auf einfache Weise durch einen Vergleich der Gaßnerlinien für die bisherige und für die geänderte Ausführung anhand von Betriebsfestigkeits-Versuchen, meist schon unter Ansatz einer geeigneten Standard-Lastfolge, geschehen kann, Abschnitte 2.2 bis 2.4.

Hinweise aus Teilaufgabe 6, "Abzudeckende Streueinflüsse":

Unter dem Gesichtspunkt der Lebensdauer-Streuung läßt sich der aufgetretene Schadensfall in Beziehung setzen zu den Lebensdauerwerten, die alle gleichartigen Bauteile nach bisheriger Erfahrung bereits erreicht haben. Je nachdem, ob die Gesamtheit der übrigen Bauteile

- die geforderte Nutzungsdauer insgesamt und
  bei hinreichend kleiner Ausfallwahrscheinlichkeit ($P_{A,Bruch} \ll 50\%$), oder
- die geforderte Nutzungsdauer zwar im Mittel,
  aber bei einer überhöhten Ausfallwahrscheinlichkeit ($P_{A,Bruch} < 50\%$), oder
- die geforderte Nutzungsdauer nicht einmal im Mittel und
  demgemäß nur mit hoher Ausfallwahrscheinlichkeit ($P_{A,Bruch} \approx 50\%$)

erreichten, werden drei unterschiedliche Problem-Situationen erkennbar:

Der erste Fall ist beispielsweise gegeben, wenn sich der Schadensfall auf ein bereits vielfach und langzeitig bewährtes Bauteil bezieht. Es ist dann zu vermuten und müßte sich durch die Schadensanalyse bestätigen, daß der aufgetretene Schadensfall ein Einzelstück betrifft, dessen Eigenschaften außerhalb der Qualitätsanforderungen liegen. Es bleibt dann zu entscheiden, ob weitere Bauteile mit diesen unzulänglichen Eigenschaften zum Einsatz gekommen sein können und vorsorglich ausfindig gemacht werden müssen, und ob aufgrund dieser Sachlage eine verschärfte oder eine ergänzende Qualitätsprüfung angezeigt ist.

Der zweite Fall stellt sich beispielsweise mit einzelnen vorzeitigen Schwingbrüchen eines ansonsten bewährten Bauteils dar. Die Frage ist dann, ob diese vorzeitigen Schwingbrüche mit ungünstigen Betriebsbedingungen oder mit ungünstigen Bauteileigenschaften oder mit beiden Umständen in Verbindung zu bringen sind. Schon eine mäßige Verbesserung des Schwingfestigkeitsverhaltens dürfte ausreichen, um vorzeitige Brüche solcher Bauteile künftig auszuschließen.

Der dritte Fall liegt vor, wenn ein Schwingbruch bei einem oder gar bei mehreren Bauteilen der ersten Serie vor Erreichen der geforderten Nutzungsdauer auftritt. Mit großer Wahrscheinlichkeit kann bei solch vorzeitigen Schwingbrüchen als Ursache des Versagens eine systematische Fehleinschätzung

- der tatsächlich einwirkenden Belastung,
- der daraus errechneten Beanspruchung oder
- der angesetzten ertragbaren Beanspruchung

unterstellt werden. Die zutreffende Ursache gilt es zu ergründen, um über geeignete Maßnahmen entscheiden zu können.

Hinweise aus Teilaufgabe 7, "Erzieltes Ergebnis":

Nach Griese kann jeder Schwingbruch im Betrieb auch aufgefaßt und ausgewertet werden als "das Ergebnis eines Betriebsfestigkeits-Versuchs unter realen Betriebsbedingungen", Bilder 4.2a bis c:

Für die anzusetzende Betriebsbeanspruchung $\bar{S}_{a,B}$ bezeichnet der aufgetretene Schwingbruch die Lebensdauer $\bar{N}_{Bruch}$ für eine Ausfallwahrscheinlichkeit, die sich, wie vorstehend beschrieben, im Fall 3 zu $P_{A,Bruch} \approx 50\%$ und im Fall 2 zu

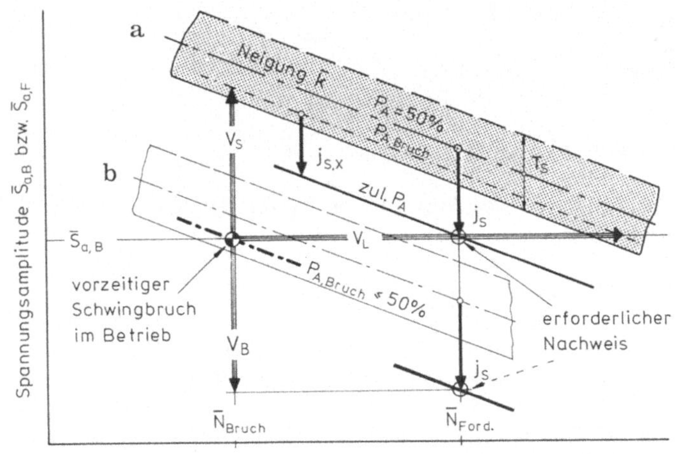

Bild 4.2: Auswertung der bis zum vorzeitigen Schwingbruch eines Bauteils im Betrieb ertragenen Schwingspielzahl $\bar{N}_{Bruch}$ zum Abschätzen (a) der erforderlichen Schwingfestigkeits-Steigerung im Verhältnis V_S, (b) der erforderlichen Lebensdauer-Steigerung im Verhältnis V_L, (c) der erforderlichen Beanspruchungs-Absenkung im Betrieb im Verhältnis V_B.
(1) Gaßnerstreuband für den erforderlichen Nachweis, (2) tatsächlich zutreffendes Gaßnerstreuband.

$P_{A,Bruch}$<50% abschätzen läßt. Mit diesen Daten ist ein "Versuchspunkt" auf der für die bisherige Ausführung tatsächlich gültigen Gaßnerlinie bestimmt. Sie verläuft bei Auftragung im doppellogarithmischen Netz in vertikaler Richtung parallel verschoben zu dem Gaßnerstreuband, das nach den Voraussetzungen des ursprünglich durchgeführten (oder auch nicht durchgeführten aber erforderlichen) Betriebsfestigkeits-Nachweises hätte gelten sollen. Das heißt, daß nach diesem Streuband die geforderte Nutzungsdauer $\bar{N}_{Ford}$ mit der als vertretbar erachteten Ausfallwahrscheinlichkeit zul P_A gerade erfüllt wäre.

Innerhalb dieses Streubandes interessiert nun die Gaßnerlinie für die Ausfallwahrscheinlichkeit $P_{A,Bruch}$ wie sie für den Schwingbruch abzuschätzen ist. Aus dem Abstand dieser Gaßnerlinie von der durch den Schwingbruch belegten Gaßnerlinie und mit der anzusetzenden Sicherheitszahl j_S für den Wert zul P_A, Abschnitt 3.6, läßt sich

- die erforderliche Steigerung der Schwingfestigkeit, Verhältniswert V_S nach Bild 4.2a,
- die erforderliche Steigerung der Lebensdauer, Verhältniswert V_L nach Bild 4.2b, oder
- die erforderliche Absenkung der im Betrieb auftretenden Beanspruchung, Verhältniswert V_B nach Bild 4.2c,

beziffern. Es gilt:

$$V_S = j_{S,x} \cdot (\bar{N}_{Ford}/\bar{N}_{Bruch})^{1/\bar{k}}, \tag{4.1}$$

$$V_B = 1 / j_{S,x} \cdot (\bar{N}_{Ford}/\bar{N}_{Bruch})^{1/\bar{k}}, \tag{4.2}$$

$$V_L = j_{S,x}^{\bar{k}} \cdot (\bar{N}_{Ford}/\bar{N}_{Bruch}), \tag{4.3}$$

$$j_{S,x} = (1/T_S)^{(u_A - u_B)} \leq j_S = (1/T_S)^{u_A}, \tag{4.4}$$

wobei der Wert u_A für zul P_A sowie der Wert u_B als u_A für $P_{A,Bruch}$ jeweils nach Tabelle 3.4 bestimmt werden kann.

Hinweise aus Teilaufgabe 8, "Dokumentation der Erkenntnisse":

Wird trotz positivem Ergebnis eines rechnerischen Betriebsfestigkeits-Nachweises im späteren Betrieb ein Schwingbruch-Schaden verzeichnet, so ist neben der Abklärung aller übrigen Ursachen auch die Frage angebracht, ob der Schaden etwa eine Folge davon sein könnte, daß die für das betroffene Bauteil zu fordernden Eigenschaften in den Fertigungsunterlagen unzureichend dokumentiert wurden.

Beispielsweise konnten gelegentliche Schwingbrüche an einer in Großserie, aber noch nicht auf Transferstraße gefertigten Kurbelwelle durch Schwingfestigkeits-Versuche an zufällig aus der Serie gegriffenen Prüflingen nicht erklärt und erst durch die Befunde einer Schadensanalyse im folgenden dadurch ausgeschlossen werden, daß der Hohlkehlradius am Zapfenübergang zum Kontrollmaß gemacht wurde. Darüber hinaus verdeutlicht auch dieses Beispiel, daß es für die Klärung eines Schadensfalles von unersetzlichem Wert sein kann, Zugriff auf das schadhafte Bauteil zu haben.

Ein weiterer Hinweis betrifft die notwendige Rückkopplung von Erkenntnissen. Auch wenn das Auftreten eines Schwingbruch-Schadens nicht zu den Erfolgserlebnissen des zuständigen Ingenieurs zählen mag, so sollte deshalb die Chance, aus einem Schaden klug zu werden, nicht vertan werden. Das heißt mit anderen Worten, daß die Ergebnisse und die Erkenntnisse aus einer durchgeführten Schadensanalyse in Form eines korrigierenden Nachtrags zu dem ursprünglichen Betriebsfestigkeits-Nachweis dokumentiert und allen an der ursprünglichen Konstruktion Beteiligten als Information zugeleitet werden sollten.

Wie bedeutsam diese Rückkopplung der Information sein kann, wird aus folgendem Beispiel ersichtlich: Schadensfälle an einem in Serie gefertigten Bauteil gaben Anlaß zu einer Betriebsfestigkeits-Untersuchung. Das anschließend durch die Betriebserfahrung bestätigte Ergebnis war, den hochvergüteten Stahl 50Cr4 durch den niedriger vergüteten Stahl 42CrMo4 in Verbindung mit einer optimierten Formgebung zu ersetzen, um die geforderte Lebensdauer zu erreichen. Einige Zeit später kam die Nachfolgekonstruktion zur Untersuchung: Das betreffende Bauteil war wieder aus dem hochvergüteten Stahl und in der alten Form ausgeführt. Nachfragen ergaben, daß das Ergebnis der ersten Untersuchung dem zuständigen Konstrukteur nicht zur Kenntnis gekommen war, so daß er auch bei der Nachfolgekonstruktion anhand seiner unveränderten Arbeitsunterlagen vorging.

5 Betriebsfestigkeit und methodisches Konstruieren

5.1 Wesen des methodischen Konstruierens

Methodisches Konstruieren erfordert ein Einhalten fest vorgegebener Arbeits- und Entscheidungsschritte mit methodischen Anweisungen [161,162]: Klären der Aufgabe - Konzipieren - Entwerfen - Ausarbeiten.

Das Vorgehen orientiert sich an einem allgemeinen Lösungsprozeß, wie er für jede Art von Problemen anwendbar ist, Bild 5.1. Die einzelnen Arbeits- und Entscheidungsschritte sind aufeinander abgestimmt mit dem Ziel, alle für die Lösung der Aufgabe relevanten Gesichtspunkte zu erkennen und sie zum frühest geeigneten Zeitpunkt in den Konstruktionsprozeß einzubringen. Kennzeichnend ist, daß eine Lösung erst gesucht wird, nachdem die Aufgabe durch Information und Definition in ihrer Zielsetzung ausreichend geklärt ist. Lösungsvorschläge werden anhand dieser Zielsetzung überprüft und beurteilt.

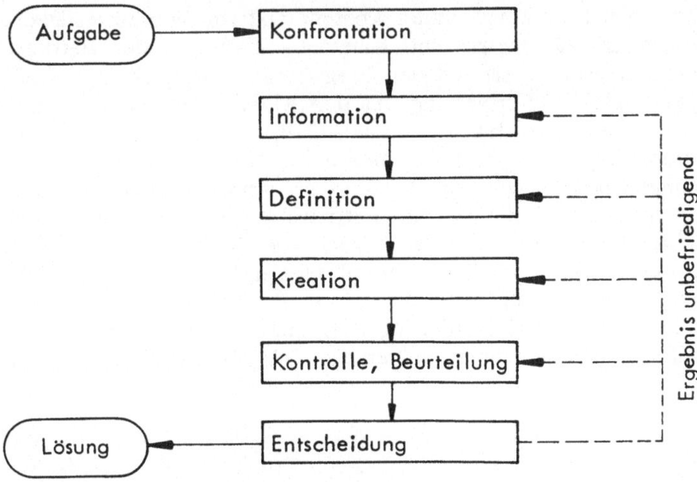

Bild 5.1: Allgemeiner Lösungsprozeß [162].

In konsequenter Anwendung zwingt dieses Vorgehen, auch Fragen der Betriebsfestigkeit zum frühestmöglichen Zeitpunkt an bestimmten Knotenpunkten des Konstruktionsprozesses zu berücksichtigen. Der nachstehende Abriß ist angelehnt an die Konstruktionslehre von Pahl-Beitz [162,163-164]:

Klären der Aufgabe:

Häufiger Mangel und häufige Ursache für Fehlentwicklungen ist eine nicht hinreichend geklärte Aufgabenstellung. Das methodische Vorgehen soll von vornherein solche Situationen vermeiden, indem ein erster Arbeitsschritt einem Klären der Aufgabe und einem Festlegen von Anforderungen gilt, die als Forderungen oder als Wünsche gegeben sein können. Konkret geschieht dies in einer Anforderungsliste, die zu Beginn sorgfältig aufgestellt und während der konstruktiven Entwicklung auf aktuellem Stand gehalten wird.

Die in die Anforderungsliste aufzunehmenden Ziele und Bedingungen für die Konstruktionsaufgabe ergeben sich entweder als Forderungen, die zwingend zu erfüllen sind, oder als Wünsche, die darüberhinaus, z.B. seitens des Auftraggebers, bestehen und nach Möglichkeit erfüllt werden sollen. Fehlende Vorgaben sind als interne Festlegungen zu ergänzen. Die Anforderungsliste ist damit aktuelle Arbeitsunterlage und zugleich Ausweis gegenüber Geschäftsleitung und Verkauf, die den auftraggebenden Partner zur Stellungnahme veranlassen wird, falls er mit diesen intern getroffenen Festlegungen nicht einverstanden sein sollte. Wie Anforderungslisten aussehen und wie mit ihnen gearbeitet wird, kann in [162] nachgelesen werden.

Das Aufstellen der Anforderungsliste geschieht zweckmäßig nach einer Leitlinie, Tabelle 5.1 die sich aus Merkmalen zusammensetzt. Diese Merkmale sind allgemeingültig gefaßt. Auf die aktuelle Aufgabe übertragen sind sie aber mit ihrer beabsichtigten Redundanz anregend und zwingend genug, um die wesentlichen Fragen aufzuwerfen und zu präzisieren.

Diese Merkmale führen sogleich an einen ersten Knotenpunkt zur Betriebsfestigkeit: Wenn nicht schon Fragen der Geometrie und Kinematik Probleme der Betriebsfestigkeit erkennen lassen, so werden sie mit den Fragen nach Kraftrichtung, Kraftgröße und Krafthäufigkeit oder in Verbindung mit den Merkmalen Energie, Stoff, Signal, Fertigung, besonders aber bei den Merkmalen Gebrauch (z.B. Lebensdauererwartung) oder Instandhaltung angesprochen. Ebenso werden Umgebungseinflüsse und besondere Bedingungen bewußt gemacht. So führt die Anwendung der Leitlinie auf Informationen, die mögliche Probleme der Betriebsfestigkeit aufzeigen. Auch werden für ein Festschreiben in der Anforderungsliste die Bedingungen offenbar, unter denen die Haltbarkeit des Bauteils zu gewährleisten ist. Damit wird eine wesentliche Voraussetzung zur Lösungssuche sowie zur Beurteilung von Lösungsalternativen geschaffen. Zugleich sind Forderungen formuliert für spätere experimentelle Betriebsfestigkeits-Untersuchungen, sollten sie sich als erforderlich erweisen.

Konzipieren:

Ist die Aufgabe hinreichend geklärt, so darf mit dem Erarbeiten eines prinzipiellen Lösungs-Konzeptes begonnen werden, Bild 5.2. Auch hier beginnen nicht unmittel-

Tabelle 5.1: Leitlinie zum Aufstellen einer Anforderungsliste [162].

Hauptmerkmal	Beispiele
Geometrie	Größe, Höhe, Breite, Länge, Durchmesser, Raumbedarf, Anzahl, Anordnung, Anschluß, Ausbau und Erweiterung
Kinematik	Bewegungsart, Bewegungsrichtung, Geschwindigkeit, Beschleunigung
Kräfte	Kraftrichtung, Kraftgröße, Krafthäufigkeit, Gewicht, Last, Verformung, Steifigkeit, Federeigenschaften, Massenkräfte, Stabilität, Resonanzlage
Energie	Leistung, Wirkungsgrad, Verlust, Reibung, Ventilation, Zustand, Druck, Temperatur, Erwärmung, Kühlung, Anschlußenergie, Speicherung, Arbeitsaufnahme, Energieumformung
Stoff	Materialfluß und Materialtransport Physikalische und chemische Eigenschaften des Eingangs- und Ausgangsproduktes, Hilfsstoffe, vorgeschriebene Werkstoffe (Nahrungsmittelgesetz u. ä.)
Signal	Eingangs- und Ausgangsmeßgrößen, Signalform, Anzeige, Betriebs- und Überwachungsgeräte
Sicherheit	Unmittelbare Sicherheitstechnik, Schutzsysteme, Arbeits- und Umweltsicherheit
Ergonomie	Mensch-Maschine-Beziehung : Bedienung, Bedienungshöhe, Bedienungsart, Übersichtlichkeit, Sitzkomfort, Beleuchtung, Formgestaltung
Fertigung	Einschränkung durch Produktionsstätte, größte herstellbare Abmessung, bevorzugtes Fertigungsverfahren, Fertigungsmittel, mögliche Qualität und Toleranzen, Ausschußquote
Kontrolle	Meß- und Prüfmöglichkeit, besondere Vorschriften (TÜV, ASME, DIN, ISO, AD-Merkblätter)
Montage	Besondere Montagevorschriften, Zusammenbau, Einbau, Baustellenmontage, Fundamentierung
Transport	Begrenzung durch Hebezeuge, Bahnprofil, Transportwege nach Größe und Gewicht, Versandart und -bedingungen
Gebrauch	Geräuscharmut, Verschleißrate, Anwendung und Absatzgebiet, Einsatzort (z. B. schwefelige Atmosphäre, Tropen ...)
Instandhaltung	Wartungsfreiheit bzw. Anzahl und Zeitbedarf der Wartung, Inspektion, Austausch und Instandsetzung, Anstrich, Säuberung
Kosten	Max. zulässige Herstellkosten, Werkzeugkosten, Investition und Amortisation
Termin	Ende der Entwicklung, Netzplan für Zwischenschritte, Lieferzeit

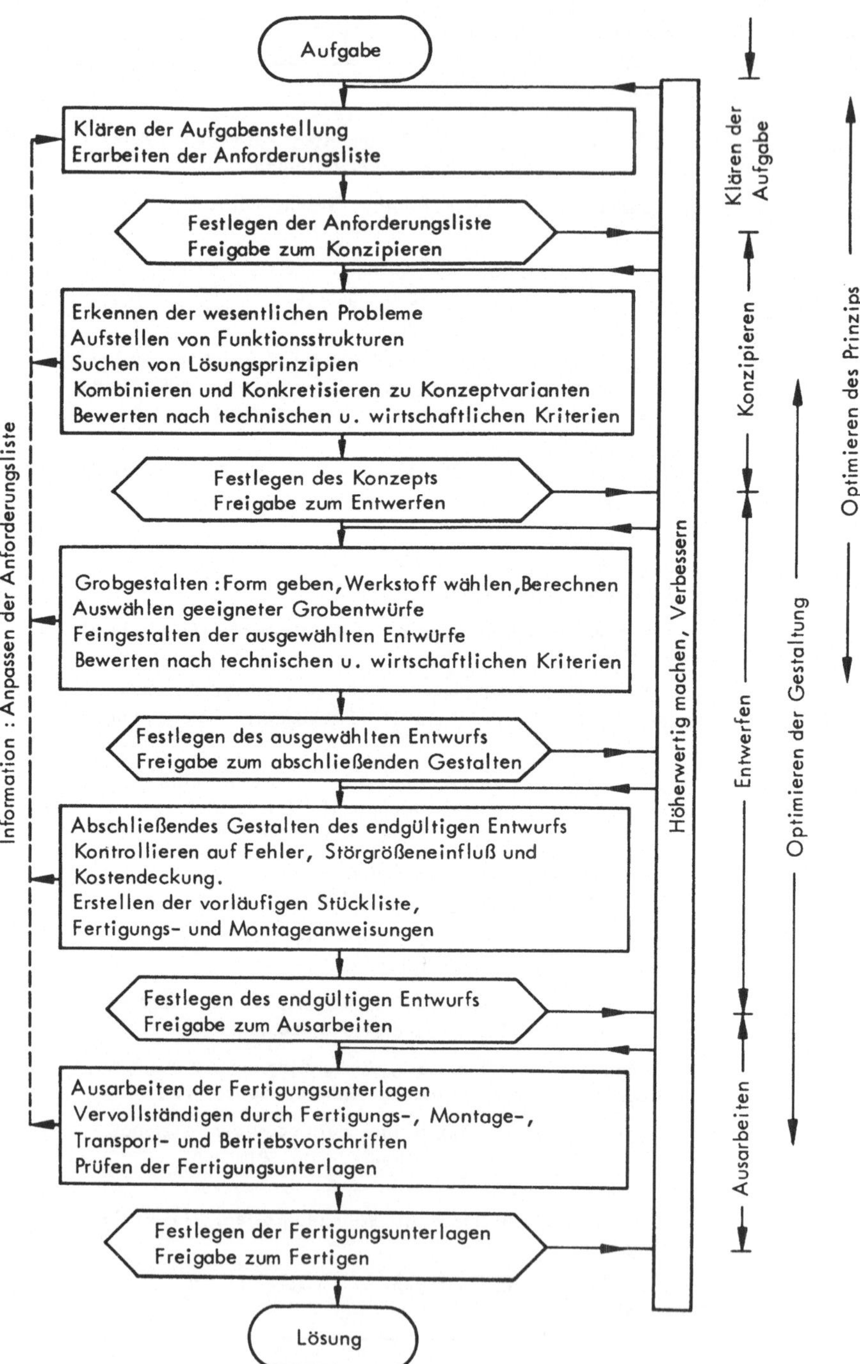

Bild 5.2: Arbeitsschritte beim Konstruieren [162].

bar kreative Tätigkeiten, sondern in einem Abstraktionsvorgang wird zunächst im Sinne einer Definition der Wesenskern der Aufgabe mit seinen wesentlichen Problemen geklärt. Im nächsten Schritt wird dann versucht, die zu erfüllenden Funktionen, ihre Zuordnung und ihre Verknüpfung untereinander zu erkennen. Erst danach setzt die Lösungssuche ein, die, durch Suchmethoden unterstützt, in der Regel eine Fülle von Lösungsprinzipien bringt: Suche und Festlegen von physikalischen Effekten, prinzipielle Anordnung von Wirkflächen und -bewegungen, sowie Wahl der grundsätzlichen Stoffeigenschaften. Die so gewonnenen Lösungsprinzipien sind nur in wenigen Fällen direkt einsetzbar. Ihre Verträglichkeit, ihre Wirkungshöhe, ihre Wirtschaftlichkeit müssen überprüft werden. Vor allen Dingen ist zu prüfen, ob sie überhaupt die bestehenden Forderungen nach der Anforderungsliste erfüllen können. Dazu dient ein Auswahlverfahren, um grob abzuschätzen, inwieweit bestehende Forderungen erfüllbar sind. Aussichtsreiche Kombinationen werden grob maßstäblich konkretisiert und sodann einem Bewertungsverfahren unterzogen.

Dazu bestehen wiederum Pflichtkriterien, Tabelle 5.2, die zumindest implizit auf Fragen der Betriebsfestigkeit hinweisen: Funktion, Wirkprinzip, Gestaltung, Sicherheit, Kontrolle, Gebrauch. Sie machen deutlich, daß mit dem Erkennen des Wesenskernes der Aufgabe und mit dem Auswählen von Lösungsprinzipien schon beim Konzipieren wichtige und grundsätzliche Entscheidungen gefällt werden, die Bezug zur Betriebsfestigkeit haben: Beispielsweise, welche Lastfälle möglich erscheinen, ob dynamische oder stochastische Beanspruchungen auftreten oder sich vermeiden lassen, ob zu fordernde Eigenschaften verläßlich kontrolliert werden können, welche Risiken bestehen bzw. mit welchen Ausfallmöglichkeiten zu rechnen ist.

Entwerfen:

Das ausgewählte Konzept wird im Entwurfsprozeß weiter konkretisiert. Dabei beginnt der eigentliche Gestaltungsvorgang, der nun Werkstoff, Form und Fertigungsverfahren im einzelnen festzulegen verlangt. Der Entwurfsprozeß folgt im Prinzip wiederum dem allgemeinen Lösungsprozeß nach Bild 5.1, jedoch auf konkreterer Ebene, Bild 5.2: Vom vorliegenden Konzept ausgehend werden alle gestaltungsbestimmenden Anforderungen zum Bewußtsein gebracht und zusammengestellt, die bestehenden Randbedingungen räumlicher Art werden klargestellt und die bauliche Struktur wird entwickelt. Das Grobgestalten beginnt mit denjenigen Bauteilen, die Hauptfunktionen zu übernehmen haben.

Bei optimal erscheinenden Konzepten stellen sich Fragen der Betriebsfestigkeit oft in besonderem Maße, weil vom guten Prinzip auch eine optimale Ausnutzung der Komponenten erwartet oder verlangt wird. Schon in der Grobgestalt ist auf günstige Voraussetzungen zur Betriebsfestigkeit zu achten, und zwar durch Einhalten der Gestaltungsregeln "eindeutig" und "einfach" bezüglich Gestalt, Lastangriff, Beanspruchungsart, Spannungsverteilung und eines beherrschbaren dynamischen Systemaufbaus. Eine in dieser Hinsicht konsequent vorgenommene Grobgestaltung ist im Grunde unerläßliche Voraussetzung zum Erreichen einer hohen Betriebsfestigkeit bei geringstmöglichem Aufwand.

Nach Auswahl geeigneter Grobentwürfe wird die Feingestaltung vorgenommen, und zwar wiederum von der Leitlinie mit den bekannten Merkmalen gesteuert, die dem erreichten Konkretisierungsstand angepaßt ist, Tabelle 5.3. Da Funktion und Wirk-

Tabelle 5.2: Leitlinie zum Bewerten von Konzeptvarianten [162].

Hauptmerkmal	Beispiele
Funktion	Eigenschaften erforderlicher Nebenfunktionsträger, die sich aus dem gewählten Lösungsprinzip oder aus der Konzeptvariante zwangsläufig ergeben
Wirkprinzip	Eigenschaften des oder der gewählten Prinzipien hinsichtlich einfacher und eindeutiger Funktionserfüllung, ausreichende Wirkung, geringe Störgrößen
Gestaltung	Geringe Zahl der Komponenten, wenig Komplexität, geringer Raumbedarf, keine besonderen Werkstoff- und Auslegungsprobleme
Sicherheit	Bevorzugung der unmittelbaren Sicherheitstechnik (von Natur aus sicher), keine zusätzlichen Schutzmaßnahmen nötig, Arbeits- und Umweltsicherheit gewährleistet
Ergonomie	Mensch-Maschine - Beziehung befriedigend, keine Belastung oder Beeinträchtigung, gute Formgestaltung
Fertigung	Wenige und gebräuchliche Fertigungsverfahren, keine aufwendigen Vorrichtungen, geringe Zahl einfacher Teile
Kontrolle	Wenige Kontrollen oder Prüfungen notwendig, einfach und aussagesicher durchführbar
Montage	Leicht, bequem und schnell, keine besonderen Hilfmittel
Transport	Normale Transportmöglichkeiten, keine Risiken
Gebrauch	Einfacher Betrieb, lange Lebensdauer, geringer Verschleiß, leichte und sinnfällige Bedienung
Instandhaltung	Geringe und einfache Wartung und Säuberung, leichte Inspektion, problemlose Instandsetzung
Aufwand	Keine besonderen Betriebs- oder sonstige Nebenkosten, keine Terminrisiken

prinzip bekannt sind, steht nun die Auslegung im Vordergrund. Bei der konstruktiven Arbeit sollte die angegebene Reihenfolge eingehalten werden: So wie es nicht sinnvoll ist, über die Auslegung zu diskutieren, ohne vorher Funktion und Wirkprinzip erarbeitet zu haben, ist es nicht arbeitssparend, z.B. über Resonanzfreiheit oder Ausdehnungsfragen näher zu sprechen, wenn nicht vorher geklärt ist, ob die Haltbarkeit oder eine begrenzte Formänderung unter den gegebenen Umständen überhaupt erreichbar ist. Selbstverständlich beeinflussen sich diese Fragen und sie haben Rückwirkungen, aber die genannte Reihenfolge stellt in der Regel ein arbeitssparendes und zielgerichtetes Vorgehen dar.

Tabelle 5.3: Leitlinie beim Gestalten [162].

Hauptmerkmal	Beispiele
Funktion	Wird die vorgesehene Funktion erfüllt ? Welche Nebenfunktionen sind erforderlich ?
Wirkprinzip	Bringen die gewählten Wirkprinzipien den gewünschten Effekt, Wirkungsgrad und Nutzen ? Welche Störungen sind aus dem Prinzip zu erwarten ?
Auslegung	Garantieren die gewählten Formen und Abmessungen mit dem vorgesehenen Werkstoff bei der festgelegten Gebrauchszeit und unter der auftretenden Belastung ausreichende Haltbarkeit, zulässige Formänderung, genügende Stabilität, genügende Resonanzfreiheit, störungsfreie Ausdehnung, annehmbares Korrosions- und Verschleißverhalten ?
Sicherheit	Sind die Bauteil-, Funktions-, Arbeits- und Umweltsicherheit beeinflussenden Faktoren berücksichtigt ?
Ergonomie	Sind die Mensch-Maschine-Beziehungen beachtet ? Sind Belastungen oder Beeinträchtigungen vermieden ? Wurde auf gute Formgestaltung (Design) geachtet ?
Fertigung	Sind Fertigungsgesichtspunkte in technologischer und wirtschaftlicher Hinsicht berücksichtigt ?
Kontrolle	Sind die notwendigen Kontrollen während und nach der Fertigung oder zu einem sonst erforderlichen Zeitpunkt möglich und als solche veranlaßt ?
Montage	Können alle inner- und außerbetrieblichen Montagevorgänge einfach und eindeutig vorgenommen werden ?
Transport	Sind inner- und außerbetriebliche Transportbedingungen und -risiken überprüft und berücksichtigt ?
Gebrauch	Sind alle beim Gebrauch oder Betrieb auftretenden Erscheinungen, wie z. B. Geräusch, Erschütterung, Handhabung in ausreichendem Maße beachtet ?
Instandhaltung	Sind die für eine Wartung, Inspektion und Instandsetzung erforderlichen Maßnahmen in sicherer Weise durchführ- und kontrollierbar ?
Kosten	Sind vorgegebene Kostengrenzen einzuhalten ? Entstehen zusätzliche Betriebs- oder Nebenkosten ?
Termin	Sind die Termine einhaltbar ? Gibt es Gestaltungsmöglichkeiten, die die Terminsituation verbessern können ?

Die technisch-wirtschaftliche Bewertung gibt mit der Schwachstellensuche in dieser Phase besondere Gelegenheit, über das Pflichtkriterium "Auslegung" die Gesichtspunkte der Betriebsfestigkeit in die Beurteilung einfließen zu lassen, Tabelle 5.4. Der endgültige Entwurf wird einer Kontrolle auf Fehler und Störgrößeneinflüsse unterzogen. Dazu kann eine Fehlerbaumanalyse zweckmäßig sein [165]. Sie deckt Ausfallursachen und Ausfallmöglichkeiten auf, denen dann durch konstruktive, fertigungstechnische, montageseitige und betriebliche Maßnahmen begegnet werden kann.

Tabelle 5.4:   Leitlinie zum Bewerten von Entwurfsvarianten [162].

Hauptmerkmal	Beispiele
Funktion	Erfüllung bei gewähltem Wirkprinzip: Gleichförmigkeit, Dichtigkeit, guter Wirkungsgrad, störunempfindlich, keine Verluste
Gestalt	Größe, Raumbedarf, Gewicht, Anordnung, Lage, Anpassung
Auslegung	Ausnutzung, Haltbarkeit, Verformung, Formänderungsvermögen, Lebens- bzw. Gebrauchsdauer, Verschleiß, Schockfestigkeit, Stabilität, Resonanz
Sicherheit	Unmittelbare Sicherheitstechnik, Arbeitssicherheit, Umweltschutz
Ergonomie	Mensch-Maschine-Beziehung, Arbeitsbelastung, Bedienung, Ästhetische Gesichtspunkte, Formgestaltung
Fertigung	Risikolose Bearbeitung, kurze Abbindezeit, Wärmebehandlung, Oberflächenbehandlung vermeiden, Toleranzen (soweit durch Herstellkosten nicht erfaßt)
Kontrolle	Einhaltung von Qualitätseigenschaften, Prüfbarkeit
Montage	Eindeutig, leicht, bequem, Einstellbarkeit, Nachrüstbarkeit
Transport	Inner- und außerbetrieblich, Versandart, notwendige Verpackung
Gebrauch	Handhabung, Betriebsverhalten, Korrosionseigenschaften, Verbrauch an Betriebsmittel
Instandhaltung	Wartung, Inspektion, Instandsetzung, Austausch
Kosten	Gesondert durch wirtschaftliche Wertigkeit erfaßt
Termin	Ablauf- und terminbestimmende Eigenschaften

Ausarbeiten:

In der Phase der Ausarbeitung, Bild 5.2, ist im Zuge der Detailfestlegung peinlich darauf zu achten, daß die Voraussetzungen und Absichten des Entwurfs voll in die Fertigungsunterlagen einfließen und im Fertigungsprozeß durchgehalten werden. Die vorgesehenen Maßnahmen zur Qualitätssicherung sind nicht zuletzt auch den erkannten Erfordernissen zum Gewährleisten der Betriebsfestigkeit anzupassen, Abschnitt 3.6.5.

5.2 Gewinnen der erforderlichen Informationen

Beim methodischen Vorgehen im Konstruktionsprozeß werden nach Pahl [163] neun
Knotenpunkte zur Betriebsfestigkeit erkennbar, die sich zusammen mit den entsprechenden Erfordernissen der Betriebsfestigkeit wie folgt darstellen:

K n o t e n p u n k t e	E r f o r d e r n i s s e
1. Anforderungsliste Aufstellen:	Forderungen, Wünsche und Bedingungen klären
2. Erkennen des Wesenskerns:	Problemart erkennen
3. Auswählen von Lösungsprinzipien: ..	Prinzipiell geeignete Lösungen aussuchen
4. Bewerten von Konzeptvarianten: ...	Optimales Konzept erkennen
5. Grobgestalten:	Eindeutige und einfache, beanspruchungs-gerechte Struktur entwickeln
6. Feingestalten:	Detaillierte Formgebung und Werkstoffwahl unterstützen
7. Bewerten des Entwurfs:	Optimalen Entwurf finden
8. Kontrolle auf Fehler und Störgrößen:	Verbesserungen im Detail und Optimierung herbeiführen
9. Detaillieren:	Endgültige und eindeutige Festlegung von Form, Oberfläche und Werkstoff in die Fertigungsunterlagen einbringen.

An diesen Knotenpunkten werden Informationen gewonnen, die entscheiden lassen,
ob im weiteren Verlauf der Konstruktionsarbeit Untersuchungen zur Betriebsfestigkeit notwendig werden. Gegebenenfalls sollten spätestens ab diesem Zeitpunkt
auch die für eine Betriebsfestigkeits-Untersuchung relevanten Forderungen in der
Anforderungsliste enthalten sein. Zweckmäßig wird an den einzelnen Knotenpunkten ein Fachmann für Werkstoff- und Betriebsfestigkeits-Fragen beratend hinzuge-
zogen, auch um mit ihm die Verfügbarkeit zweckdienlicher Unterlagen zu bespre-
chen.

Dabei wird keineswegs verkannt, daß besonders in der Konzeptphase oft nur qualitative Aussagen möglich sind. Dennoch sind sie als Steuerungsgrößen von hohem
Wert. Mit fortschreitender Konkretisierung des Konzeptes und des Entwurfs werden
die geforderten Antworten zu Fragen der Betriebsfestigkeit nicht nur konkreter sein
müssen, sondern auch sein können. Untersuchungen im Prüffeld und/oder Labor
sind dann vielleicht unumgänglich, in enger Anbindung an die Knotenpunkte jedoch
rechtzeitig und orientiert an der Anforderungsliste auch zielgerichtet angehbar.

Ausgehend von den damit aufgezeigten Zusammenhängen zwischen dem Prozeß des methodischen Konstruierens und einem Behandeln von Betriebsfestigkeits-Fragen bleibt zu erörtern, auf welche Weise die Kriterien und Verfahren der Betriebsfestigkeit in den Konstruktionsprozeß einbezogen und abgehandelt werden können. Um aber die sich aufwerfenden Fragen der Betriebsfestigkeit einer Klärung zuzuführen und um erkannte Problemsituationen im günstigen Sinne beeinflussen zu können, stellt sich primär die Aufgabe, an den aufgezeigten Knotenpunkten die dazu benötigten, produkt- und konstruktionsabhängigen Informationen als Fakten und Daten zu gewinnen [164].

Das zu betrachtende Produkt oder Gebilde wird dazu zweckmäßig als ein abgegrenztes System aufgefaßt, das durch Eingangsgrößen und Ausgangsgrößen über die definierten Systemgrenzen hinweg mit seiner Umgebung in Verbindung steht. Als Beispiel zeigt Bild 5.3 ein System "Kupplung", das aus den Teilsystemen "Elastische Kupplung" und "Schaltkupplung" besteht, während es seinerseits als Teilsystem des größeren, übergeordneten Systems "Maschine" aufgefaßt werden kann. Auch lassen sich die Teilsysteme "Elastische Kupplung" und "Schaltkupplung" jeweils weiter in Systemelemente (Einzelteile) aufgliedern, sofern dies zweckdienlich erscheint.

Funktionen eines Systems sind gekennzeichnet durch die von ihm zu erfüllenden Aufgaben. Sie werden beschrieben durch die wirksamen Energie-, Stoff- und Signalflüsse sowie durch den bewirkten Zusammenhang zwischen den Eingangs- und Ausgangsgrößen. Physikalische Wirkprinzipien legen das physikalische Geschehen

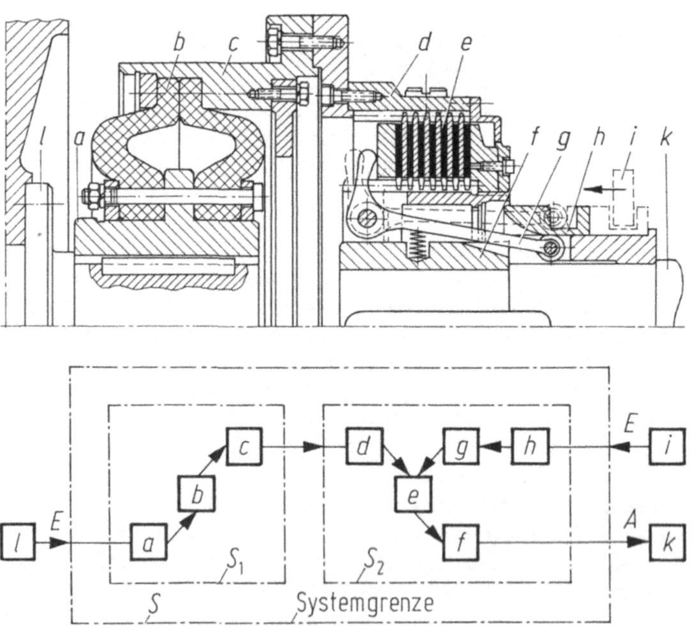

Bild 5.3: System "Kupplung" [162].

zum Erfüllen der Funktionen fest. Sie geben bereits erste Informationen über entstehende Beanspruchungsarten, erforderliche Bewegungsarten und prinzipielle Stoffeigenschaften.

Die Anforderungsliste verzeichnet die geforderten Funktionen eines Produktes mit Angaben über die zugehörigen Eingangs- und Ausgangsgrößen und allen maßgeblichen Bedingungen. Die Anforderungsliste beinhaltet damit bereits wesentliche Informationen, die auch für das spätere Behandeln von Betriebsfestigkeits-Fragen Bedeutung erlangen, so zum Beispiel Informationen über

- geometrische Randbedingungen,
- kinematische Forderungen,
- Betriebsbelastungen als Kräfte, Häufigkeiten, Energiearten,
- vorgeschriebene Werkstoffe und Oberflächenbeschaffenheiten,
- zu berücksichtigende Auslegungsvorschriften,
- Sicherheitsanforderungen, Lebensdauerforderungen,
- Fertigungsgegebenheiten, Stückzahlen,
- Prüfmöglichkeiten und -anforderungen,
- Transporterfordernisse und -bedingungen,
- Gebrauchsbedingungen und -anforderungen,
- Instandhaltungsmöglichkeiten,
- Kosten- und Terminbedingungen.

Lösungsprinzipien als Teillösungen oder Lösungskonzepte als Gesamtlösungen erzwingen das physikalische Wirkprinzip über die entsprechenden Gestaltungsmerkmale, wie Wirkflächen oder Wirkkörper, Wirkbewegungen und Werkstoffe. In der Konzeptphase werden diese Gestaltungsmerkmale zunächst prinzipiell und grundsätzlich festgelegt, in der Entwurfsphase dann im Zuge der maßstäblichen Gestaltung detailliert und genau. Mit Vorliegen der prinzipiellen Lösung sind aus dem Lösungskonzept folgende Informationen für die Betriebsfestigkeit abzuleiten:

- Aus den wirksamen Energiearten ist der Energiefluß durch das System mit möglicherweise vorhandenen Wandlern, Speichern, Verstärkern, Dämpfern usw. zu entnehmen.
- Aus der prinzipiellen Festlegung der Wirkflächen hinsichtlich Art, Form und Lage lassen sich Beanspruchungsarten und zu erwartende Schwachstellen erkennen.
- Aus den erforderlichen Wirkbewegungen folgen Angaben über ihre Beanspruchungsart (ruhend, translatorisch, rotatorisch), Bewegungsform (gleichförmig, ungleichförmig) und Beanspruchungsrichtung, woraus Lastfolge und Kollektivform abgeschätzt werden können.
- Aus den prinzipiellen Stoffeigenschaften, die die physikalischen Effekte und die Wirkflächen erfordern, können in Frage kommende Werkstoffgruppen, wie z.B. Kunststoffe, Eisenmetalle oder auch ein korrosives Medium, erkannt werden.

Auch wenn der Konkretisierungsgrad eines Lösungskonzepts im allgemeinen noch keine quantitativen Aussagen über die Wirkflächengröße, über die Höhe von Geschwindigkeiten und über die erforderlichen Werkstoffwerte zuläßt, so können doch aus den prinzipiell festgelegten Gestaltungsmerkmalen bereits für die Betriebsfestigkeit wichtige Gestaltungszonen und mögliche Störgrößen erkannt werden. Sie gilt es, bei der anschließenden Detailgestaltung besonders zu beachten. Ebenfalls kann abgeschätzt werden, ob eine Versuchsplanung eingeleitet werden sollte. Beispielsweise wird bei der Kupplung nach Bild 5.3 unter der Teilfunktion "Drehmomentstöße ausgleichen" mit der Wahl des physikalischen Wirkprinzips "Ausgleichen durch Schubverformung" für das Lösungsprinzip der ringförmige, verdrehbeanspruchte Wirkkörper und die Verwendung des Werkstoffs "Gummi" nahegelegt und die Frage nach der Verfügbarkeit von "Betriebsfestigkeitswerten für den Werkstoff Gummi unter Schubbeanspruchung" aufgeworfen.

Mit einer maßstäblichen Konkretisierung der Gestaltungsmerkmale ergeben sich aus dem Entwurf auch nahezu alle notwendigen Angaben und Details der Gestaltung als Informationen, um die Betriebsfestigkeit zu ermitteln und zu optimieren:

- Wirkflächen und Wirkkörper werden hinsichtlich Größe, Anzahl und Werkstoff genau festgelegt und erlauben eine Spannungsermittlung sowie das Erkennen rißgefährdeter Zonen.

- Wirkbewegungen und konkrete Massenverteilungen ermöglichen das Abschätzen von Schwingungserscheinungen und möglicher Zusatzbeanspruchungen aus Verformungen oder Zwängungen oder außerplanmäßigen Kraftwirkungen.

- Werkstoffestlegungen einschließlich thermischer, mechanischer oder metallurgischer Nachbehandlungen liefern die Grundlage für das Berechnen der Betriebsfestigkeit oder ermöglichen den Start eines entsprechenden Versuchsprogramms.

- Die Struktur des Gesamtproduktes mit ihrer Baugruppen-Gliederung läßt montagebedingte oder fertigungsbedingte Zusatzbeanspruchungen abschätzen und entsprechende Maßnahmen einleiten.

- Erfordernisse der Qualitätsprüfung oder der Instandhaltung können aus den Einzelteilzeichnungen und aus der Gesamtzeichnung ersehen werden.

- Der Gesamtentwurf ermöglicht eine umfassende Fehlerkontrolle durch das Betrachten aller planmäßigen wie auch etwaiger unplanmäßiger Betriebszustände oder Betriebsbedingungen und die Erörterung geeigneter Abhilfemaßnahmen.

Besondere Bedeutung für das Erkennen und Behandeln von Fragen der Betriebsfestigkeit in der Entwurfsphase ist denjenigen Arbeitsschritten beizumessen, bei denen der vorliegende Entwurf einer Kontrolle oder Beurteilung unterzogen wird, Bild 5.2. Das Ergebnis einer solchen Kontrolle oder Beurteilung kann in vielen Fällen darin bestehen, vorhergehende Arbeitsschritte der Gestaltung oder der Ausarbeitung auf der nunmehr erreichten höheren Informationsstufe nochmals zu durchlaufen mit dem Ziel, das erkannte Betriebsfestigkeits-Problem zu beheben oder zumindest zu entschärfen. Möglichkeiten dazu bestehen in einem Verbessern oder Optimieren der betreffenden Gestaltungszone, erforderlichenfalls auch unter Ausnutzung schwingfestigkeitssteigernder Maßnahmen. Durch dieses Vorgehen ist nicht nur eine wirkungsvolle, sondern auch eine kostengünstige Behandlung von Betriebsfestigkeitsfragen zu sehen.

5.3 Bewertungskriterien zur Lösungsauswahl

Die für das Behandeln von Betriebsfestigkeitsfragen typischen Vorgehensweisen und die sich anbietenden Lösungsverfahren lassen sich unschwer in Beziehung bringen zu den Hauptmerkmalen der Gestaltungsleitlinie. Auf diese Weise ergeben sich sowohl Bewertungskriterien zur Lösungsauswahl, wie auch Ansatzpunkte für eine positive Einflußnahme auf die Betriebsfestigkeit. Der jeweils erreichte Konkretisierungsgrad der Konstruktion bestimmt dabei, welche Fakten und Daten für die Behandlung erkannter Betriebsfestigkeitsfragen zur Verfügung stehen. Nach diesem Informationsstand und nach dem als angemessen erachteten Aufwand läßt sich über die geeigneten Verfahren entscheiden.

Eine entsprechende Leitlinie mit Bewertungskriterien und Maßnahmen im Sinne der Betriebsfestigkeit ist deshalb auch getrennt für die Lösungsauswahl in der Konzeptphase mit Tabelle 5.5 und für die Lösungsauswahl in der Entwurfsphase mit Tabelle 5.6 zusammengestellt [164].

Während in der Konzeptphase vor allem grundsätzliche qualitative Entscheidungen frühzeitig richtige Weichen zum betriebsfesten Produkt stellen sollen, können die für die Entwurfsphase zusammengestellten Kriterien und Maßnahmen eine Bauteil- und Produktoptimierung erleichtern. Eine weitere Unterscheidung der hier aufgeführten Kriterien der Betriebsfestigkeit im Hinblick auf die Arbeitsschritte des Grobgestaltens, des Feingestaltens und Detaillierens, wäre wenig sinnvoll. Es sei auch betont, daß beide Tabellen nur das methodische Vorgehen andeuten und nicht unbedingt als umfassend angesehen werden sollten. Für eine konkrete Aufgabenstellung lassen sich diese Kriterien bedarfsweise abwandeln und ergänzen, um sicherzustellen, daß

- die für die Betriebsfestigkeit maßgeblichen Lastfälle und Beanspruchungszustände,
- die in ihrer Betriebsfestigkeit zu überprüfenden Bauteile und Querschnitte sowie
- die das Betriebsfestigkeitsverhalten bestimmenden Werkstoffeigenschaften und Fertigungseinflüsse frühzeitig erkannt und bei den weiteren Entscheidungen und Festlegungen in angemessener Weise beachtet werden.

Tabelle 5.5: Leitlinie für die Lösungsauswahl in der Konzeptphase mit Bewertungskriterien und

Merkmal	Bewertungskriterien
Funktion	Günstige Funktionsstrukturen zum Abbau schwingender Systemeingangsgrößen und zur Vermeidung bzw. Verringerung dynamischer Betriebskräfte.
Wirkprinzip	Günstige Wirkprinzipien zur Vermeidung, zum Abbau oder zur Beherrschung dynamischer Betriebsbelastungen.
Gestaltung	Günstige Wirkflächen, Wirkbewegungen und Werkstoffe zur Vermeidung, zum Abbau oder zur Beherrschung dynamischer Betriebsbelastungen.
Sicherheit	Geringe Bruchgefahr und Ausfallwahrscheinlichkeit, zuverlässige Betriebsfestigkeitsermittlung.
Ergonomie	Geringe Überhöhung der funktionsbedingten Betriebsbelastungen durch den Menschen, geeignete Eingriffsmöglichkeiten zum Vermeiden einer Überbelastung.
Fertigung	Geringe fertigungsbedingte Beeinflussung der gestaltungsbedingten Beanspruchungsverhältnisse.
Kontrolle	Gute Kontroll- und Prüfmöglichkeiten in der Fertigung und im Betrieb.
Montage	Geringe Beeinflussung der durch das Lösungskonzept festgelegten Beanspruchungsverhältnisse.
Transport	Keine Vorschädigung durch Transport und Lagerung.
Gebrauch	Hohe Lebensdauererwartung in Entsprechung der Anforderungsliste, geringe Beeinflussung durch Umgebungsverhältnisse.
Instandhaltung	Gute Möglichkeiten von Inspektion, Wartung und Instandsetzung in Abstimmung auf Betriebsverhältnisse und Lebensdauerforderung.
Kosten / Termin	Geringer Zeit- und Kostenaufwand für Betriebsfestigkeitsermittlung.

Maßnahmen der Betriebsfestigkeit [164]

Maßnahmen der Betriebsfestigkeit

Vorsehen von Dämpfungs-, Ausgleichs- oder Sperrfunktionen. Bevorzugen eindeutiger und stetiger Energieflüsse.

Bevorzugen physikalischer Effekte mit dämpfenden Eigenschaften, berührungsloser Energieübertragung, geringen oder gleichförmigen Bewegungen, geringen dynamischen Störgrößen, lebensdauergünstigen Beanspruchungsarten.

Bevorzugen von Wirkflächen und Wirkkörpern, die eindeutige, berechenbare und günstige Spannungsverteilungen erwarten lassen und ein beanspruchungsgerechtes Gestalten ermöglichen. Bevorzugen von stetigen und gleichförmigen Wirkbewegungen oder solchen mit bekannten und günstigen Lastkollektiven. Bevorzugen von Werkstoffen, deren Betriebsfestigkeitsverhalten bekannt ist.

Bevorzugen von Lösungskonzepten, die eine unmittelbare Sicherheit ermöglichen oder zumindest große Folgeschäden vermeiden sowie eine zuverlässige Betriebsfestigkeitsermittlung zulassen.

Bevorzugen von Lösungskonzepten, deren Beanspruchungsverhältnisse durch Falschbedienung nicht verschlechtert werden und eine Überbelastung ausschließen.

Bevorzugen von Lösungskonzepten, deren fertigungstechnische Realisierung ohne nachteilige Eigen- und Zusatzspannungen und ohne ungünstige Toleranzen möglich ist.

Bevorzugen von Lösungskonzepten, die zuverlässige Gestalt- und Werkstoffprüfungen sowie Betriebskontrollen ermöglichen.

Bevorzugen von Lösungskonzepten, die eine gleichmäßig ausführbare Montage ohne Zusatzbeanspruchungen ermöglichen.

Bevorzugen von Lösungskonzepten, die transportbedingte Vorschädigungen vermeiden bzw. nicht transport- und lagerungsempfindlich sind.

Bevorzugen von Lösungskonzepten ohne oder mit geringen Verschleißzonen, mit zuverlässiger Lebensdauerabschätzung und geringen Beeinflussungsmöglichkeiten durch Umgebung.

Bevorzugen von Lösungskonzepten, die eine geplante Inspektion und gegebenenfalls eine Wartung und Instandsetzung ermöglichen.

Bevorzugen von Lösungskonzepten, die eine rechnerische Betriebsfestigkeitsermittlung oder kosten- und zeitgünstige Standardversuche ermöglichen.

Tabelle 5.6:   Leitlinie für die Lösungsauswahl in der Entwurfsphase mit Bewertungskriterien und

Merkmal	Bewertungskriterien
Funktion	Zuverlässige Funktionserfüllung ohne Störungen.
Gestalt	Günstige Gestalt für niedrige und eindeutige Beanspruchungen, sowie für die zuverlässige Ermittlung der Gestaltfestigkeit.
Auslegung	Günstige Festlegung und Abstimmung von Wirkflächen, Wirkbewegungen und Werkstoffen zur zuverlässigen Gewährleistung der Betriebsfestigkeit bzw. der geforderten Lebensdauer.
Sicherheit	Geringe Bruchgefahr und Aufallwahrscheinlichkeit. Zuverlässige Betriebsfestigkeitsermittlung.
Ergonomie	Positive Beeinflussung der Betriebsbelastungen durch den Menschen.
Fertigung	Positive Beeinflussung der konstruktiv festgelegten Beanspruchungsverhältnisse und der Festigkeitsverhältnisse.
Kontrolle	Umfassende Kontroll- und Prüfmöglichkeiten aller die Betriebsfestigkeit beeinflussenden konstruktiven und fertigungstechnischen Festlegungen.
Montage	Keine Zusatzbeanspruchungen durch Montage.
Transport	Keine Vorschädigungen durch Transport und Lagerung.
Gebrauch	Gutes Gebrauchsverhalten hinsichtlich Lebensdauer und Umweltbeeinflussung.
Instandhaltung	Angepaßte Unterstützung der konstruktionsbedingten Betriebsfestigkeit durch Instandhaltungsmaßnahmen.
Kosten - Termin	Angepaßter Aufwand der Betriebsfestigkeitsermittlung und ihrer Optimierung an die gestellten Anforderungen.

Maßnahmen der Betriebsfestigkeit [164]

Maßnahmen der Betriebsfestigkeit

Bei Anwendung des Prinzips "bedingtes Versagen" die Erfüllung wichtiger Funktionen sicherstellen.

Bevorzugen von solchen Formen, Anordnungen und Größen der Wirkflächen und Wirkkörper, die Spannungsspitzen, mehrachsige Spannungszustände, ungünstige Kraftfluß- und Verformungszustände, Reibekorrosionen und Rißansätze vermeiden sowie festigkeitssteigernde Fertigungsverfahren ermöglichen.

Vermeiden von zusätzlichen oder überhöhten Schwingbeanspruchungen durch Beachten und Anpassen von Eigenfrequenzen. Anstreben eines Massenausgleichs zum Reduzieren von Beschleunigungen und Verzögerungen. Bevorzugen stetiger Betriebsabläufe mit optimiertem Regelverhalten. Bevorzugen solcher Werkstoffe, die kerbunempfindlich bzw. rißunempfindlich sind und einen langsamen Rißfortschritt aufweisen. Wählen eines ausreichend niedrigen Nennspannungsniveaus an gestaltbedingten Spannungsspitzen.

Bevorzugen von Werkstoffen mit hoher Bruchzähigkeit, Abschätzen der Streueinflüsse auf die Ausfallwahrscheinlichkeit. Verwenden zutreffender Schadensakkumulations-Hypothesen. Vermeiden von Folgeschäden durch extreme Lastfälle.

Verringern der Schalt- und Steuerhäufigkeiten auf das funktionsbedingte Mindestmaß. Vorsehen von Eingriffsmöglichkeiten zum Vermeiden von Überlasten.

Vermeiden von Eigenspannungen oder Anrissen bei der Rohteilherstellung und Bearbeitung. Vorsehen von oberflächenverbessernden und schwingungsfestigkeitssteigernden Maßnahmen. Absenken festigkeitsbestimmender Toleranzen.

Anstreben prüfgerechter Gestaltungsmerkmale. Vorsehen geeigneter Prüfungen in der Fertigungsplanung und Fertigungssteuerung, Schaffen von Kontrollmöglichkeiten im Betrieb.

Ausschließen von Zusatzspannungen beim Fügen. Vorgeben von Montageplänen.

Vorgeben von Transportvorschriften. Vermeiden von transportbedingten Schwingungs- und Stoßbelastungen. Vermeiden von Oberflächenschäden aus Transport und Lagerung.

Vorsehen von Schutzmaßnahmen vor festigkeitsmindernden Umgebungseinflüssen und Überlastungen, auch durch ungewöhnliche Einwirkungen. Anpassen der Lebensdauer an die tatsächlichen Anforderungen. Vorsehen einer betriebsfestigkeitsgerechten Steuerung und Regelung.

Vorsehen regelmäßiger Rißkontrollen. Austausch von lebensdauerbestimmenden Bauteilen nach festen Betriebszeiten. Ergreifen rißverzögernder Maßnahmen.

Durchführen einer umfassenden Kosten-Nutzen-Analyse bzw. wirtschaftlichen Bewertung zum Festlegen zweckmäßiger konstruktiver und fertigungstechnischer sowie versuchstechnischer Maßnahmen.

---

6 Unternehmerischer Entscheidungsbedarf

6.1 Gesichtspunkte einer Kosten-Nutzen-Analyse

In Anbetracht der im Einzelfall recht unterschiedlichen Gegebenheiten lassen sich die Kosten einer Betriebsfestigkeits-Untersuchung nicht mit allgemeinen Richtwerten beziffern. Ebenso wenig ist eine allgemeine Aussage möglich, ob sich eine rechnerische oder eine experimentelle Untersuchung unter Wertung von Kosten und erzielbarem Ergebnis als die günstigere Vorgehensweise darstellt.

Eine Kosten-Nutzen-Analyse für Betriebsfestigkeits-Untersuchungen wird weiterhin erschwert und muß insoweit unvollständig bleiben, als sie das Risiko eines möglichen Schwingbruchschadens samt seinen materiellen und immateriellen Auswirkungen nicht zu erfassen vermag. Es entzieht sich weiterhin einer quantitativen Bewertung, daß das Ergebnis einer Untersuchung nur selten allein für den anstehenden Einzelfall von Bedeutung ist, sondern in der Folge auch noch für eine Beurteilung ähnlich gelagerter Fälle herangezogen werden kann. Nicht zuletzt verdient der Umstand Beachtung, daß zwar die Kosten eines klar spezifizierten Untersuchungsprogrammes, gestützt auf Erfahrungswerte, recht verläßlich im voraus abschätzbar sind, hingegen ist diese Möglichkeit der Vorabschätzung für das Ergebnis der Untersuchung und seine Auswirkungen in technischer Hinsicht und im Hinblick auf die Herstellkosten nur in seltenen Fällen gegeben.

Dennoch können einige allgemeine Gesichtspunkte aufgezeigt werden, die im Sinne einer Kosten-Nutzen-Analyse eine Entscheidungshilfe für das zweckmäßige Vorgehen im Einzelfall bieten.

Für eine Kosten-Nutzen-Analyse bedeuten die Kosten einer Betriebsfestigkeits-Untersuchung eine Erhöhung der fixen Kosten, die mit der Entwicklung eines Produktes anfallen. Bei einer rechnerischen Untersuchung entstehen sie aus Personalkosten und gegebenenfalls aus Kosten für den Rechnereinsatz. Bei einer experimentellen Untersuchung sind neben den Personalkosten die Kosten der Versuchsstücke und der Versuchsvorrichtung sowie die Kosten der Versuchsdurchführung in Ansatz zu bringen. Schließlich entstehen in beiden Fällen noch Aufwendungen für die Berichterstattung, die Dokumentation und eventuelle Änderung der Konstruktions- und Fertigungsunterlagen. Die betreffenden Kosten können sich im Verhältnis zu den übrigen fixen Kosten der Entwicklung und Fertigung

- als vergleichsweise hoch erweisen, wenn es sich um ein mit geringem Entwicklungsaufwand einfach herzustellendes Bauteil handelt, oder

- als vergleichsweise niedrig erweisen, wenn für das Bauteil ohnehin ein hoher Entwicklungsaufwand anfällt und wenn aufwendige Werkzeuge oder Vorrichtungen notwendig sind.

Im letzteren Fall dürften die hohen Kosten einer (vermeidbaren) Werkzeug- oder Vorrichtungsänderung ein zusätzliches Argument für eine verläßliche Vorabklärung der Betriebsfestigkeits-Frage liefern. Im ersteren Fall wird man statt einer aufwendigen Betriebsfestigkeits-Untersuchung unter Umständen eine einfache rechnerische Abschätzung und erforderlichenfalls eine vorsorgliche, konstruktive oder fertigungstechnische Maßnahme bevorzugen, um Schwingbrüche mit hinreichender Sicherheit auszuschließen.

Neben dem Beitrag zu den fixen Kosten sind für eine Kosten-Nutzen-Analyse zu betrachten, welche Auswirkungen sich aus den Erkenntnissen der Untersuchung auf die stückzahl-proportionalen Herstellkosten ergeben. Die sich aus einer Betriebsfestigkeits-Untersuchung ergebenden fertigungstechnischen Erfordernisse können die Kosten des Einzelstücks

- aufgrund zusätzlich erforderlicher Maßnahmen erhöhen,

- unbeeinflußt lassen, oder

- als Folge möglicher Vereinfachungen verringern.

Für die Bewertung dieses proportionalen Kostenanteils ist die geplante oder geforderte Stückzahl zu berücksichtigen. Damit ergeben sich unterschiedliche Bewertungsmaßstäbe

- für Bauteile der Großserien-Fertigung bzw.
- für Bauteile der Kleinserien- und Einzel-Fertigung.

Für Bauteile einer Großserie sind die Herstellkosten des Einzelstücks entscheidend, so daß höhere fixe Kosten durch aufwendige Betriebsfestigkeits-Untersuchungen gerechtfertigt sind, wenn damit bei gewährleisteter Schwingbruchsicherheit letztlich eine Senkung der Herstellkosten erreicht wird. Diese Situation ist vor allem für die Großserien der Fahrzeugindustrie kennzeichnend. Die gleichen Überlegungen können aber auch für schwingbruchkritische Bauteile oder Bauelemente zutreffen, die in der Einzel- oder Kleinserien-Fertigung mit großer Wiederholhäufigkeit Verwendung finden.

Anders liegen die Verhältnisse bei Bauteilen der Einzel- oder der Kleinserien-Fertigung. Für sie fallen in der Regel die fixen Kosten einer Betriebsfestigkeits-Untersuchung weit mehr ins Gewicht, als notwendige Mehraufwendungen bei der Herstellung. In diesen Fällen bietet sich also an, weniger aufwendige Untersuchungsverfahren zu bevorzugen und die daraus verbleibenden Unsicherheiten durch angemessene Sicherheitszuschläge gegenüber den als erforderlich ermittelten Betriebsfestigkeitswerten abzudecken.

Daneben gibt es auch diejenigen Anwendungsfälle des Grenzleichtbaus, wie z.B. im Flugzeugbau, wo bei relativ kleinen Serien aufgrund funktionstechnischer Erfordernisse eine größtmögliche Ausnutzung des Werkstoffs verlangt ist und wo zugleich bestehende, extreme Sicherheitsanforderungen eingehende Betriebsfestigkeits-Untersuchungen unumgänglich machen. Auch die sich als Konsequenz einstellende Steigerung der Herstellkosten muß in solchen Fällen hingenommen werden. Welche beachtliche Steigerung der Betriebsfestigkeit bei entsprechend hohem Entwicklungs- und Herstellaufwand möglich sind, zeigt das Beispiel einer verschraubten Fügung, Bild 6.1.

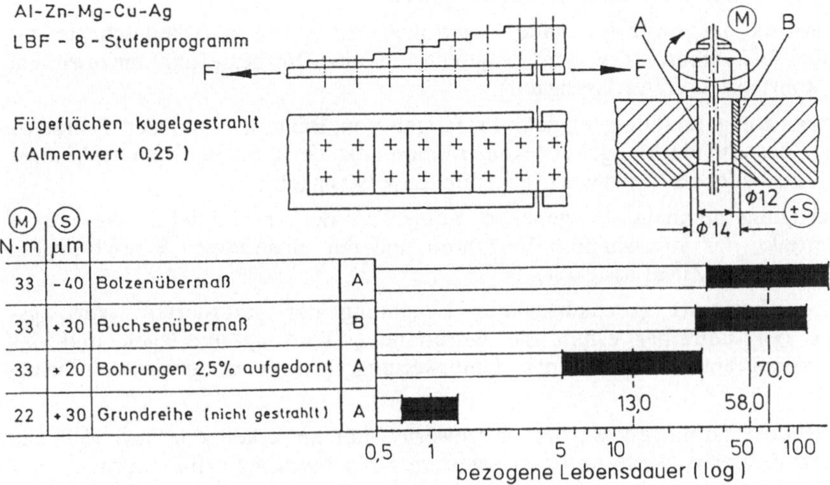

Bild 6.1: Erreichbare Lebensdauersteigerung durch Optimieren der Fertigungsbedingungen einer verschraubten Fügung anhand von Betriebsfestigkeits-Versuchen, nach Schütz und Gökgöl.

6.2 Elemente eines Gesamtkonzeptes

Konzeption und Aktivitäten eines Zuverlässigkeits-Programmes für technische Systeme mit hohen Zuverlässigkeits-Anforderungen werden mit den Elementen des Bildes 6.2 veranschaulicht. Mit den Phasen der Konstruktion, der Entwicklung, der Fertigung und des Betriebseinsatzes umspannt es den gesamten Lebensdauerkreis eines Bauteils.

Unter Hinweis auf fachkompetentere Abhandlungen zum Thema Technische Zuverlässigkeit [153,154] seien hier die einzelnen Elemente (1) bis (10) dieses Gesamtkonzeptes in Anlehnung an [155] lediglich mit einigen orientierenden Hinweisen vereinfachend wie folgt beschrieben:

(1) Die Notwendigkeit eines Behandelns von Fragen der Zuverlässigkeit muß erkannt und anerkannt werden.

(2) Die aus dieser Erkenntnis abgeleiteten Anforderungen spiegeln diese Notwendigkeit.

(3) Das Konzept und eine formalisierte Planung der Aktivitäten, die Benennung der für das Programm Verantwortlichen und ihrer Verantwortungsbereiche, sowie die geeignete Abfassung von Verträgen mit Unterlieferanten stellen sicher, daß den vorgegebenen Anforderungen an allen Entscheidungspunkten der Konstruktion, der Entwicklung, der Fertigung und des Betriebseinsatzes entsprochen wird. (Stichwort: geplante Zuverlässigkeit).

(4) Die Tätigkeiten im Zuverlässigkeits-Programm sind mit allen Stadien der Konstruktion, der Entwicklung, der Fertigung und des Betriebseinsatzes aufs engste verknüpft. (Stichwort: überwachte Zuverlässigkeit).

(5) Der Konstruktionsprozeß beinhaltet Kontrollen der einzelnen Arbeitsschritte mit der Maßgabe, bei unbefriedigendem Ergebnis auf eine Verbesserung hinzuwirken. (Stichwort: konstruierte Zuverlässsigkeit).

(6) Die Entwicklung umfaßt geeignete Prüfungen von Bauteilen und des Prototyps mit dem Ziel, bestehende Mängel der Konstruktion aufzudecken und erkannte Mängel nachweislich zu beheben. (Stichwort: geprüfte Zuverlässigkeit).

(7) Die Fertigung beinhaltet eingehende Kontrollen der verarbeiteten Werkstoffe und Zulieferteile, der angewandten Verfahren und der eingesetzten Einrichtungen. (Stichwort: gefertigte Zuverlässigkeit).

(8) Der Betriebseinsatz geschieht unter Beachtung der geforderten Wartungsmaßnahmen, der Betreiber erhält die betreffenden Wartungsunterlagen und das Wartungspersonal eine entsprechende Unterweisung. (Stichwort: gewartete Zuverlässigkeit).

(9) Die Betriebserfahrungen werden ausgewertet um zu erkennen, inwieweit die vorgegebenen Zuverlässigkeits-Anforderungen im Betriebseinsatz erfüllt werden.

(10) Die Rückkopplung der ausgewerteten Betriebserfahrung dient dazu, notwendige Verbesserungen zu veranlassen; darüber hinaus fließt die gewonnene Betriebserfahrung ein in die Vorgaben für künftige Entwicklungen.

Ein Kriterium der technischen Zuverlässigkeit kann innerhalb eines Katalogs der Zuverlässigkeits-Anforderungen mit der Forderung, dem Nachweis und der Gewährleistung einer Bauteil-Auslegung nach den Grundsätzen der Betriebsfestigkeit gegeben sein.

Insofern darf Bild 6.2 hier auch als die Darstellung eines Gesamtkonzeptes für die Behandlung von Fragen der Betriebsfestigkeit verstanden werden. Die Ausführungen in den Kapiteln 3, 4 und 5 zeigen sich mit diesem Konzept in einer übergeordneten Systematik verknüpft:

Die Vorgabe von Anforderungen, die darauf abgestimmte Konzeption und die jedem Arbeitsschritt folgende Bewertung der erarbeiteten Lösungen findet ihre Entsprechung in den Grundsätzen des methodischen Konstruierens. In der Phase der Konstruktion sind die rechnerischen, in der Phase der Entwicklung sind die experimentellen Verfahren der Betriebsfestigkeit angesiedelt. In der Phase der Fertigung wird den Anforderungen mit den Methoden der Qualitätssicherung entsprochen. Im Betriebseinsatz sind die Erfordernisse der Wartung, der Prüfung und

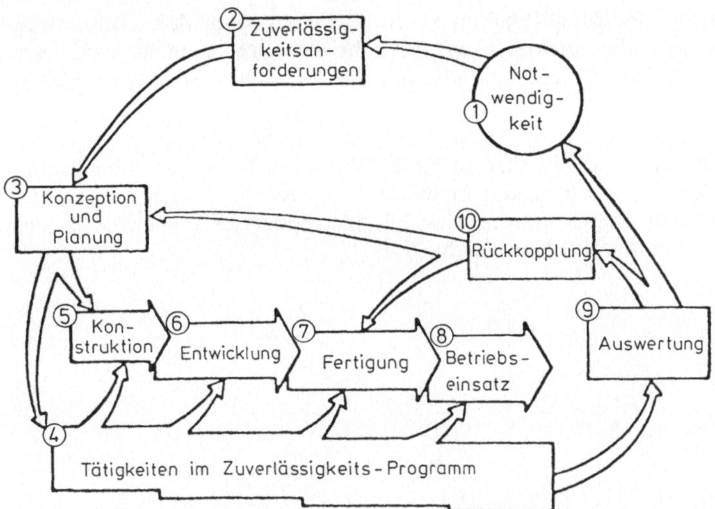

Bild 6.2: Elemente im Gesamtkonzept eines Zuverlässigkeits-Programmes [155].

eines Austauschs von Bauteilen zu beachten. Mit den Elementen der Auswertung und der Rückkopplung werden die Betriebserfahrungen für Folgekonstruktionen nutzbar gemacht; auf gleichem Wege werden auch Erkenntnisse aus der Schadensanalyse von Schwingbrüchen aus Versuch und Betrieb zur Entscheidung über konstruktive oder fertigungstechnische Maßnahmen genutzt.

6.3 Schlußfolgerung

Zusammenfassend läßt sich feststellen, daß die Fragen der Betriebsfestigkeit wie auch die Verfahren und Vorgehensweisen zu ihrer Behandlung im Rahmen des Konstruktionsprozesses und eines Zuverlässigkeitsprogramms nicht als rein technisch-wissenschaftliches Problem betrachtet werden können. Durch das Einbeziehen von Gesichtspunkten einer Kosten-Nutzen-Analyse wird die Vielschichtigkeit der Problematik und die sich daraus ergebende Verschiedenartigkeit des jeweils optimalen Lösungswegs erkennbar.

Das heißt mit anderen Worten, daß es demnach auch kein universelles Lösungsverfahren für Betriebsfestigkeits-Fragen geben kann. Mögen in einem Falle extreme Anforderungen an die Aussage-Genauigkeit des Lösungsverfahrens im Vordergrund stehen, so mögen im anderen Fall nur einfache, kostengünstige Lösungsverfahren infrage kommen, selbst wenn die damit erzielbaren Aussagen mit gewissen Unsicherheiten behaftet sind und größere Sicherheitszuschläge erforderlich machen.

Die in diesem Spektrum der Möglichkeiten zu treffende Auswahl des Lösungswegs muß schließlich auch noch den technisch wie betriebswirtschaftlich nicht erfaßbaren Gesichtspunkt des verbleibenden und des aus unternehmerischer Sicht vertretbaren Risikos bewerten.

Um mithin die verfügbaren und mit diesem Konstruktionsbuch dargestellten Methoden und Verfahren der Betriebsfestigkeit in dieser konsequenten Form als Gesamtkonzept in die betriebliche Praxis umsetzen zu können, bedarf es nicht zuletzt auch der geeigneten unternehmerischen Entscheidungen.

Literaturverzeichnis

1 Haibach, E.: Betriebsfestigkeit - Verfahren und Daten zur Bauteilberechnung. VDI-Verlag GmbH, Düsseldorf (1989).

2 Pohl, E.J.: Das Gesicht des Bruches metallischer Werkstoffe, Band I - III, Band I mit einem Vorwort von M. Pfender. Allianz Versicherungs-AG, München und Berlin (1956).

3 Naumann, K. F.: Das Buch der Schadensfälle, Untersuchen - Beurteilen - Vermeiden. Riederer-Verlag GmbH, Stuttgart (1980).

4 Hobbacher, A.: Schadenuntersuchung zum Unglück des Halbtauchers "Alexander L. Kielland". Maschinenschaden 56 (1983) Nr. 2, S. 42/48.

5 Allianz - Handbuch der Schadenverhütung. Allianz Versicherungs-AG, 1. Aufl., München und Berlin (1972); 3. Aufl., VDI-Verlag, Düsseldorf (1984).

6 Ungerer, W.: Ermüdungsschäden im Schwermaschinenbau: Schadensschwerpunkte in Hüttenwerken. Betriebsforschungsinstitut, Bericht Nr. 553, Düsseldorf (1975).

7 Müller, U.: Ermüdungsschäden an Maschinen- und Stahlbauteilen von Hüttenwerksanlagen. Betriebsforschungsinstitut, Bericht Nr. 888, Düsseldorf, (1982).

8 Huth, H.; Schütz, D.: Sammlung und Analyse von im Betrieb von Luftfahrzeugen aufgetretenen Ermüdungsschäden. Forschungsbericht Wehrtechnik Nr. 79-10, Bundesministerium der Verteidigung, Bonn (1979).

9 Schönfeldt, H.: Anwenderprobleme zur Betriebsfestigkeit in Schiffbau und Meerestechnik. In: DVS Berichte Band 88, S. 17/21. Deutscher Verlag für Schweißtechnik GmbH, Düsseldorf (1984).

10 Siebke, H.: Betriebsfestigkeit - bemessen oder konstruieren. In: DVS Berichte Band 88, S. 25/35. Deutscher Verlag für Schweißtechnik GmbH, Düsseldorf (1984).

11 Gaßner, E.: Begriffsbestimmungen der Betriebsfestigkeit. In: Lueger, Lexikon der Technik, Band Fahrzeugtechnik. Deutsche Verlagsanstalt Stuttgart (1967).

12 Gaßner, E.: Festigkeitsversuche mit wiederholter Beanspruchung im Flugzeugbau. Luftwissen 6 (1939) Nr. 2, S. 61/64.

13 Gaßner, E.: Ergebnisse aus Betriebsfestigkeits-Versuchen mit Stahl- und Leichtmetallbauteilen. Bericht 152, Lilienthal-Gesellschaft für Luftfahrtforschung, Berlin (1942), S. 13/23.

14 Gaßner, E.: Betriebsfestigkeit, eine Bemessungsgrundlage für Konstruktionsteile mit statistisch wechselnden Betriebsbeanspruchungen. Konstruktion 6 (1954) Nr. 3, S. 97/104.

15   Festkolloquium Ernst Gaßner,   TH Darmstadt 10. Juni 1988.   Abdruck der Grußworte, der Laudatio, des Festvortrags und der Dankesworte, herausgegeben von den Dekanen der Fachbereiche Maschinenbau und Konstruktiver Ingenieurbau der Technischen Hochschule Darmstadt (1988).

16   Svenson, O.: Beanspruchungskollektiv - Betriebsfestigkeit - Leichtbau. Leichtbau der Verkehrsfahrzeuge 14 (1970) H. 5, S. 178/84.

17   Bierett, G.: Einige wichtige Gesetze der Betriebsfestigkeit geschweißter Bauteile aus Stahl. Schweißen und Schneiden 24 (1972) H. 11, S. 429/34.

18   Griese, F.W.: Steigerung der Verfügbarkeit von Hüttenwerksanlagen unter besonderer Berücksichtigung der Bauteillebensdauer. Stahl u.Eisen 91 (1971) Nr. 8, S. 439/46.

19   Werkstoff- und Bauteilprüfung sowie Betriebslastensimulation - Ausgewählte Beispiele. Herausgegeben von G. Jacoby. Werkstofftechnische Verlagsgesellschaft, Karlsruhe (1981); erhältlich auf Anfrage von Carl Schenck AG, Darmstadt.

20   Dubbel - Taschenbuch für den Maschinenbau. 17.Aufl. Herausgegeben von W. Beitz und K.-H. Kütter. Springer-Verlag, Berlin, Heidelberg, New York (1990).

21   Luftfahrttechnisches Handbuch - Handbuch Strukturberechnung (HSB). Herausgegeben vom Industrie-Ausschuß Strukturberechnungsunterlagen. Messerschmitt-Bölkow-Blohm, Ottobrunn.

22   Leitfaden für eine Betriebsfestigkeitsrechnung. Empfehlung zur Lebensdauerabschätzung von Bauteilen in Hüttenwerksanlagen. Herausgegeben vom Verein Deutscher Eisenhüttenleute (VDEh), 2. Aufl. (1985).

23   Berichte des Verein zur Förderung der Forschung und der Anwendung von Betriebfestigkeitskenntnissen in der Eisenhüttenindustrie (VBFEh), ABF-Berichte. Verein Deutscher Eisenhüttenleute, Düsseldorf.

24   Verhalten von Stahl bei schwingender Beanspruchung, Berichte zum Kontaktstudium "Werkstoffkunde Eisen und Stahl III". Herausgegeben von W. Dahl. Verlag Stahleisen, Düsseldorf (1978).

25   Buxbaum, O.: Betriebsfestigkeit - Sichere und wirtschaftliche Bemessung schwingbruchgefährdeter Bauteile. Verlag Stahleisen mbH, Düseldorf (1986).

26   Veröffentlichungen, Berichte und Technische Mitteilungen des Fraunhofer-Institut für Betriebsfestigkeit, früher Laboratorium für Betriebsfestigkeit (LBF), Darmstadt.

27   Berichtsbände zu Sitzungen des DVM-Arbeitskreises Betriebsfestigkeit. Herausgegeben vom Deutschen Verband für Materialprüfung, Berlin.

28   Zammert, W.-U.: Betriebsfestigkeitsberechnung. Grundlagen, Verfahren und technische Anwendungen. Friedr.Vieweg u.Sohn, Braunschweig (1985).

29   Radaj, D.: Gestaltung und Berechnung von Schweißkonstruktionen - Ermüdungsfestigkeit. Fachbuchreihe Schweißtechnik Band 82. Deutscher Verlag für Schweißtechnik GmbH, Düsseldorf (1985).

30   DIN 50 100: Dauerschwingversuch. Begriffe, Zeichen, Durchführung, Auswertung. Beuth Verlag, Berlin, Köln (1978).

31   TGL 19333: Zeitfestigkeit von Achsen und Wellen (1979), TGL 19340: Dauerfestigkeit der Maschinenbauteile (1983), TGL 19341: Festigkeitsnachweis für Bauteile aus Eisengußwerkstoffen (1988), TGL 19350: Betriebsfestigkeit der Maschinenbauteile (1986). DDR-Standard, erarbeitet vom Institut für Leichtbau und ökonomische Verwendung von Werkstoffen, Dresden.

32   DIN 15 018: Krane. Grundsätze für Stahltragwerke, Berechnung. Beuth Verlag, Berlin, Köln (1984).

33 DASt 011: Hochfeste schweißgeeignete Feinkornbaustähle StE460 und StE690, Anwendung für Stahlbauten. DASt-Richtlinie 011, Stahlbau-Verlag, Köln (1979).

34 Vorschriften für Eisebahngbrücken und sonstige Ingenieurbauwerke, DS 804. Deutsche Bundesbahn, München (1983).

35 Recommendations for the fatigue design of steel structures. European Convention for Constructional Steelwork, Technical Committee 6 - Fatigue, No. 43 (1985).

36 Eurocode 3, Kapitel 9 "Ermüdung", Entwurf. Beuth Verlag, Berlin, Köln (1988). **NEU?

37 Hinweise auf verfügbare Rechnerprogramme bzw. Auflistungen von Rechnerprogrammen. Auf Anfrage erhältlich vom Verfasser, Birkenstraße 7, 6104 Seeheim-Jugenheim.

38 DIN 50 145: Zugversuch. Beuth Verlag, Berlin, Köln (1975).

39 DIN 18 800: Stahlbauten, Teil 1: Bemessung und Konstruktion, Teile 2 bis 4: Stabilitätsfälle ..., Beuth Verlag, Berlin, Köln (1990).

40 Kreysig, E.: Statistische Methoden und ihre Anwendungen. 4.Auflage. Vandenhoek u. Puprecht, Göttingen (1973).

41 Wartmann, R.: Einführung in die mathematische Statistik. Springer-Verlag, Berlin, Heidelberg, New York (1969).

42 Handbuch der Qualitätssicherung. Herausgegeben von W. Masing. Carl Hanser Verlag, München, Wien (1980) (insbes. Teil 3: Statistische Verfahren).

43 Rossow, E.: Eine einfache Rechenschiebernäherung an die den normal scores entsprechenden Prozentpunkte. Qualitätskontrolle 9 (1964) Nr. 12, S. 146/47.

44 Henning, H.J.; Wartmann, R.: Stichproben kleinen Umfangs im Wahrscheinlichkeitsnetz. Mitteilungsbl. math. Statistik 9 (1957) S. 168/81.

45 Spindel, J.E.; Haibach, E.: The method of maximum likelihood applied to the statistical analysis of fatigue data including run-outs. Int. J. Fatigue 1 (1979) Nr. 2, S. 81/88.

46 Bühler, H.; Schreiber, W.: Lösung einiger Aufgaben der Dauerschwingfestigkeit mit dem Treppenstufen-Verfahren. Arch. Eisenhüttenwesen 28 (1957) H. 3, S. 153/56.

47 Haibach, E.: Die Dauerfestigkeit von Schweißverbindungen bei Grenzlastspielzahlen größer als $2 \cdot 10^6$. Arch. Eisenhüttenwesen 42 (1971) Nr. 12, S. 901/08.

48 Hück, M.: Ein verbessertes Verfahren für die Auswertung von Treppenstufenversuchen. In [27], Berichtsband der 6. Sitzung (1981), S.147/76.

49 Haibach, E.: Die Schwingfestigkeit von Schweißverbindungen aus der Sicht einer örtlichen Beanspruchungsmessung. LBF-Bericht Nr. FB-77 (1968) [26].

50 Olivier, R.; Ritter, W.: Wöhlerlinienkatalog für Schweißverbindungen aus Baustählen. DVS Berichte Band 56 I bis V, Deutscher Verlag für Schweißtechnik, Düsseldorf (1979 - 1985).

51 Haibach, E.; Atzori, B.: Ein statistisches Verfahren für das erneute Auswerten von Ergebnissen aus Schwingfestigkeitsversuchen und für das Ableiten von Bemessungsunterlagen, angewandt auf Schweißverbindungen aus AlMg5. Aluminium 51 (1975) Nr. 4, S. 267/72.

52 Haibach, E.; Matschke, Ch.: Normierte Wöhlerlinien für ungekerbte und gekerbte Formelemente aus Baustahl. Stahl und Eisen 101 (1981) Nr. 3, S. 21/27.

53 Haibach, E.; Matschke, C.: The concept of uniform scatter bands for analyzing S-N curves of unnotched and notched specimens in structural steel. In: ASTM STP 770, American Society for Testing and Materials (1982), S. 612/29.

54 Sonsino, C.M.; Kulka, C.; Huth, H.: Breitere Verwendung hochwertiger Stahlqualitäten für schwingbeanspruchte Bauteile durch Bereitstellen verläßlicher Kennwerte. Bericht EUR 11414, Kommission der Europäischen Gemeinschaften, Luxemburg (1988).

55 Magin, W.: Bewertung des geometrischen Größeneinflusses mit dem Konzept der Normierten Wöhlerlinie. Konstruktion 33 (1981) H. 8, S. 323/26.

56 Schütz, W.: Über eine Beziehung zwischen der Lebensdauer bei konstanter und bei veränderlicher Beanspruchungsamplitude und ihre Anwendbarkeit auf die Bemessung von Flugzeugbauteilen. Z. f. Flugwissenschaften 15 (1967) H. 11, S. 407/419.

57 Schütz, W.: Über die Schwingfestigkeit des martensitaushärtenden Stahles 18/7/5 NiCoMo. Techn. Mitt. Haus der Technik 61 (1968) Nr. 3, S. 132/39.

58 DIN 45 667: Klassierverfahren für das Erfassen regelloser Schwingungen. Beuth Verlag, Berlin, Köln (1969).

59 Schweer, W.: Beanspruchungskollektive als Bemessungsgrundlage für Hüttenwerkslaufkrane. Stahl u. Eisen 84 (1964) H. 3, S. 138/53.

60 Haibach. E.: Probleme der Betriebsfestigkeit von metallischen Konstruktionsteilen. VDI-Z 113 (1971) Nr. 5, S. 397/403.

61 Gaßner, E.; Griese, F.W.; Haibach, E.: Ertragbare Spannungen und Lebensdauer einer Schweißverbindung aus St 37 bei verschiedenen Formen des Beanspruchungskollektivs. Arch. Eisenhüttenwesen 35 (1964) Nr. 3, S. 255/67.

62 Buxbaum, O.: Verfahren zur Ermittlung von Bemessungslasten schwingbruchgefährdeter Bauteile aus Extremwerten von Häufigkeitsverteilungen. Konstruktion 20 (1968) Nr. 11, S. 425/30.

63 Kowalewski, J.: Beschreibung regelloser Vorgänge. Fortschritt-Ber. VDI-Z, Reihe 5 (1969) Nr. 7, S. 7/28.

64 Haibach, E.; Lipp, W.: Verwendung eines Einheitskollektivs bei Betriebsfestigkeits-Versuchen. LBF-Technische Mitteilung TM 15/65 (1965) [26].

65 Sjöström, S.: On random load analysis. Trans. Royal Inst. of Technology, Stockholm, Nr.18 (1961).

66 Ostermann, H.: Die Lebensdauerabschätzung bei Sonderkollektiven nach Betriebsfestigkeits-Versuchen mit Einheitskollektiven. LBF-Bericht Nr. TB-80 (1968), S. 41/52 [26].

67 Lipp, W.; Svenson, O.: Beitrag zur vereinfachten Wiedergabe von Beanspruchungen mit veränderlichen Mittelwerten im Schwingfestigkeitsversuch. LBF-Bericht Nr. FB-74 (1967) [26].

68 Fischer, R.; Haibach, E: Simulation von Beanspruchungs-Zeit-Funktionen in Versuchen zur Beurteilung von Werkstoffen. In [24], S. 223/42.

69 Haibach, E.: Sinnvolle Festlegung der Kollektiv-Treppung für Betriebsfestigkeitsversuche. LBF-Technische Mitteilung TM 47/69 (1969) [26].

70 Ostermann, H.: Verlauf der Lebensdauerlinie eines Vergütungsstahls nach achtstufigen Programmversuchen im Bereich oberhalb von 10^7 Lastspielen. Materialprüfung 13 (1971) Nr. 11, S. 389/91.

71 Buxbaum, O; Svenson, O: Zur Beschreibung von Betriebsbeanspruchungen mit Hilfe statistischer Kenngrößen. ATZ 75 (1973) Nr. 6, S. 208/215.

72 Hesselmann, N.: Digitale Signalverarbeitung; Rechnergestützte Erfassung, Analyse und Weiterverarbeitung analoger Signale. Vogel-Buchverlag, Würzburg (1983).

73 Buxbaum, O.: Beschreibung einer im Fahrbetrieb gemessenen Beanspruchungs-Zeit-Funktion mit Hilfe der spektralen Leistungsdichte. LBF-Bericht Nr. TB-102 (1972) [26].

74   Haibach, E.; Wendt, U.: Berechnung des Unregelmäßigkeitsfaktors N0/N1 für einen stationären Gauß-Prozeß mit zweigipfligem Spektrum der Leistungsdichte. LBF-Bericht Nr. TB-137 (1977) [26].

75   Swanson, S.R.: Random fatigue testing: State of the art survey. Materials Research and Standards 8 (1968) Nr. 4, S. 10/44.

76   Gaßner, E.; Lowak, H.: Bedeutung der Unregelmäßigkeit Gaußscher Zufallsfolgen für die Betriebsfestigkeit. Z. Werkstofftechnik 9 (1978) Nr. 7, S. 246/56.

77   Fischer, R.; Hück, M.; Köbler, H.-G.; Schütz, W.: Eine dem stationären Gaußprozeß verwandte Beanspruchungs-Zeit-Funktion für Betriebsfestigkeitsversuche. Fortschr.-Ber. VDI-Z Reihe 5, Nr. 30 (1970).

78   Fischer,R.; Köbler, H.-G.; Wendt, U.: Synthese zufallsartiger Lastfolgen zur Anwendung bei Betriebsfestigkeitsversuchen. Fortschr.-Ber. VDI-Z Reihe 5, Nr. 40 (1979).

79   Olivier, R.; Grimme, D.; Lachmann, E.; Müsgen, B.: Untersuchung zur Betriebsfestigkeit von geschweißten Offshore-Konstruktionen in Meerwasser. Stahl und Eisen 106 (1985) Nr. 1, S. 55/61.

80   Schütz, D.; Lowak, H.; de Jonge, J.B.; Schijve, J.: Standardisierter Einzelflug-Belastungsablauf für Schwingfestigkeitsversuche an Tragflächenbauteilen von Transportflugzeugen. LBF-Bericht Nr. FB-106 (1973) [26].

81   Lowak. H.; de Jonge, J.B.; Franz, J.; Schütz, D.: Minitwist, a shortened version of Twist. LBF-Bericht Nr. TB-146 (1979) [26].

82   Schütz, D.; Lowak, H.: Zur Verwendung von Bemessungsunterlagen aus Versuchen mit betriebsähnlichen Lastfolgen zur Lebensdauerabschätzung. LBF-Bericht Nr. FB-109 (1976) [26].

83   Schütz, D.; Gassner, E.: Durch veränderliche Betriebslasten in Kerben erzeugte Eigenspannungen und ihre Bedeutung für die Anwendbarkeit der linearen Schadensakkumulations-Hypothese. Z. f. Werkstofftechnik 6 (1975) Nr. 6, S. 194/205.

84   Schijve, J.: Betriebsfestigkeitsprobleme bei Flugzeugkonstruktionen. LBF-Bericht Nr.TÜ-85 (1970) [26].

85   Palmgren, A.: Die Lebensdauer von Kugellagern. VDI-Z 58 (1924), S. 339/41.

86   Miner, M.A.: Cumulative damage in fatigue. J. Appl. Mech. 12 (1945), S. 159/64.

87   Gaßner, E.: Performance fatigue testing with respect to aircraft design. In: Fatigue in Aircraft Structures, Academic Press Inc., New York (1956), S.178/206.

88   Conle, F.A.: An examination of variable amplitude histories in fatigue. Dissertation, Universität Waterloo, Ontario, Canada (1979).

89   Haibach, E.: Modifizierte lineare Schadensakkumulations-Hypothese zur Berücksichtigung des Dauerfestigkeitsabfalls mit fortschreitender Schädigung. LBF-Technische Mitteilung TM 50/70 (1970) [26].

90   Haibach, E.: Abhängigkeit der ertragbaren Spannungen schwingbeanspruchter Schweißverbindungen vom Beanspruchungskollektiv. LBF-Bericht Nr. FB-79 (1968) $[26].

91   Wirthgen, G.: Berechnungsverfahren der Betriebsfestigkeit und ihre Berücksichtigung in Vorschriftenwerken. IfL-Mitteilungen 21 (1982) H.2, S.35/43.

92   Reppermund, K.: Probabilistischer Betriebsfestigkeitsnachweis unter Berücksichtigung eines progressiven Dauerfestigkeitsabfalls mit zunehmender Schädigung. Stahlbau 55 (1986) H. 4, S. 104/12.

93   Franke, L.: Voraussage der Betriebsfestigkeit von Werkstoffen und Bauteilen unter besonderer Berücksichtigung der Schwinganteile unterhalb der Dauerfestigkeit. Bauingenieur 60 (1985) S. 495/99.

94 Gaßner, E.: Betriebsfestigkeit gekerbter Stahl-und Aluminiumstäbe unter betriebsähnlichen und betriebsgleichen Belastungsfolgen. Materialprüfung 11 (1969) Nr. 11, S. 373/378.

95 Gaßner, E.; Lipp, W.; Dietz,V.: Schwingfestigkeitsverhalten von Bauteilen im Betrieb und im Betriebslasten-Nachfahrversuch. LBF-Technische Mitteilung TM 76/76 [26].

96 Lipp, W.: Zuverlässigere Lebensdauerangaben durch bessere Durchmischung der Lasten im 8-Stufen-Programmversuch. Materialprüf. 12 (1970) Nr. 11, S. 381/82.

97 Gassner, E.; Kreutz, P.: Bedeutung des Programmbelastungs-Versuchs als einfachste Form der Simulation zufallsartiger Beanspruchungen. Fortschr.-Ber. VDI-Z Reihe 5, Nr. 80 (1984).

98 Lehmann, R.: Einfluß der Belastungsreihenfolge auf die Zeitraffung bei Betriebsfestigkeitsversuchen. Mitteilung aus dem IfL Dresden 8 (1969) H. 4, S. ****

99 Gassner, E.: U_0^*-Verfahren zur treffsicheren Vorhersage von Betriebsfestigkeits-Kennwerten nach Wöhler-Versuchen. Materialsprüfung 22 (1989) Nr. 4, S. 155/59.

100 Schütz, W.; Zenner, H.: Schadensakkumulationshypothesen zur Lebensdauervorhersage bei schwingender Beanspruchung - Ein kritischer Überblick. Zeitschrift f. Werkstofftechnik 4 (1973) H. 1, S. 25/33 und H. 2, S. 97/102.

101 Schijve, J.: The Accumulation of fatigue damage in aircraft materials and structures. AGARDograph No. 157 (1972), Zentralstelle für Luftfahrtdokumentation, München.

102 Buch, A.; Vormwald, M.; Seeger, T.: Anwendung von Korrekturfaktoren für die Verbesserung der rechnerischen Lebensdauervorhersage. Bericht FF-16/1985, Fachgebiet Werkstoffmechanik der Technischen Hochschule Darmstadt (1985).

103 Zenner, H.; Schütz, W.: Betriebsfestigkeit von Schweißverbindungen - Lebensdauerabschätzung mit Schadensakkumulationshypothesen. Schweißen und Schneiden 26 (1974) H. 2, S. 41/45.

104 Haibach, E.; Matschke, C.: Betriebsfestigkeit von Kerbstäben aus Stahl Ck45 und Stahl 42CrMo4. LBF-Bericht Nr. FB-155 (1980) [26].

105 Heuler, P.; Vormwald, M.; Seeger, T.: Relative Miner-Regel und Q_0-Verfahren, eine bewertende Gegenüberstellung. Materialprüfung 28 (1986) Nr. 3, S. 65/72.

106 Schütz, D.; Lowak, H.: Zur Verwendung von Bemessungsunterlagen aus Versuchen mit betriebsähnlichen Lastfolgen zur Lebensdauerabschätzung. LBF-Bericht Nr. FB-109 (1976) [26].

107 Buch, A.; Lowak, H.; Schütz, D.: Vergleich der Ergebnisse von Schwingfestigkeits-Versuchen mit unterschiedlichen Lastfolgen mit Hilfe der Relativ-Miner-Regel. LBF-Bericht Nr.TB-164 (1982) [26].

108 Schütz, W.: Lebensdauer-Berechnung bei Beanspruchungen mit beliebigen Last-Zeit-Funktionen. In: VDI-Berichte Nr. 268 (1976), S. 113/38.

109 Comet crash inquiry aids furture aircraft design. Produkt Engng. 26 (1955) Nr. 1, S. 197/98.

110 Hoffmann, K.: Eine Einführung in die Technik des Messens mit Dehnungmeßstreifen. Herausgeber: Hottinger Baldwin Messtechnik GmbH, Darmstadt (1987).

111 Handbuch für experimentelle Spannungsanalyse. Herausgegeben von Chr. Rohrbach. VDI-Verlag GmbH, Düsseldorf (1989).

112 Aicher, W.; Ertelt, H.J.: Aufbereitung von Meßdaten für das Erstellen von Übergangsmatrizen. In [27], Berichtsband der 2. Sitzung (1977) S. 119/29.

113 Fatigue under complex loading: Analyses and experiments, R.M. Wetzel Editor. Advances in Engineering Vol. 6, Society of Automotive Engineers, Warrendale, PA (1977).

114 Clormann, U.H.; Seeger, T.: Rainflow - HCM - Ein Zählverfahren für Betriebsfestigkeitsnachweise auf werkstoffmechanischer Grundlage. Stahlbau 55 (1986) H. 3, S. 65/71.

115 Berechnungsgrundsätze für Triebwerke in Hebezeugen. Fachbericht vom Normenausschuß Maschinenbau, Fachbereich Fördertechnik, im DIN. Beuth Verlag, Berlin, Köln (1982).

116 Bruls, A.; Baus, R.: Etude du comportment des ponts en acier sous l'action du traffic routier - Determination des actions pour le calcul statique et le calcul a la fatigue. Centre de Recherches Scientifiques et Techniques de l'Industrie des Fabrications Metalliques (Crif), Raport MT 145, Bruxelles (1981).

117 Haibach, E.: Measurement and interpretation of dynamic loads on bridges, a synthesis from the final reports on a joint research programme. Report EUR 9759, Commission of the European Communities, Luxembourg, (1984).

118 Ratjen, H.: Optimale Auslegung von Walzwerksantrieben: Rechenverfahren und Modelle für die Auslegung mehrgerüstiger Kaltwalzstraßen. Betriebsforschungsinstitut, Bericht Nr. 954, Düsseldorf (1984).

119 Wünsch, D.; Garcia del Castillo, L.; Völker, F.: Experimentelle und modellhafte Ermittlung dynamischer Belastungen torsionsschwingungsfähiger Systeme (Teil A) mit Lösungs- und Operationskatalog (Teil B). Forschungsbericht Nr. 95, Forschungskuratorium Maschinenbau e.V. (1986).

120 Ludwig, H.G.: Vergleich elektromotorischer Antriebe für Kranfahrwerke unter Berücksichtigung des Fahrereinflusses durch Echtzeitsimulation. Bericht ABF 28 (1986) [23].

121 Harris, C.M.; Crede, Ch.E.: Shock and vibration handbook. Second Edition, McGraw-Hill Book Company, New York (1976), ISBN 0-07-026799-5.

122 Ermittlung der Bauteilbeanspruchungen an Hüttenwerksanlagen - Meßempfehlung. Bericht ABF 17 (1980) [23].

123 Wellinger, K.; Dietmann, H.: Festigkeitsberechnung - Grundlagen und technische Anwendung. 3. Aufl., Kröner-Verlag, Stuttgart (1969).

124 VDI-Richtlinie 2226 - Empfehlung für die Festigkeitsberechnung metallischer Bauteile. Beuth Verlag, Berlin, Köln (1965). (Derzeit zurückgezogen und in Neubearbeitung, s. [136,141].)

125 Siebel, E.; Pfender, M.: Weiterentwicklung der Festigkeitsrechnung bei Wechselbeanspruchung. Stahl u. Eisen 66/67 (1947) H. 19/20, S. 318/21.

126 Lang, O.R.: Dimensionierung komplizierter Bauteile aus Stahl im Bereich der Zeit- und Dauerfestigkeit. Zeitschrift Werkstofftech. 10 (1979) Nr. 10, S. 24/29.

127 Hück, M.; Thrainer, L.; Schütz, W.: Berechnung von Wöhlerlinien für Bauteile aus Stahl, Stahlguß und Grauguß - Synthetische Wöhlerlinien, Dritte überarbeitete Fassung, Bericht ABF 11 (1983) [23].

128 Jaenicke, B.: Stützwirkungskonzepte. In [141].

129 Neuber, H.: Über die Berücksichtigung der Spannungskonzentration bei Festigkeitsberechnungen. Konstruktion 20 (1968) H. 7, S. 245/51.

130 Radaj, D.: Möhrmann, W.; Schilberth, G.: Economy and convergence of notch stress analysis using boundary and finite element methods. Intern. J. for Numeric Methods in Engineering 20 (1984), S. 565/72.

131 Rainer, G.: Parameterstudien mit Finiten Elementen - Berechnung der Bauteilfestigkeit von Schweißverbindungen unter äußeren Beanspruchungen. Konstruktion 37 (1985) H. 2, S. 45/52.

132 Radaj, D.; Möhrmann, W.: Kerbwirkung querbeanspruchter Schweißstöße. Schweißen u. Schneiden 36 (1984) H. 2, S. 57/63.

133 Radaj, D.: Näherungsweise Berechnung der Formzahl von Schweißnähten. Schweißen u. Schneiden 21 (1969) N. 3, S. 97/103 und H. 4, S. 151/58.

134 Issler, L.: Gültigkeitsgrenzen der Festigkeitshypothesen bei allgemeiner mehrachsiger Schwingbeanspruchung. In [27], Berichtsband der 7. Sitzung (1982) S. 295/314.

135 Zenner, H.: Schwingfestigkeit bei mehrachsiger Beanspruchung. In: Ermüdungsverhalten metallischer Werkstoffe. Deutsche Gesellschaft für Metallkunde e.V., Oberursel (1985), S. 369/96.

136 Mertens, H.: Kerbgrund- und Nennspannungskonzepte zur Dauerfestigkeitsberechnung - Weiterentwicklung des Konzeptes der Richtlinie VDI 2226. In [141].

137 Issler, L.: Festigkeitsverhalten bei mehrachsiger phasengleicher und phasenverschobener Schwingbeanspruchung. VDI-Berichte Nr. 268 (1976).

138 Grubisic, V.; Sonsino, C.M.: Rechenprogramm zur Ermittlung der Werkstoffanstrengung bei mehrachsiger Schwingbeanspruchung mit konstanten und veränderlichen Hauptspannungsrichtungen, TM 79/76 [26].

139 Simbürger, A.: Festigkeitsverhalten zäher Werkstoffe bei einer mehrachsigen, phasenverschobenen Schwingbeanspruchung mit körperfesten und veränderlichen Hauptspannungsrichtungen. LBF-Bericht Nr. FB-121 (1975) [26].

140 Zenner, H.; Heidenreich, R.; Richter, I.: Schubspannungsintensitätshypothese - Erweiterung und experimentelle Abstützung einer neuen Festigkeitshypothese für schwingende Beanspruchung. Konstruktion 32 (1980) N. 4, S. 143/52.

141 Dauerfestigkeit und Zeitfestigkeit - zeitgemäße Berechnungskonzepte. VDI-Berichte Nr. 661 (1988).

142 Schomburgk, J.M.: Beanspruchungsermittlung und Lebensdauerabschätzung einer Lochscheibe bei zusammengesetzter Schwingbelastung. Bericht FS - 12/1988, Fachgebiet Werkstoffmechanik der Technischen Hochschule Darmstadt (1988).

143 Olivier, R.; Köttgen, V.B.; Boller, Chr.; Seeger, T.: Fatigue data bases in Europe. Bericht FF-1/1988, Fachgebiet Werkstoffmechanik der Technischen Hochschule Darmstadt (1988).

144 Olivier, R.; Köttgen, V.B.; Seeger, T.: Schweißverbindungen I - Schwingfestigkeitsnachweise für Schweißverbindungen auf der Grundlage örtlicher Beanspruchungen. Heft 143, Forschungskuratorium Maschinenbau, Frankfurt (1989).

145 Haibach, E.: Beurteilung der Zuverlässigkeit schwingbeanspruchter Bauteile. Luftfahrttechnik - Raumfahrttechnik 13 (1967) Nr. 8, S. 188/93.

146 Wimmer, A.: Erarbeitung fahrzeugabhängiger Parameter zur betriebsfesten Dimensionierung lebenswichtiger Bauteile. In [27], Berichtsband der 10. Sitzung (1984), S. 119/33.

147 Lipp, W.: Statistische Analyse der Lebensdauerstreuung eines in großen Stückzahlen hergestellten Schmiedeteils. LBF-Technische Mitteilung TM 56/70 [26].

148 Kloos, K.H.; Adelmann, J.; Bieker, G.; Oppermann, Th,: Oberflächen- und Randschichteinflüsse auf die Schwingfestigkeitseigenschaften. In [141].

149 Ostermann, H.; Rückert, H.; Engels, A.: Dauerfestigkeit und Betriebsfestigkeit von schwarzem Temperguß und ihr Zusammenhang mit metallurgischen Einflüssen. Gießereiforschung 31 (1979) Nr. 1, S. 25/36.

150 Haibach, E.; Olivier, R.: Streuanalyse der Ergebnisse aus systematischen Schwingfestigkeitsuntersuchungen mit Schweißverbindungen aus Feinkornbaustahl. Materialprüfung 17 (1975) Nr. 11, S. 399/401.

151 Haibach, E.; Ostermann, H.; Köbler, H.-G.: Abdecken des Risikos aus den Zufälligkeiten weniger Schwingfestigkeitsversuche. LBF-Technische Mitteilung TM 68/73 [26].

152 Schweiger, G.; Erben, W.; Heckel, K.: Anpassung der Weibull-Verteilung an Versuchsgrößen. Materialprüfung 26 (1984) Nr. 10, S. 340/43.

153 Technische Zuverlässigkeit, Problematik, Mathematische Grundlagen, Untersuchungsmethoden, Anwendungen. 2.Aufl. Herausgegeben von der Messerschmidt-Bölkow-Blohm GmbH. Springer-Verlag, Berlin, Heidelberg, New-York (1977).

154 VDI-Handbuch Technische Zuverlässigkeit. Beuth Verlag, Berlin, Köln.

155 Handbook reliability engineering. NAVWEPS 00.65.502, Direction of the chief of the Bureau of Naval Weapons, New York, (1964).

156 Haibach, E.: Schwingfestigkeit hochfester Feinkornbaustähle im geschweißten Zustand. Schweissen und Schneiden 27 (1975) Nr. 5, S. 179/81.

157 Merkblätter DVS 2401: Bruchmechanische Bewertung von Fehlern in Schweißverbindungen. Fachbuchreihe Schweißtechnik, Band 101. Deutscher Verlag für Schweißtechnik, Düsseldorf (1989).

158 VDI-Richtlinie 3822: Schadensanalyse, Blätter 1 bis 6. Beuth Verlag, Berlin, Köln (1981).

159 Lange, G.: Systematische Beurteilung technischer Schadensfälle. DGM Informationsgesellschaft mbH, Oberursel (1983).

160 Becker. K.: Schadensanalyse. In [165], S. 335/54.

161 VDI-Richtlinie 2222, Blatt 1 - Konstruktionsmethodik. Konzipieren technischer Produkte. Beuth Verlag, Berlin, Köln (1977).

162 Pahl, G.; Beitz, W.: Konstruktionslehre. Springer-Verlag Berlin, Heidelberg, New York (1977).

163 Pahl, G.: Vorgehen beim methodischen Konstruieren - Knotenpunkte zur Betriebsfestigkeit. In [27], Berichtsband der 4. Sitzung (1978), S. 9/18.

164 Beitz, W.; Haibach, E.: Einbeziehung von Kriterien und Verfahren der Betriebsfestigkeit in den Konstruktionsprozeß. In [27], Berichtsband der 4. Sitzung (1978), S. 19/36.

165 Peters, O.H.; Meyna, A.: Handbuch der Sicherheitstechnik, Bd.1. Sicherheit technischer Anlagen, Komponenten und Systeme; Sicherheitsanalyseverfahren. Carl Hanser Verlag, München Wien (1985).

Formelzeichen

Allgemeine Begriffe der Schwingfestigkeit sind in DIN 50 100 [30] genormt. Darüber hinaus haben sich gewisse Begriffe der Schwingfestigkeit mit einer festen Bedeutung im Schrifttum eingeführt [11]. Einem in weiten Fachkreisen angenommenen Vorschlag folgend, wird in neueren Veröffentlichungen - und so auch hier - für die seinerzeit von Gaßner eingeführte Bezeichnung "Lebensdauerlinie" bzw. "Lebensdauerstreuband" in Entsprechung zu der Bezeichnung "Wöhlerlinie" bzw. "Wöhlerstreuband" nun die Bezeichnung "Gaßnerlinie" bzw. "Gaßnerstreuband" verwendet [15].

Leider ist im technischen Sprachgebrauch eine stete Tendenz zur Verwässerung einmal getroffener Begriffsbestimmungen zu vermerken. Auch für die anzuwendenden Formelzeichen ist eine mehr als unbefriedigende Situation zu verzeichnen. Derzeitige Festlegungen erlauben weder eine eindeutige Formelsprache, noch kommen sie heutigen Belangen der Textverarbeitung oder der Rechneranwendung entgegen.

Als eine Entscheidung, die sicherlich nicht nur der schreibtechnischen Vereinfachung, sondern auch der sachlichen Klarheit dient, muß dem Leser auffallen, daß die Formelzeichen σ und ϵ nur für die wahren Spannungen und Dehnungen verwendet werden. Demgegenüber werden die vereinfachend berechneten Nennspannungen und Nenndehnungen nicht durch den Index n, sondern der angelsächsischen Schreibweise folgend, mit den Formelzeichen S und e bezeichnet. Bei den Schubspannungen wird entsprechend zwischen τ und T unterschieden. Ertragbare oder zulässige Spannungen werden, wo es die Formelschreibung erfordert, durch den Vorsatz "ertr" oder "zul" unterschieden, z.B. zul $S_a = (\text{ertr } S_a)/j_S$.

a	Amplitude beim Rainflow- bzw. Spanne beim Matrix-Verfahren
C	Vertrauenswahrscheinlichkeit
D	Schädigungssumme nach der Miner-Regel
D_1	Schädigung durch die Kollektivstufen oberhalb der Dauerfestigkeit
D_2	Schädigung durch die Kollektivstufen unterhalb der Dauerfestigkeit
D_B	von $D_B = 1$ abweichend vorgegebene Schädigungssumme für Bruch
D_V	Schädigungssumme für Bruch errechnet aus Versuchsergebnissen

d	$i=1$ bis $i=d$: Stufen oberhalb der abgeminderten Dauerfestigkeit $S_D(D)$
ertr...	ertragbarer Wert der Beanspruchung oder der Lebensdauer
F	Einzelkraft (Normalkraft)
F_x	Kraft in x-Richtung
F_y	Kraft in y-Richtung
$G(\omega)$	spektrale Leistungsdichteverteilung, Leistungsspektrum
$G_A(\omega)$	Leistungsspektrum der Systemantwort
$G_E(\omega)$	Leistungsspektrum der Systemerregung
$\bar{H}$	Gesamthäufigkeit der Schwingspiele oder Kollektivumfang
$H(S_a)$	Überschreitungshäufigkeit als Funktion der Spannungsamplitude
$H(\omega)$	Übertragungsfunktion eines (linearen) Schwingungssystems
H_0	Anzahl der sekündlichen (einsinnigen) Mittelwertdurchgänge
$\bar{H}_0$	Gesamthäufigkeit Mittelwertdurchgänge oder Kollektivumfang
H_E	Gesamthäufigkeit für das schädigungsgleiche Rechteck-Ersatzkollektiv
H_P	Anzahl der sekündlichen (einsinnigen) Scheitelwerte
H_i	Überschreitungshäufigkeit bei der Kollektivstufe i
H_i	Überschreitungshäufigkeit bei der Spannung S_i im stetigen Kollektiv
H_{ms}	Überschreitungshäufigkeit bei der meistschädigenden Spannung
h_i	Häufigkeit innerhalb der Kollektivstufe i oder Stufenhäufigkeit
I	Unregelmäßigkeitsfaktor
i	Index für die Einzelversuche einer Stichprobe
i	Index für die Kollektivstufen
j	Ordnungszahl für die Einzelversuche einer Stichprobe
j	$i=1$ bis $i=j$: Stufen oberhalb oder gleich der Dauerfestigkeit S_D
j	Imaginärzahl, $j^2 = -1$
j_C	Sicherheitszahl zur Umrechnung von $C=50\%$ auf $C=90\%$
$j_{C,n}$	Risikofaktor für $C=90\%$ bei n Einzelversuchen
$j_{C,1}$	Risikofaktor für $C=90\%$ bei $n=1$ Einzelversuch
j_L	auf die Lebensdauer anzuwendende Sicherheitszahl
j_N	auf die Schwingspielzahl anzuwendende Sicherheitszahl
j_S	auf die Spannungsamplitude anzuwendende Sicherheitszahl
j_S^*	Sicherheitszahl j_S gemäß der Ausfallwahrscheinlichk P_A^*
$j_{S,x}$	Sicherheitszahl j_S bezogen auf die Lebensdauerlinie für $P_{A,Bruch} < 50\%$
j_x	auf die Merkmalsgröße X anzuwendende Sicherheitszahl
k	Neigungsexponent in der Gleichung d. Wöhler- bzw. Zeitfestigkeitslinie
$\bar{k}$	Neigungsexponent in der Gleichung der Gaßnerlinie
L	Lebensdauer eines Bauteils
$L_{0\%}$	sicherer Lebensdauerwert ($P_A=0\%$) nach der Weibull-Verteilung
$L_{50\%}$	mittlerer Lebensdauerwert ($P_A=50\%$) nach der log. Normalverteilung
M	Mittelspannungsempfindlichkeit des Werkstoffs
M	Biege- oder Dreh-Moment
m	Mittelwert der Stichprobe
m	Mittelwert beim Rainflow- bzw. Matrix-Verfahren
m	Neigungsexponent entsprechend k in der Nomenklatur des Eurocode 3
z	Differenzwert $= m_F - m_B$
m_B	Mittelwert der auf x transformierten, auftretenden Beanspruchung
m_F	Mittelwert der auf x transformierten, ertragbaren Beanspruchung
N	ertragene bzw. ertragbare Schwingspielzahl im Wöhler-Versuch

$\bar{N}$	ertragene bzw. ertragbare Schwingspielzahl im Betriebsfestigkeits-Vers.
$\bar{N}$	rechnerisch ertragbare Schwingspielzahl unter Kollektivbelastung
$\bar{N}(D_B)$	für die Schädigungssumme D_B errechnete Lebensdauer
$\bar{N}(D_V)$	für die Schädigungssumme D_V errechnete Lebensdauer
$\bar{N}_0$	ertragene bzw. ertragbare Anzahl der Mittelwertdurchgänge
$\bar{N}_1$	ertragbaren Schwingspielzahl oder Lebensdauer bei $n=1$ Einzelversuch
$N_{10\%}$	ertragene bzw. ertragbare Schwingspielzahl für $P_{\ddot{u}}=10\%$
$N_{50\%}$	ertragene bzw. ertragbare Schwingspielzahl für $P_{\ddot{u}}=50\%$
$N_{50\%,C}$	Mittelwert der (logarithmierten) Schwingspielzahlen N_i für $C=90\%$
$N_{50\%,n}$	Mittelwert der (log.) Schwingspielzahlen N_i aus n Einzelversuchen
$N_{90\%}$	ertragene bzw. ertragbare Schwingspielzahl für $P_{\ddot{u}}=90\%$
N_A	Schwingspielzahl für $S_a=S_A$ nach der Zeitfestigkeitslinie
$\bar{N}_A$	Schwingspielzahl für $\bar{S}_a=\bar{S}_A$ nach der Gaßnerlinie
N_{Bruch}	bis zum Betriebsbruchs erreichte Lebensdauer bzw. Schwingspielzahl $\bar{N}$
N_D	Schwingspielzahl für $S_a=S_D$ am Abknickpunkt der Wöhlerlinie
$\bar{N}_{Ford}$	geforderte Lebensdauer bzw. Schwingspielzahl $\bar{N}$
N_i	Schwingspielzahl für den i-ten Einzelversuch
N_i	ertragbare Schwingspielzahl für den Spannungshorizont i
n	Anzahl der Einzelversuche in einer Stichprobe
$n(\chi)$	Stützziffer $=\beta_k/\alpha_k$
n_i	aufgebrachte Schwingspielzahl für den Spannungshorizont i
P_A	Ausfallwahrscheinlichkeit unter der angesetzten Betriebsbeanspruchung
$P_A{}^*$	vereinfachend mittels P_e bestimmte Ausfallwahrscheinlichkeit
$P_{A,Bruch}$	abschätzbare Ausfallwahrscheinlichkeit für den Lebensdauerwert $\bar{N}_{Bruch}$
P_e	Auftretenswahrscheinlichkeit der angesetzten Beanspruchung
$P_{\ddot{u}}$	Überlebenswahrscheinlichkeit der Schwingfestigkeit oder Lebensdauer
p	Parameter in der Gleichung für den Mittelspannungseinfluß
p	Kennwert der p-Wert-Kollektive
p	Oberwert beim Matrix-Verfahren
q	Unterwert beim Matrix-Verfahren
q	Exponent in der Formel für den Dauerfestigkeitsabfall
Q	Schubkraft
Q_0	Verhältnis der experimentellen zu den errechneten $\bar{S}_a$-Werten
R	Spannungsverhältnis $=S_u/S_o$ oder $=\sigma_u/\sigma_o$
$\bar{R}$	Spannungsverhältnis den Höchstwert des Kollektiv $=\bar{S}_u/\bar{S}_o$
R_e	Streckgrenze des Werkstoffs
R_i	Spannungsverhältnis für die Stufe i des getreppten Kollektivs
R_m	Zugfestigkeit des Werkstoffs
S	Nennspannung (Normalspannung)
$S(t)$	Spannungs-Zeit-Funktion bzw. Nennspannungs-Zeit-Funktion
S_A	Schwingfestigkeitskennwert in Verbindung mit N_A
$\bar{S}_A$	Schwingfestigkeitskennwert in Verbindung mit $\bar{N}_A$
S_D	Dauerfestigkeitswert, Spannungsamplitude für $N=N_D$ am Abknickpunkt
$S_D(D)$	abgeminderter Dauerfestigkeitswert als Funktion der Schädigung
S_F	Formdehngrenze des Bauteils
S_M	Formfestigkeit des Bauteils
S_a	Spannungsamplitude
$\bar{S}_a$	kennzeichnende Spannungsamplitude des Amplitudenkollektivs

$\bar{S}_{a,0\%}$	sicherer Beanspruchungswert ($P_A=0\%$) nach der Weibull-Verteilung
$\bar{S}_{a,50\%}$	mittlerer Beanspruchungswert ($P_A=50\%$) nach d. log. Normalverteilung
$\bar{S}_{a,B}$	einwirkende, kennzeichnende Spannung des Amplitudenkollektivs
$\bar{S}_{a,\Gamma}$	ertragbare, kennzeichnende Spannung des Amplitudenkollektivs
S_{aE}	Spannungsampltude des schädigungsgleichen Rechteck-Ersatzkollektivs
S_{ai}	Spannungsamplitude für die Stufe i des getreppten Kollektivs
S_m	Mittelspannung
$\bar{S}_m$	kennzeichnende Mittelspannung für den Höchstwert des Kollektivs
S_{mi}	Mittelspannung für die Stufe i des getreppten Kollektivs
S_{mi}	Mittelspannung auf dem Spannungshorizont i
$S_{m,Flug}$	Mittelspannung im ungestörten Reiseflug
S_o	Oberspannung
$\bar{S}_o$	kennzeichnende Oberspannung für den Höchstwert des Kollektivs
S_{oi}	Oberspannung im Kollektiv bei der Überschreitungshäufigkeit H_i
S_{rms}	Effektiv- oder RMS-Wert der Spannungsamplitude
S_u	Unterspannung
$\bar{S}_u$	kennzeichnende Unterspannung für den Höchstwert des Kollektivs
S_{ui}	Unterspannung im Kollektiv bei der Überschreitungshäufigkeit H_i
s	Standardabweichung der Stichprobe
s_B	Standardabweichung der transformierten, einwirkenden Beanspruchung
s_Γ	Standardabweichung der transformierten, ertragbaren Beanspruchung
s_L	Standardabweichung der logarithmierten Lebensdauer, entsprechend T_L
s_N	Standardabweichung der log. Schwingspielzahlen, entsprechend T_N
s_S	Standardabweichung der log. Spannungsamplituden, entsprechend T_S
T	Beobachtungszeit bzw. Integrations-Zeitintervall
T_D	Streuspanne 10-90% der für Bruch errechneten Schädigungssummen D
T_L	Streuspanne 10-90% der Lebensdauerwerte L
T_N	Streuspanne 10-90% der Schwingspielzahlen N bzw. $\bar{N}$
T_S	Streuspanne 10-90% der Spannungsamplituden S_a bzw. $\bar{S}_a$
$T_{S,B}$	Streuspanne 10-90% der einwirkenden Spannungsamplituden
$T_{S,\Gamma}$	Streuspanne 10-90% der ertragbaren Spannungsamplituden
$T_{S,res}$	Streuspanne 10-90% resultierend aus $T_{S,B}$ und $T_{S,\Gamma}$
T_X	Streuspanne 10-90% der Merkmalsgröße X
t	Zeit (als Variable)
U_0	U_0-Wert, Verhältniswert $\bar{S}_a(\bar{N}=10^6)/S_a(H_{ms})$
u_0	bezogene Merkmalsgröße zum Bestimmen von P
u_A	bezogene Merkmalsgröße zum Bestimmen von P_A
u_B	bezogene Merkmalsgröße zum Bestimmen von $P_{A,Bruch}$
V_B	erforderliche Absenkung der Beanspruchung als Verhältniswert
V_L	erforderliche Steigerung der Lebensdauer als Verhältniswert
V_S	erforderliche Steigerung der Schwingfestigkeit als Verhältniswert
v	Verhältnis der Standardabweichungen $=s_B/s_\Gamma$
x_B	transformierte Merkmalsgröße der einwirkenden Beanspruchung
x_D	auf die Spannungsamplitude $\bar{S}_a$ bezogener Dauerfestigkeitswert S_D
x_Γ	transformierte Merkmalsgröße der ertragbaren Beanspruchung
x_i	bezogene Spannungsamplitude für die Stufe i des getreppten Kollektivs
x_j	Faktor x_i für die Kollektivstufe i=j
Z	ertragene Anzahl der Teilfolgen bis Bruch

z	$i=z$ kleinste Stufe des getreppten Kollektivs
z	Differenzwert $=x_F-x_B$
zul ...	zulässige Beanspruchung, Lebensdauer oder Ausfallwahrscheinlichkeit
ΔD_i	Schädigungsbeitrag eines einzelnen Schwingspiels i
ΔS	Schwingbreite der Spannung bzw. Nennspannung
ΔS_R	Schwingfestigkeitskennwert bei $N_A=2\cdot10^6$ $(\Delta S_R=2\cdot S_A)$
$\Delta\sigma$	Schwingbreite der Nennspannung in Eurocode 3 u.a. Regelwerken
ω	Kreisfrequenz $=2\pi$ f
κ_{Zug}	Kappa-Wert (Spannungsverhältnis) im Zugbereich
κ_{Druck}	Kappa-Wert (Spannungsverhältnis) im Druckbereich
α_k	Formzahl
β_k	Kerbwirkungszahl
$\epsilon_{A,örtl}$	Schwingfestigkeitskennwert der örtl. Dehnungsamplitude bei $N_A=2\cdot10^6$
μ	Mittelwert der Grundgesamtheit
ρ	Kerbradius
ρ_f	fiktiv vergrößerter Kerbradius
σ	Spannung, wahre Spannung
σ_{max}	Maximum der Kerbspannung
$\aleph$	bezogenes Spannungsgefälle der Kerbspannung
$\aleph_0$	bezogenes Spannungsgefälle der Nennspannung

Sachverzeichnis

s. Fortsetzung

Als Beispiel angeführte Bauteile: